嵌入式操作系统应用丛书

# µC/OS ARM 移植要点详解

黄燕平  编著

北京航空航天大学出版社
http://www.buaapress.com.cn

## 内 容 简 介

本书适合的读者是对 ARM 微处理器有一定了解,对嵌入式内核有一定了解和对嵌入式产品开发有一定经验的读者。对于从事嵌入式产品开发,特别是基于 ARM 的嵌入式产品开发的项目经理、体系结构设计师、设计师、代码开发工程师、测试工程师,解决实际问题有一定的帮助。

本书内容内容共 7 章,各章主题如下:

第 0 章为嵌入式环境的选择,对嵌入式产品开发中常见的芯片、软件方案进行了简单比较分析。

第 1 章为 OS 内核概念,包括 ARM 微处理器特性、内核结构基础等重要概念的详细说明。它是本书中非常重要的一章。

第 2 章为 μC/OS-II 移植过程,是在常见 ARM 微处理器上移植 μC/OS-II 的代码详解。

第 3 章为代码组织及功能设计,把嵌入式产品的设计从简单移植的角度扩展到内核整体体系结构设计及功能组件组织的角度并引入一个有益的、重要的 COS 组件方法。它是本书中篇幅最长的一章,也是最重要的一章。

第 4 章为 μRtos V1.0 代码说明,介绍一种硬实时分层调度体系结构的嵌入式内核产品。

第 5 章为 ARM 开发环境,解答软件开发工具使用中的一些常见问题。

第 6 章为软件工程简述,对嵌入式产品开发中的软件项目管理中的要点进行了探讨,讨论了一些如何提高产品品质的技术知识。

**图书在版编目(CIP)数据**

μC/OS ARM 移植要点详解/黄燕平编著. —北京:北京航空航天大学出版社,2005.11
ISBN 7-81077-725-4

Ⅰ.μ… Ⅱ.黄… Ⅲ.微处理器,ARM—系统设计

中国版本图书馆 CIP 数据核字(2005)第 113709 号

Ⓒ 2005,北京航空航天大学出版社,版权所有。
未经本书出版者书面许可,任何单位和个人不得以任何形式或手段复制或传播本书内容。
侵权必究。

---

### μC/OS ARM 移植要点详解

黄燕平 编著

责任编辑 王 鸿

\*

**北京航空航天大学出版社出版发行**

北京市海淀区学院路 37 号(100083) 发行部电话:010-82317024 传真:010-82328026
http://www.buaapress.com.cn E-mail:bhpress@263.net
涿州市新华印刷有限公司印装 各地书店经销

\*

开本:787×1 092 1/16 印张:17.25 字数:442 千字
2005 年 11 月第 1 版 2005 年 11 月第 1 次印刷 印数:5 000 册
ISBN 7-81077-725-4 定价:26.00 元

# 前　言

随着国内工业化、数字化的步伐加快,嵌入式开发在 IT 行业中的重要性越来越显著。

中国成为"世界制造中心"甚至"设计中心"的趋势,必然导致对小型数字控制系统的需求越来越大。在嵌入式系统开发方面,最核心的技术就是微处理器芯片和嵌入式操作系统。其中在微处理器芯片方面,ARM 已经给出了比较理想的一个答案;而在嵌入式操作系统方面,适合国内发展方向的解决方案以及系统基础结构方面并不理想。

- 风河公司的 VxWorks 操作系统成本高,结构复杂,不适合小型应用。
- 微软公司的 WinCE 操作系统更适合民用、便携式娱乐设备等。
- 开源的 Linux 操作系统体系结构同样复杂,产品化和商业化程度不够,即使在 Linux 本来的 PC 目标环境下,也难寻理想的技术支持,更不用说嵌入式环境下的 Linux。这方面的弱势对批量生产、大规模、长时间运行使用的工业化产品来说是致命的。

另外,在以上讨论的这 3 种系统中,只有 VxWorks 是硬实时操作系统,而 WinCE 和 Linux 是非硬实时操作系统。

在这种情况下,类似于 $\mu C/OS-II$ 的小型硬实时嵌入式操作系统内核具有低成本、易控制、小规模、高性能的特性,因而有相当好的发展前景。但是这类系统的基础较为薄弱,面临产品化和商业化程度不够的局面。采用此类系统进行产品开发需要仔细分析和设计,否则也很难真正满足工业产品生产的要求。

本书正是针对这种情况,在 ARM 微处理器环境下,针对商业化、产品化环境的严格要求,设计、构造了一种硬实时嵌入式内核体系结构。当然,真正的商业化、产品化的嵌入式内核既需要这种能够满足高标准要求的体系结构设计基础,又需要严格的产品化软件开发测试过程。只有理论基础与工程实践完整地结合,才能产生真正经受得起考验的,能够满足工业化生产,能够在各种环境下稳定运行并确保达到设计目的的产品。从这个角度考虑,仅仅拿来一个操作系统内核并开发应用产品很难完全满足这种要求。必须要对内核的设计思路进行仔细的考虑和验证,对应用的可选开发设计方法进行审慎的评估,并配合真正工业化的项目开发管理办法,才能保障产品达到要求。

本书中提到的 μRtos V1.0 内核,正是作者及其所在团队按照以上精神付出巨大努力严格设计、测试的产品。该内核的体系结构设计思路在本书中有充分详细的解释和说明。另外,$\mu C/OS-II$ 是读者在市面上可以方便获得的一种"半开源"的操作系统内核。本书针对该内核在 ARM 下的移植以及与本书所述内核体系结构的关系及比较,进行了详细解说。通过对比,既方便 μC/OS-II 的爱好者、使用者学习掌握 μC/OS-II 内核,同时又在对比分析过程中,使读者掌握 μC/OS-II 和 μRtos V1.0 内核各自的详细特征、特点,方便读者在此基础上开发设计出更好的嵌入式系统产品。

作 者
2005 年 7 月 25 日

# 致 谢

　　轮回
　　——谨将此诗献给 μRtos 内核及各位读者

这一路不容易，
记忆穿行过地狱，
当火烧灼灵魂的时候，
我用火去采集露滴。

这一路不容易，
灭入寂静等待着孕育，
守着内心露水中的须弥，
命运是否从此谱续？

　　本书在编写过程中得到了上海的程民军先生等的大力支持，在此特别感谢帮助作者完成本书的各位好友、出版编辑等。
　　程民军先生与作者在深圳共事多年，与作者的讨论经常激发作者的灵感，他对本书中各章节进行了细致审阅，并提出了宝贵的意见。
　　同时，还要感谢参与本书内容讨论的多位网友，作者并不清楚他们中大多数人的名字，能记得的只是一些网络代号。虽然没有在此将他们的网名一一列出，但是对他们的感谢同样是由衷的。
　　也许本书内容还很难达到各位朋友理想中的目标，但是其中凝聚了各位朋友、同事的心血和智慧，他们的鼓励推动着作者将本书完成。也许在将来的某个时候，作者能够给这些朋友、同事一个更为满意的答案。

# 目 录

### 第 0 章 嵌入式环境的选择
- 0.1 简 介 ............................................................................................ 1
- 0.2 关于微处理器 ................................................................................ 4
- 0.3 关于 OS ......................................................................................... 5
- 0.4 关于功能模块的移植 .................................................................... 6
- 0.5 关于本书 ....................................................................................... 7

### 第 1 章 OS 内核概念
- 1.1 嵌入式实时内核相关概念 ............................................................ 9
  - 1.1.1 ARM7 主要特性 ................................................................... 9
  - 1.1.2 ARM 特性代码 ................................................................... 12
  - 1.1.3 中断与设备 ......................................................................... 15
  - 1.1.4 任务与调度 ......................................................................... 18
  - 1.1.5 临界区与保护 ..................................................................... 20
- 1.2 内核结构 ..................................................................................... 25
  - 1.2.1 硬保护泛滥问题 ................................................................. 25
  - 1.2.2 硬保护泛滥问题的解决 ..................................................... 26
  - 1.2.3 μRtos V1.0 ........................................................................... 28
- 1.3 关键机制 ..................................................................................... 29
  - 1.3.1 复位引导机制 ..................................................................... 29
  - 1.3.2 单层中断机制 ..................................................................... 32
  - 1.3.3 嵌套中断机制 ..................................................................... 33
  - 1.3.4 端口轮询机制 ..................................................................... 36
  - 1.3.5 不可屏蔽中断机制 ............................................................. 38
  - 1.3.6 自保护软件 FIFO ............................................................... 39
  - 1.3.7 高速处理需求综合讨论 ..................................................... 46
  - 1.3.8 其他杂项 ............................................................................. 48
- 1.4 关键算法逻辑 ............................................................................. 50
  - 1.4.1 硬保护算法 ......................................................................... 50
  - 1.4.2 调度器算法 ......................................................................... 52
  - 1.4.3 任务就绪算法 ..................................................................... 57
  - 1.4.4 软保护算法 ......................................................................... 61
  - 1.4.5 ITC 算法 .............................................................................. 62

1.4.6　OS_TCB 结构 ……………………………………………………………… 63
　　1.4.7　OS_EVENT 结构 …………………………………………………………… 65

## 第 2 章　μC/OS–II 移植过程

2.1　头文件定义 ………………………………………………………………………… 72
　　2.1.1　ARM 微处理器定义 ………………………………………………………… 73
　　2.1.2　S3C44B0 微处理器定义 …………………………………………………… 74
　　2.1.3　LPC2214 微处理器定义 …………………………………………………… 78
　　2.1.4　产品板定义 ………………………………………………………………… 82
2.2　移植代码实现 ……………………………………………………………………… 84
　　2.2.1　入口代码 …………………………………………………………………… 84
　　2.2.2　C 运行环境代码 …………………………………………………………… 100
　　2.2.3　环境切换代码 ……………………………………………………………… 102

## 第 3 章　代码组织及功能设计

3.1　代码组件化技术 …………………………………………………………………… 104
　　3.1.1　普通组件化 ………………………………………………………………… 105
　　3.1.2　抽象组件化 ………………………………………………………………… 112
3.2　设备驱动框架设计 ………………………………………………………………… 120
　　3.2.1　ISR 层设备驱动框架设计 ………………………………………………… 120
　　3.2.2　高层设备驱动框架 ………………………………………………………… 139
3.3　ITC 算法设计 ……………………………………………………………………… 140
　　3.3.1　软保护问题 ………………………………………………………………… 147
　　3.3.2　ITC 与任务关系 …………………………………………………………… 154
　　3.3.3　信号灯 ……………………………………………………………………… 161
　　3.3.4　事　件 ……………………………………………………………………… 164
　　3.3.5　队　列 ……………………………………………………………………… 166
3.4　时间片轮换调度算法 ……………………………………………………………… 181
3.5　模块间衔接接口 …………………………………………………………………… 182
　　3.5.1　套接字 ……………………………………………………………………… 185
　　3.5.2　管　道 ……………………………………………………………………… 188
　　3.5.3　通用接口 …………………………………………………………………… 191
3.6　状态机组件设计 …………………………………………………………………… 192
　　3.6.1　状态机基础 ………………………………………………………………… 193
　　3.6.2　层次化状态机特性 ………………………………………………………… 196
　　3.6.3　状态机组件设计 …………………………………………………………… 200
　　3.6.4　状态机组件的使用 ………………………………………………………… 203
3.7　杂项设计考虑 ……………………………………………………………………… 204
　　3.7.1　任务局部存储 ……………………………………………………………… 204
　　3.7.2　循环等待死锁检查工具设计 ……………………………………………… 205

3.7.3　内存管理设计 ……………………………………………………… 207

# 第4章　µRtos V1.0 代码说明

　4.1　移植目录 …………………………………………………………………… 220
　4.2　项目目录 …………………………………………………………………… 222
　4.3　内核主目录 ………………………………………………………………… 222
　4.4　功能目录 …………………………………………………………………… 223
　4.5　在 µRtos 下开发应用产品的说明 ………………………………………… 224
　4.6　常用设备驱动设计指南 …………………………………………………… 226
　　4.6.1　人机交互串口/PPP ………………………………………………… 226
　　4.6.2　键　盘 ……………………………………………………………… 226
　　4.6.3　网　口 ……………………………………………………………… 227
　4.7　网络协议栈设计 …………………………………………………………… 230
　　4.7.1　网络开发接口设计 ………………………………………………… 230
　　4.7.2　TCP 协议 …………………………………………………………… 231
　　4.7.3　TCP 协议的简化实现 ……………………………………………… 232
　　4.7.4　TCP 协议实现的其他问题 ………………………………………… 234

# 第5章　ARM 开发环境

　5.1　环境的准备 ………………………………………………………………… 236
　5.2　ARMulator …………………………………………………………………… 239
　　5.2.1　中断控制器 ………………………………………………………… 240
　　5.2.2　时　钟 ……………………………………………………………… 241
　　5.2.3　看门狗 ……………………………………………………………… 242
　　5.2.4　调试输出口 ………………………………………………………… 243
　　5.2.5　堆栈跟踪器 ………………………………………………………… 243
　5.3　编译器工作环境 …………………………………………………………… 243
　　5.3.1　汇编语言编译选项 ………………………………………………… 244
　　5.3.2　C 语言编译选项 …………………………………………………… 246
　　5.3.3　链接器选项 ………………………………………………………… 246
　5.4　代码烧写 …………………………………………………………………… 249

# 第6章　软件工程简述

　6.1　软件测试基本概念 ………………………………………………………… 250
　6.2　软件工程模型 ……………………………………………………………… 252
　6.3　状态机的测试 ……………………………………………………………… 256

**附录 A　常用缩写对照表**
**附录 B　代码/伪代码目录**
**后　记**
**参考文献**

# 第0章 嵌入式环境的选择

## 0.1 简　介

本书针对的读者是已经有一些嵌入式开发经验的工程师。读者应该已经了解 ARM 内部寄存器的基本用法,已经对 μC/OS-II 有一些基本了解。掌握这两项基本知识的最好途径是阅读 μC/OS-II 原作者 JEAN J. LABROSSE 所著的《嵌入式实时操作系统 μC/OS-II 第 2 版》(邵贝贝译)[1]以及杜春雷编著的《ARM 体系结构与编程》[2]。

主要内容包括 3 个方面:一是构造嵌入式操作系统内核;二是在 ARM 环境下移植和改进 μC/OS-II 内核(包括网络协议栈移植等);三是介绍 μRtos V1.0 操作系统。本书以第一方面的内容为主线,其他两方面的内容作为第一方面内容的具体实例进行解说。

读者最关心的问题可能是 μC/OS-II 系统移植的重点、难点在什么地方?有些读者第一印象是汇编代码部分的移植。实际从事嵌入式系统开发/移植工作的读者应该能体会到,汇编代码部分的移植虽然有一些难度,但从完整产品的角度来看,这部分工作难度并不大。如果仅仅是尝试 JEAN J. LABROSSE 在其书中列举的几个简单例子,或其他类似的学习体验式的开发,甚至可以说非常容易。只有在面对商业化产品的要求,考虑更广泛或更长远的问题时,才会面对更多的问题。例如:硬实时特性是否有保障?中断响应能力如何?面对各种设备驱动有明确的开发接口规范保障驱动能和整个体系完整地融合吗?系统级的服务应用(例如网络服务)应该遵循一个什么样的体系?上层应用应该遵循一个什么样的体系?

嵌入式开发领域从早先的以 8 位单片机设计开发为主的时代开始进入 32 位微处理器占据大部分市场的时代,各方面的环境都在发生变化,市场的需求也在发生变化。当前,嵌入式开发领域对产品的要求不仅仅体现在功能要求越来越多,而且其他各方面的要求也越来越高。可以明显感觉到的包括如下几个方面。

**通信速率**:嵌入式产品对通信速率的要求大幅度提高,以前低速的串行通信逐渐被高速串行通信替代,并且开始转变为以高速的网络通信手段为主。

**稳定性**:嵌入式产品对运行稳定性的要求大幅度提高,以前小范围专用系统所需要的稳定性要求被广泛采用的系统稳定性要求替代。更大范围的使用对产品的稳定性要求是有本质变化的。

**产品功能**:嵌入式产品对实用功能的要求大幅度提高,以前嵌入式产品的功能大多单一、简单,现在综合性的产品功能要求随处可见。例如,经常见到的数字产品已具备了图形化界面,加上了大容量存储系统等,甚至还要能够具有很好的语音、图像处理识别等智能型功能。

这些环境的变化,无不对嵌入式产品的开发提出了更高的要求。这种要求是多方面的,包括对硬件的要求,也包括对软件的要求,还有对产品开发的工程组织方面的要求。

这个行业并不缺少能满足这方面要求的产品，但主要涉及到成本、代价等多方面问题。例如，著名的 VxWorks 嵌入式实时操作系统就是人们经常提到的可用产品之一。VxWorks 主要针对的是各种高端应用，例如经常被举例的火星行走者项目和各种高端路由器产品等。VxWorks 面市时，与高端应用对应的民用产品的开发环境主要还处于 8 位单片机的时代，32 位微处理器的民用化才刚刚起步。而现在随着 ARM 及类似等级的芯片在民用产品中的快速普及，在民用、普通工业、低成本控制系统等方面，开发人员的首选并不是 VxWorks 这种体系复杂的产品。其他一些解决方案，如 WinCE、linux 改造版的方案也都存在这样的问题。这些产品都来自于一个强大的背景，但是在竞争激烈中，低成本、灵活性、性能等各方面的要求驱动着开发设计人员寻找更适合他们的产品方案。

ARM 和 $\mu C/OS-II$ 的组合有希望成为这样一种方案，但是这种方案能否承载起这么大的希望，还需要澄清或解决多方面的问题。这需要从更严格、更基础的角度来审视这样一种选择。也就是必须认真地从商业化产品开发的角度来进行一些更基础的工作。

在 ARM/$\mu C/OS-II$ 的组合中，ARM 微处理器方面不是本书关注的要点，本书主要关注操作系统内核方面的问题。$\mu C/OS-II$ 的特点是从不多的几个实时内核概念出发，发展出一套简洁、可用的算法，在很小的内核代码中完成了抢占式任务调度、任务间通信等高级功能。正因为代码规模极小，涉及到的概念清晰、简单，开发人员更容易掌握和控制。使用此类系统开发产品，工程师在实际产品开发过程中也更容易根据自己的需要灵活地进行调整，制作出自己的高性能、低成本的产品。这里的低成本并不是指产品中采用廉价芯片这样的概念，读者应该理解当前 IT 行业产品开发的主要成本是在开发的人力资源投入上。对于极小规模的内核，当然投入的人力要少很多，后期的维护成本也要低很多。即便产品出现问题，也更容易定位解决。毕竟，一个一万行左右代码规模的内核和一个十万行代码规模的内核，在定位、解决问题时，工作量经常不止 10 倍的关系。何况 $\mu C/OS-II$ 的内核代码还不到一万行的规模。如果这么小规模的内核基础牢固，完全值得信赖，接口简单好用，那么一定是产品开发工程师的福音。

$\mu C/OS-II$ 的目的是要提供一个嵌入式开发的基础平台。从后来提供的 $\mu cGUI$、$\mu cFS$、$\mu cIP$、$\mu cFLASH$ 这样一个系列的发展中也可以明显体会到 $\mu C/OS-II$ 这种基础的地位。正是这种基础的地位，更需要仔细的审核。如果基础不牢，无疑是沙上建房，事倍功半。

通过商业化产品开发的过程，本书作者体会到 $\mu C/OS-II$ 主要提供的几组内核算法存在一些问题，有的是移植作者的问题，有的是内核具体代码的问题，有的是体系结构方面比较严重一点的问题。其中最显著的两点是：一是硬实时特性没有充分保障；二是没有提供一个完整的设备驱动框架。

本书同样尝试从几个简单、基本的实时内核设计概念出发，以 $\mu C/OS-II$ 类似的代码规模，提供一种适合在 32 位微处理器环境下使用的内核。这样做的目的并非仅仅针对 $\mu C/OS-II$ 的个别不足之处，作者希望能为本行业同事提供一个经得起仔细测试审核的基础牢固，接口简单好用，值得信赖的基本平台。同时，在与 $\mu C/OS-II$ 的对比中，为 $\mu C/OS-II$ 的用户提供移植改善的经验，以便读者能够将自己的 $\mu C/OS-II$ 用得更好。由于作者的能力所限，本书中难免出现不足，甚至错误之处，敬请读者指正。

虽然 $\mu C/OS-II$ 中简单谈到编写设备驱动的方法，但是离一个合用的完整体系结构还有相当的距离。JEAN J. LABROSSE 针对嵌入式系统常见设备驱动另外编写了一本著作

*Embedded Systems Building Blocks*[3]（《嵌入式系统构件》），但还是没有为 μC/OS-Ⅱ 构造一个完整的设备驱动体系。这也是使用 μC/OS-Ⅱ 进行开发时能感觉到的与其他嵌入式内核相比差距最大的地方。

例如，在 Linux 中编写驱动只须写不多的几个固定的函数，并且每个函数的功能都有仔细的定义（参见 Alessandro Rubini 的《Linux 设备驱动程序》[4]）。VxWorks 也有类似的框架体系；WinCE 内核中驱动的体系更为复杂，但同样是完整的。

如果是编写非常简单的设备驱动或者上层应用，这个问题并不突出，当复杂性提升或希望不同产品线保持体系结构上的一致性时，这个问题就比较显著。特别是当前嵌入式系统的复杂性越来越高的情况下（例如添加网络协议栈已经非常普及），这方面的问题明显影响了 μC/OS-Ⅱ 的推广和应用。规划一个简单、稳定、规范的体系结构在当前已经非常必要。

这样一个体系结构并不需要复杂的定义，应该具有高效、简洁、易扩展、易裁剪等特点，应该在关键的几个方向上进行有预见性的定义。一旦制定好这样一个体系，μC/OS-Ⅱ 或类似的其他嵌入式操作系统的高效和简洁的特点才能够极大地发挥出来。

针对这种现状，本书并不仅仅解说如何编写高效的代码，更多地是从更基本的起点开始，构造一个抢占式多任务、单一内存空间、非微内核特点的体系结构框架，并且保持类似 μC/OS-Ⅱ 的简洁高效特征。μC/OS-Ⅱ 和 μRtos V1.0 是这种特征内核两个具体实例。μC/OS-Ⅱ 是 JEAN J. LABROSSE 的作品，μRtos V1.0 是作者开发的一个嵌入式操作系统产品。

在市场上可获得的嵌入式操作系统内核商业产品中，VxWorks V5.4 是此类嵌入式操作系统的典型代表，但是 VxWorks 比较复杂、庞大，代价也极高，比较适合高端的产品应用（例如 VxWorks 应用在美国航天局的火星行走器上）。VxWorks 后来的版本已经发生了变化，针对高端应用采用了内存空间保护方式，已经不再是本书讨论的这个方向上的产品。不过，作者打算在不远的将来，配合 ARM9 芯片在 μRtos V2.0 中增加简单的内存地址空间保护特性。

抢占式多任务、单内存空间、非微内核的嵌入式操作系统，具有高效、紧凑等特点，特别适合小型专用嵌入式产品场合使用。其他方案的嵌入式操作系统中通常会考虑微内核、多内存空间保护等，适应的应用环境不同。例如，对于有大量第三方程序存在的环境，内存空间保护是一个不错的选择，微内核方案则特别适合于比较复杂的系统同时在不同微处理器间移植要求又比较突出的情况。

本书所选择的方向有能力扩展到包括其他方案的特征或特点。例如，这种方案也可以在一定程度上扩充多内存空间保护的特点，还可以通过移植 POSIX 接口或 TAO，让第三方程序的移植和开发更简便。具体如何实现这些特点，将在本书的后续章节中讨论。实际上，不同的嵌入式内核方案，彼此都有借鉴、扩充的倾向。例如，μCLinux 在 ARM7 环境下，为了提高效率（当然也是为了适应 ARM7 的环境），去掉了内存空间保护部分，rtLinux 为了提高 Linux 系统的实时性，在内核中又包含一个硬实时内核，借用了微内核的一些手法，但与通常微内核体系并不相同。

嵌入式开发涉及到比较多的硬件知识，本书中除了软件方面的内容外，同时包括一些与软件相关的微处理器等硬件方面的特性。对于起辅助作用的硬件方面的内容，本书中进行了简略介绍，原则上是希望有一定基础的读者能够比较流畅地阅读，不必过多纠缠于不必要的环节。而在技术要点方面，本书尽量详细描述，对原理、具体实现等相关方面进行仔细分析。不过"详解"类型的书籍难免在一些细节上会比较繁琐，可能没有仅仅解释概念然后列出代码那种编写方式简洁、清爽。本书比较强调从"设计"阶段的实现角度仔细阐述各种内核概念的实际设计实现手法,因此很多章节的内容看起来像产品中的设计文档的解说,有很多的接口定义和伪代码,而本书内容也正是主要来自于作者所开发商业产品的设计资料。部分章节为了具体举例提供了实际代码,更多的代码读者可以从作者提供的网站上获得。除 µC/OS-II 移植部分的内容和一些需要举例详细说明的内容外,很多设计方案都只给出了接口定义,读者可以和网站上获得的代码仔细对照。作者始终觉得在书中除了解说举例需要的代码外,没有必要将内容变成代码解说教材。少部分的概要设计资料结合主要的详细设计资料和少部分的代码解说,应该是与读者沟通的最佳方式。

本书中的基本概念类型的内容集中在第 1 章,这一章是为构造内核、移植改进 µC/OS-II 准备概念和原理知识的。阅读该章对于高级读者虽然不是必需的,但是作者还是推荐读者首先从第 1 章开始阅读。第 1 章中提出了一些后续实现的思路和体系结构方案,并不仅仅是单纯的概念介绍。特别是 1.1.2 小节及以后的全部内容,请读者仔细关注。

商业开发不同于普通试验和学习式开发,其特点是设计开发过程更为严谨,并且需要完整的设计文档记录和测试记录。多数爱好者在对 µC/OS-II 进行研究式移植、开发时并没有进行认真的设计工作,包括没有对 µC/OS-II 进行分析设计的工作。从事学习式开发的一些读者仅仅是在读过 µC/OS-II 原著后,参照其中的移植指导就开始移植。有些读者仅仅是下载到对应自己所使用微处理器的 µC/OS-II 移植版本后,用调试工具跟踪并把其中的影响系统基本运行的 BUG 去除后,就开始写自己的测试应用。这种开发移植方式缺乏对 µC/OS-II 的充分认识,缺乏对其优点、缺点的了解。想要在此基础上构造稳定高效的商业化产品,无疑是很不现实的。希望通过分析"嵌入式操作系统内核构造",详细描述嵌入式内核方面的基础资料,同时扩充读者对 µC/OS-II 特性的了解。

商业开发不同于普通学习式开发的另一个特点是严格的测试,特别是作为基础的内核,其牢固程度必须有明确的验证手段的证明。嵌入式系统相对 PC 系统中的应用来说,通常面对的运行环境要苛刻很多。即便只是移植使用 µC/OS-II 这种的系统,在没有严格测试的情况下作为商业化产品使用也是不严谨的。产品要达到高标准的要求,离不开测试方案。各层次测试方案都是在分析、设计文档资料基础上产生的,因此,即便是拿来主义的移植使用,如果不制作、不准备详细的分析并设计文档,就很难准备出好的测试方案并进行测试。本书靠后的章节,给出了软件测试方案设计的技术要点详解,并结合本书前面章节的分析资料,给出了一些制作嵌入式操作系统测试方案的指南,方便读者在了解 µC/OS-II、µRtos V1.0 的同时了解软件测试的技术,并在认为必要时,自己通过实际的测试验证不同系统各方面的特性。

本书选择当前具有代表性的环境作为讨论问题的基本平台,结合实际产品进行技术要点的详细解说。平台方案选择的微处理器是三星公司的 S3C44B0 和飞利浦公司的 LPC2214,内核采用 µC/OS-II 或 µRtos V1.0,网络协议栈采用 LWIP。下面简单说明与这个平台相关的几个方面。

## 0.2 关于微处理器

选择三星 S3C44B0 主要是因为其廉价、易得,读者自己的产品开发完全可以选用其他 ARM 芯片,并不影响本书的适应性。目前,S3C44B0 在参考板、学习环境等场合使用较多。

选择飞利浦 LPC2214 的主要原因同样是因为其廉价、易得。飞利浦公司的 ARM 处理器在工业、商业产品中使用较多。

ARM 是当前嵌入式领域使用最广泛的微处理器。ARM 芯片种类很多,都是采用英国 ARM 公司(前身是 Acorn 公司)设计并授权的 RISC 内核,主要的 ARM 制造厂商包括 INTEL、ATMEL、飞利浦、三星等。ARM 内核的微处理器从 ARM7 到最新的 ARM11 等,具有高性能、低价格、通用性好等特点。最常见的是 ARM7 和 ARM9 这两个系列,ARM7 通常用于低成本方案,ARM9 通常用于性能要求较高的方案。各厂家根据自己的目标不同,在 ARM 内核的基础上扩充了不同的协处理器、外围接口等,方便嵌入式产品的设计。ARM 系列的微处理器已经完全不同于 8 位单片机时代的微处理器,性能提高很大,价格并不高,而软件系统的通用性相对单片机环境要好很多,开发模式也有极大改善。

ARM7 是 3 级流水线 RISC 内核,以 MIPS(百万指令每秒)表示的 ARM7 运算能力指标的计算公式是:主频×0.9。也就是说平均一条指令的执行只需一个时钟周期略多一些的时间,约 20 ns(在 50 MHz 主频条件下)。5 级流水线 RISC 内核的 ARM9 的 MIPS 指标计算公式是:主频×1.1。也就是说,一条指令的执行平均不到一个时钟周期就可以完成。50 MHz 主频的 ARM7 的 MIPS 指标约为 45 MIPS(参见具体处理器的数据手册),该指标已经超过 i486 的性能指标。这也是 μCLinux 等从 PC 环境的操作系统衍生来的系统能够在 ARM7 这类微处理器上流畅运行的原因。通常这些 ARM 芯片内还包含了网络等极为丰富的外设,而价格却非常低。而主频能达到 200~400 MHz 的 ARM9 系列微处理器,例如 S3C2410 等,性能已经超过 i586(Pentium),外设更加丰富,性价比更好。

本书中涉及到性能参数方面的数据,除非特别说明,均是按照 50 MHz 的 ARM7 微处理器环境给出的。如果采用的微处理器不同或者主频不同,读者可以自行推算。要提醒读者注意的是,如果产品配置的是低速内存,则性能会有很大差别。

各种 ARM 微处理器都带有丰富的特殊功能寄存器,用于控制系统和操作外部设备等功能。外设是否丰富、特殊功能寄存器设计是否合理、好用是选择微处理器的重要标准。从特殊功能寄存器设计的合理性角度来考察,飞利浦公司的各系列 ARM 微处理器更值得推荐,但是很遗憾的是飞利浦当前缺少带网络接口的 ARM 微处理器系列。对照三星和飞利浦系列微处理器的详细使用手册,读者就能够对两种处理器设计思路的不同有清晰的认识。

本书作者采用 SDT V2.51 进行开发,交叉调试接口是 JTAG。同时配合一些小工具,还具备代码直接烧写到 Flash 的能力。选择这种方案也是考虑为读者提供一个最低成本的开发平台。如果采用仿真器,当然功能更强大,但成本要高很多,而且必要性并不显著。这样一个开发环境包括了代码编写、编译、链接、调试和烧写的全部功能,简单、好用。

## 0.3 关于 OS

μC/OS-II 内核作为一种代码公开的(并非通常意义的开源)嵌入式实时操作系统内核非常有特色,在规模不大的代码内实现了抢占式任务调度、多任务间通信等功能,任务调度算法也很独特。该内核裁剪到最小状态后编译出来只有 8K 左右,全部内核功能(添加 LWIP 网络协议栈等)也就 100K 左右,资源消耗非常小。市面上一些 ARM 微处理器片上所带内存就已经足够一个裁剪合适的内核的简单应用,非常方便产品的开发设计。

纯商业性的嵌入式操作系统主要有 WinCE 和 VxWorks，开源的嵌入式操作系统有 µCLinux，半开源性质的嵌入式操作系统有 rtLinux、µC/OS-II、µRtos V1.0 等。WinCE 比较适合实时性要求不高但通用性要求较高的产品（如消费型 PDA），VxWorks 比较适合于复杂性、重要性要求都比较高的大型商业化应用（例如核心路由器），Linux 系列的衍生产品（µCLinux 和 rtLinux 等）适合比较复杂但重要性程度不高的低成本产品，µRtos V1.0 适合实时性要求较高、成本控制要求也较高的商业化系统（如设备控制、通信、家电等）。从实时控制这个角度来说，µRtos V1.0 的性能表现要比 µCLinux、WinCE 等操作系统更好。

当前，µC/OS-II 是一个基本完整的嵌入式操作系统解决方案套件，包括 µC/TCP-IP（IP 网络协议栈）、µC/FS（文件系统）、µC/GUI（图形界面）、µC/USB（USB 驱动）、µC/FL（Flash 加载器）等部件。但是这些部件不是公开代码的，因此本书不准备深入讨论。µRtos V1.0 也同样具有协议栈、文件系统、GUI、常用端口驱动等套件，并且具备更为完整的体系结构规范。

还有一些比较重要的可能在嵌入式环境中发挥重要作用的部件，包括嵌入式数据库、POSIX 兼容性接口、常用设备的驱动模块等。将来这个行业里还会产生更多的重要部件需求，在互联网上的开源社区通常能够找到相应的开源代码包，并可以进行移植。一般为开源社区或嵌入式应用准备的代码包在开发过程中都很好地考虑了移植接口问题。简单移植通常没有太大的问题，条件是首先熟悉操作系统内核的接口及内部机制，并熟练运用。但是严谨的商业产品设计开发中的移植工作还是要花费大量的研究工作的，特别是要准备分析资料和测试方案。

µC/OS-II 原有代码支持 64 个任务，通过简单的改造就能够支持 1 024 个任务。µRtos V1.0 原则上没有限制任务数，与系统可供使用的内存资源相关，还与采用的内核算法相关，因为内核算法是可以替换的。Linux 操作系统早期同样只支持 1 024 个进程（那个时期的 Linux 还不支持线程），并且是在 i386 环境下承担着运行多种用户程序的责任。现在，常见 ARM7 系列芯片通常都能达到或接近 i586 芯片的性能，因此当前条件下在 µC/OS-II、µRtos V1.0 环境运行多种复杂功能部件是完全可行的。

小型嵌入式产品的解决方案以前主要采用的是 8/16 位单片机。用单片机开发产品，除非是非常小的应用；否则实际产品生产成本可能比 ARM 微处理器还高，而且性能差距很大。因此，当前嵌入式开发环境已经发生了很大变化，已经没有太多必要在嵌入式系统中保留对 8/16 位单片机环境的兼容性，专门针对 32 位微处理器构造嵌入式系统可以更充分地发挥 µC/OS-II、µRtos V1.0 系统的潜力，系统代码也更为简洁、完整。

## 0.4 关于功能模块的移植

嵌入式环境开发中经常需要面对的一个工作就是功能模块代码的移植，这些功能模块包括网络、文件系统、GUI 等，互联网上的开源社区是这些代码的主要来源，特别是以 BSD、Linux 为代表的开源代码群体。

LWIP 网络协议栈是开源社区的贡献之一，具有高性能、适合嵌入式环境等特点。LWIP 的主要代码衍生自具有悠久历史的 BSD 操作系统中的协议栈。在本书配套的代码中采用这个协议栈，既是应用的需要，也是一个移植大型软件包到 µC/OS-II 和 µRtos V1.0 的范例，以便读者移植文件系统、图形界面、数据库服务等软件包时参考，同时借此体会、检验体系结构规范所带来的益处。

## 0.5 关于本书

目录是本书内容的一个索引，读者可以通过目录查找自己想要查看的章节。为了方便读者阅读和检索资料，编制了关于本书内容的主目录和索引本书中所列代码及伪代码的代码/伪代码目录(见附录B)。

本书中一些内容引用到 μC/OS-II 原作者 JEAN J. LABROSSE 的 *MicroC/OS-II The Real-Time Kernel Second Edition*。该书的中译版名字是《嵌入式实时操作系统 μC/OS-II (第2版)》，由邵贝贝等翻译。本书中引用该书资料的内容采用"μC/OS-II 原书…"这样的方式进行说明，并详细注明出处、引用到的页码、章节等。这些引用页码、章节以中译本中的页码、章节为准。μC/OS-II 原书是一本很好的参考资料，详细说明了该操作系统内核的基本特点、代码实现逻辑、基本的使用、移植方法等。本书省略了一些基础性资料，如果读者对这些基本知识感兴趣，推荐读者去查看这本 μC/OS-II 原书。该书所配光盘还包括一个完整的 μC/OS-II V2.52 代码，非常方便读者学习。在网络上也能找到各种 μC/OS-II 的版本，当然其正式网站 http://www.uC/OS-ii.com 上的版本最为丰富。如果仅仅是要找 ARM 方面的移植资料，那么其他网站上的版本也很有特色，并且可能下载到比 μC/OS-II 原书所配代码版本更高的源代码。不过仔细研究这些代码就会发现，V2.52 之后的修订已经非常少，因此 V2.52 是一个不错的学习起点。如果读者手中有通过正式商业渠道获得的 V2.76 或更高版本当然更好。

当提到 μC/OS-II 内核时，经常简称为"μC/OS-II"。当本书中涉及到汇编代码时，采用的是 SDT V2.51 下的 ARM 汇编的语法格式，与 μC/OS-II 原书中 X86 汇编指令有相当大的区别。如果读者不熟悉 ARM 汇编，则可以查找一下其他资料。本书中汇编代码举例的地方并不多，大部分代码是 C 代码。汇编代码格式不同于 C 代码，没有括号包围函数体，注释符号也不同。

读者可以在 http://www.uRtos.net 上下载 μRtos V1.0 公开代码版的完整代码，用于学习、参考。除本书中引用说明他人或其他组织机构拥有版权的资料外，本书作者拥有本书中全部代码、资料，以及这些代码、资料所体现的设计方案等全部可权益化资料的版权。读者或其他人士、组织如果要使用本书作者拥有版权的作品，请与本书作者联系。对未经本书作者授权在商业产品或活动中使用本书作者拥有版权作品的情况，本书作者保留相关法律条款赋予的全部权力。

本书中列出的 μC/OS-II 代码是作者移植、改进后的代码，只要读者购买或下载到 μC/OS-II代码，仔细阅读本书内容后，应该完全能够根据自己的产品需要动手构造出更完整、更高效的 μC/OS-II 系统。

本书中提出了一种称为 COS(Componet Of Source code)的技术，以便在嵌入式环境中规范化代码的移植和组织。IT 业最丰富的代码资源主要都是针对历史悠久的主机计算环境，特别是后来的 PC 机计算环境。嵌入式开发工程师都理解这种状况，并且也都在身体力行地做着从主机计算环境代码向嵌入式计算环境代码的移植工作，主要的代码来源是各种开源代码。

但是这种移植工作当前的状况极为混乱，缺少一种有效的代码组织管理技术。而主机计算环境，特别是PC机计算环境中，有类似的技术可以借鉴。例如COM和CORBA都是主机/PC计算环境中行之有效的手段。也有嵌入式开发工程师或机构组织在尝试将COM、CORBA引入到嵌入式开发环境中。但是直接引入COM和CORBA对于嵌入式环境来说，资源消耗过高，并且这两种技术都是二进制模块的组织管理技术，并非针对源代码层次的管理。

源代码层次的组织管理虽然可以借助C/C++语言自身的逻辑方式进行管理，但是这种管理规模过小，通常一个功能模块内部就会有多个C/C++语言文件。在嵌入式开发环境中，针对源代码的、组件模块级别的管理技术，对嵌入式开发中的源代码管理是最适用，帮助也是最大的。如果这种技术同时能够为代码作者提供产品保护，开发创新代码的工程师能够保护自己的关键成果，则更加理想。

COS正是本书作者针对以上需求制定的一种技术规范。COS具有针对源代码组织管理、资源消耗极小、适合模块级代码、可以保护开发人员工作等特性。详细内容请读者参考第3章，特别是3.1节的内容。

本书除引用JEAN J. LABROSSE著作的部分内容外，还参考了其他一些书籍。书中涉及到相关内容时都详细说明了相关书籍的书名、作者等，既是为了帮助读者查找、参考相关书籍，同时也是为了表达作者对这些前辈的尊敬。这些前辈的经验积累对作者的产品开发提供了宝贵的帮助，开拓了作者的视野，同时也激发出作者将产品开发中积累的经验编著成书与诸位同行共享的意愿。希望本书能够达到对读者有益、开拓读者视野、激发读者灵感的目的。

# 第1章 OS 内核概念

在讨论操作系统内核构造和移植之前,首先介绍操作系统内核相关的一些基本概念,然后介绍 μC/OS-Ⅱ、μRtos V1.0 的结构组成部分,为后面章节详细解说 μC/OS-Ⅱ、μRtos V1.0 的移植改进做一些基础准备。

## 1.1 嵌入式实时内核相关概念

通常在讨论内核时,特别是在嵌入式环境下,经常涉及的概念包括任务、中断服务、任务调度、临界区等。在其他环境下可能还会出现更多的概念,例如在 Windows 2000 等通用操作系统中,内核至少包括了安全性机制、空间的保护、复杂的驱动程序框架结构等。而在嵌入式实时内核领域里,涉及到的内核概念相对来说并不算多,而且相当直观。但是对这些概念的理解,以及在实现中如何体现对这些概念的理解,以便更好地满足嵌入式产品的需求,则是通用操作系统环境下的应用开发中没有的任务。

### 1.1.1 ARM7 主要特性

本小节简单说明 ARM7 的主要特性,特别是和软件编写关系比较密切的特性。阅读本小节的读者最好对 ARM7 处理器有一定的了解,特别是三星的 S3C44B0 或飞利浦的 LPC2214 处理器。读者可以在三星或飞利浦的技术资料网站上下载到相关的数据手册。

图 1-1 是一个逻辑结构图,图中将外设、处理器等全部挂在一个总线上;而在实际处理器中,外设是挂在外设总线上,外设总线和系统总线之间有一个"桥",这个"桥"实际上就是一个硬件 FIFO,用于交流两边的信息和指令。在只是简单的编程情况下,按照图 1-1 的逻辑结构理解 ARM7 处理器即可;但是在重要的内核组件代码中,则要仔细考虑外设总线和系统总线之间的数据传递问题。FIFO 是一种异步通信方式,这也是 ARM 微处理器资料中谈到的虚假(spurious)中断产生的原因。桥接器在嵌入式处理器中很常见,PC 类的处理器中通常没有这类结构,而是在主板中设计桥接。例如,读者可能在 PC 主板中经常见到的南桥、北桥的概念就是此处桥接器的类似对应物。嵌入式处理器通常是在一个芯片内部集成了多种常用外设;也就是说,如果用 PC 环境来理解嵌入式环境,它的对应物应该是包括主板及板上设备在内的整个 PC 机。当然,这种对应关系仅仅是一个粗略的、为方便理解的大致描述,实际情况要复杂很多。

这种 FIFO 异步桥接结构是嵌入式处理器常见结构,并非 ARM 处理器独有,因此虚假中断问题在嵌入式处理器中也是常见的需要处理的问题。只是虚假中断出现的比例并不高,通常要在压力测试情况下,存在很高中断频率时才能比较明显地观察到。而且与具体设备相关,通常都要经受 10 万到千万次的中断冲击才会出现一次。但是在压力测试条件下,这种中断冲击并不难达到,可能 10 min~1 h 的测试就能观察到一次;或者在非压力测试的正常运作中,长时间运行之后偶尔出现。

  虚假中断的处理问题非常重要,本书将在后面 1.1.3 小节等多处章节有详细讲解,这里不再赘述。

  从逻辑上看,采用 ARM 处理的系统包括 7 个部分,如图 1-1 所示。

  ① 处理器:核心运算模块,可以工作在多种模式和状态下。寄存器 CPSR 标记处理器的当前状态和模式值。

  ② 寄存器:通常可以类比 X86 CPU 中的 EAX、EBX、ECX 等寄存器,是在指令集中可以直接访问的单元,包括保存当前状态的寄存器 CPSR、保存备份状态的寄存器 SPSR 和保存程序运行数据的寄存器 R0~R15。当计算单元处于不同模式时,访问的寄存器并不完全相同。在 R0~R15 中,又以 PC(R15)、LR(R14) 和 SP(R13) 最为关键。

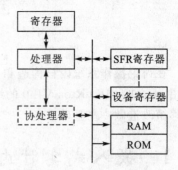

图 1-1 微处理器逻辑结构

  ③ SFR 寄存器:从软件角度上来说是位于一些特定内存地址的数据块。不同于上面所说的寄存器,SFR 寄存器访问时必须像访问内存那样访问。但 SFR 和普通内存最大的不同是对它们的改写可能会引起微处理器行为、特性等的变化。处理器的变化、环境设备的变化等也会在这些 SFR 中体现。每种 ARM7 微处理器都有特定的 SFR,只是名称、具体功能细节等可能不同。通常,SFR 位于系统总线侧。

  ④ 设备寄存器:多数 ARM 自带设备是由 SFR 代表的,用其他外围芯片构造的设备也同样映射到内存地址上。起到设备控制作用的设备寄存器的读/写可能会引起设备行为和特性的变化,数据性质的设备寄存器读/写通常不会影响设备的行为。通常,设备寄存器位于外设总线侧,在编程时不必理解系统 SFR 与设备 SFR 的不同;但是在处理虚假中断问题时,必须理解两者的不同。

  ⑤ RAM:通常是外挂的内存芯片模块。但现在有一些微处理器内部本身带有一些高速 RAM,称为 SRAM,用于提高系统整体性能,通常用作高速缓冲(cache)或其他访问速度要求较高的数据缓冲(buffer)。RAM 也是映射到内存地址进行访问的,与 SFR 不同的是和微处理器没有密切关系,改写其内容不会直接导致微处理器行为的变化,通常也不会引起设备行为的变化。

  ⑥ ROM:通常用于保存系统代码。通电后,代码被拷贝到 RAM 中运行,有的方案让代码直接在 ROM 中运行。大批量生产的产品为节省成本可能采用只写一次的 ROM。通常嵌入式开发中最常使用的 ROM 是 Flash(实际上是一种 RAM,通常当作 ROM)。Flash 可以通过程序多次改写,非常方便产品调试和代码升级,基本上已经是嵌入式产品中的标准配置,价格也不高。有一些微处理器带有片内 Flash,片内 Flash 甚至可能高达 512K。通常片内 Flash 比外扩 Flash 速度快,并且具有保护代码不被拷贝的作用。中、小型嵌入式产品采用片内 Flash 配合片内 RAM,基本上不用外扩内存即可满足代码运行的需求。

  ⑦ 协处理器:ARM7 通常不带协处理器。在 ARM 微处理器领域最常见的两种协处理器是做内存保护和管理用的 MMU,以及做浮点运算或乘除法运算用的算术协处理器。ARM9 及以上系列的微处理器通常带有这两种协处理器。

  在这些部件中,寄存器、SFR 和设备寄存器最为关键,掌握这 3 部分的用法,基本上就可以在 ARM 环境下自如地编写程序。在内核代码中主要考虑的就是寄存器和 SFR 寄存器,在设备驱动代码中主要考虑的是设备内部的寄存器。寄存器中最重要的是 CPSR。

状态寄存器位域如表 1-1 所列。

表 1-1 状态寄存器位域

| 位 | …… | 7 | 6 | 5 | 4 | 3 | 2 | 1 | 0 |
|---|---|---|---|---|---|---|---|---|---|
| 代号 | …… | I:IRQ 屏蔽位 | F:FIQ 屏蔽位 | T:Thumb 代码 | M:模式 | | | | |

状态寄存器的 M0～M4 位:表示处理器模式,包括 SVC、USR、ABT、UND、IRQ、FIQ、SYS 等模式。CPSR 的模式、状态等位会根据 ARM 处理器自身运行状态改变,也可以通过代码进行设置。

SVC 模式通常是操作系统内核代码运行的模式,USR 通常是用户代码运行模式。处理器一旦进入 USR 模式,必须通过 SWI 异常中断才能进入 SVC 模式调用内核代码的接口。但是在没有 MMU 进行内存保护的情况下,USR 模式也能访问到 SVC 模式的内存空间,因此用 USR 隔离用户级代码没有意义。在 μC/OS-Ⅱ、μRtos V1.0 内核中主要代码在 SVC 模式下运行,其他代码也都不是在 USR 模式下,移植中不应该考虑 USR 模式。

ABT/UND 模式是真正的"异常",通常的处理是在提示简单的系统错误信息(以便调试)后立即复位系统。对于具备 MMU 协处理器并且采用了换页方式的系统,数据访问异常不是真正的异常,而是内核对内存进行换页调度的启动器。对于设计了异常处理功能的系统,指令异常也不是简单复位处理,通常是进入异常处理过程,涉及到堆栈回滚等方面的问题。

IRQ/FIQ 模式是在微处理器收到中断信号后强制处理器进入的模式,用于中断处理。SYS 模式用于嵌套中断处理。一些关于 ARM7 编程指南认为,SYS 模式是用于特权的操作系统代码运行模式,这种看法是错误的。一些 ARM 开发工程师没有注意到 SYS 模式的正确使用方式,它的主要用途就是嵌套式中断。

ARM 在被 IRQ/FIQ 中断信号中断时自动改写 IRQ/FIQ 模式中的 LR(即 R14 寄存器),LR 记录的是被中断的模式中运行的代码位置计数器,以便退出中断时能够回到原来模式的原来代码的位置。同时,LR 也是每个模式下函数调用的返回代码位置计数器。也就是说,LR 寄存器具有保存函数和中断返回位置两种功能。

如果用 IRQ/FIQ 模式嵌套中断自身,则本模式的 LR 被改写后,本模式下原有的函数返回代码位置计数器数据就无法还原。因此应该在关闭中断的条件下,在 IRQ/FIQ 模式中进行基本的环境准备后,让 ISR 切换到 SYS 模式下运行。这种处理方式保证产生嵌套中断时,被中断的模式是 SYS 而不是 IRQ/FIQ 模式自身,IRQ/FIQ 模式中的 LR 保存着回到 SYS 模式的代码位置,SYS 模式下 LR 未被破坏,保存着函数返回用的代码位置。这个问题在 ADS V1.2 的在线文档中有详细说明,本书后面中断机制部分也有详细代码说明。这也是 ARM v4 版本之后增加 SYS 模式的原因,这种模式的功能类似于 USR 模式,但是和 SVC 可以相互切换和访问,特别适合作为中断服务的模式。

需要注意的是,SYS 和 USR 模式的切换涉及到 SWI 功能的应用。简单移植中不使用 USR 和 SYS 两种模式。但是为了完成嵌套中断,可以使用 UND 模式替代 SYS 模式作为中断的运行模式。在没有 MMU 的 ARM7 中,正如前面讨论不必使用 USR 模式一样,采用 SYS、SWI 等功能仅仅是带入了复杂性,而没有其他好处。而且 UND 模式在没有协处理器的

ARM7 中同样没有用武之地，正好可以替代 SYS 模式使用。本书多数描述中如果涉及到 SYS 模式、嵌套中断等，没有区别 SYS/UND 两种模式，读者在涉及到此类内容的第 1 章和第 2 章中的代码实例部分时要注意这种用法。

状态寄存器的 I/F/T 位：表示处理器状态屏蔽 IRQ 中断、屏蔽 FIQ 中断、Thumb 代码。Thumb 代码是 16 位的，主要作用是提高代码的功能密度。Thumb 代码最好的应用环境是一些有大量算法处理的代码，在操作系统内核一类的代码中用处不大。Thumb 代码在 32 位存储器环境下，比 ARM 代码的点执行效率低。但如果是在 16 位存储器条件下，Thumb 代码实际上比 ARM 代码效率还会高一些，因为 16 位存储器环境下，微处理器读取 32 位代码是分两次进行的。这种特征导致小型应用采用 Thumb 代码有一个关键的优势，就是可以很高效地直接在 Flash 中运行，因为性价比最好的片外 Flash 存储器通常都是 16 位的。这种方式，加上微处理器通常都自带有一些 SRAM，系统不必配置 RAM 就可以运行。这样可以大量降低成本，并且效率不受太大影响。当然，对于有一定规模的应用来说，典型的执行环境还是 32 位的 RAM，这时 Thumb 代码在效率上是有一点损失的。本书中给出的代码都是在 32 位 ARM 环境下执行的，没有考虑 Thumb 代码的情况。如果读者需要，可以自行解决这方面的问题。通常 C 语言的代码比较好处理，编译器可以直接将代码编译成 Thumb 代码，汇编部分须仔细编写，特别是在子函数调用、任务切换等环节。

SFR 中关于中断等方面的寄存器使用方法相当重要，这些寄存器是编写内核和驱动的基础，同时在解决虚假中断问题时必须对中断方面的寄存器使用方法有很好的理解。

三星的 S3C44B0 和飞利浦的 ARM7 系列处理器都采用了直接矢量化跳转到特定 ISR 入口的方式。但是直接跳转中断矢量入口的特性实际上用处不大，因为在有操作系统的情况下进入 ISR 入口之前，总是要进行统一的 ISR 准备工作，而用矢量化方式就必须跳转到同样的入口位置，反而更不方便。矢量化方法实际上都是保留给不带操作系统或者不进入操作系统内核只进行简单处理的情况使用的。对于要进入操作系统内核进行处理的设备中断，矢量化入口位置通常只把进入的中断设备号保存到某个寄存器中后，立即进入操作系统内核统一的中断服务入口，保存在该寄存器中的中断设备号值相当于一个函数调用传递的参数。

另外一种处理器 PowerPC 在这方面就做得很有特色，该处理器中只有一个中断矢量。PowerPC 通常应用于有一定复杂性的系统，都是带有操作系统的环境。因此，中断从同一个矢量入口进入反而更方便入口代码的编写。

## 1.1.2 ARM 特性代码

内核代码中有多处关于任务切换算法的代码，能够非常好地体现 ARM7 汇编代码的特性。理解这类代码对于理解 ARM7 处理器的特征以及掌握处理器各种模式的应用都非常关键。因此，这里详细解说一段此类代码，以便读者能够更好地掌握后续内容。

所谓"任务切换算法代码"，其主要完成的功能就是保存一个当前任务的环境，恢复另外一个任务的环境。所谓"环境"，就是微处理器中各个寄存器的当前值。其中需要特别关注的是 CPSR、PC(R15)、LR(R14) 和 SP(R13) 这 4 个寄存器。这里说 4 个，其实是不准确的，其中 LR 和 SP 在每个模式下各自有一个对应寄存器。在 FIQ 模式下，还有自己的 R8～R12 寄存器。在本书中并不特别关注 FIQ 模式。读者阅读 1.3.5 小节后即可了解到本书不特别关注 FIQ 模式的原因。

这4个关键寄存器中，SP(R13)不会保存在堆栈环境中，因为它的作用就是堆栈指针。SP保存在任务的控制结构中，当需要调度一个任务运行时，切换算法首先找到任务控制结构中的SP值，用其设置SP，然后才能恢复其他环境寄存器的值。

其他3个寄存器中，PC(R15)的作用很好理解，它是程序代码位置计数器。微处理器每执行一步代码，就会自动改写PC寄存器一次。微处理器根据PC值执行下一个代码，因此改写PC值就起到跳转程序运行位置的作用。这是任务切换代码最后一步的工作。

CPSR保存的是处理器的状态，其重要性不必多做解释。LR(R14)寄存器则需要仔细解释，这是体现ARM7处理器特性的关键。LR有两个作用：一是保存函数返回地址；二是在代码执行遇到设备中断或其他异常中断时，保存被中断模式的当前PC值。当LR作为函数返回地址使用时，函数返回的可用语句为：

MOV　　PC,　　LR　　或者　　LDR　　PC,　　LR

但是，LR的第二个作用在嵌套中断时与第一个作用是有冲突的。如果中断服务例程(ISR)是在IRQ/FIQ模式下运行的，当嵌套中断产生时，LR中保存的函数返回地址就会被其第二个作用破坏。同理，在异常模式中，如果嵌套产生同样的异常，也会产生这种情况。当然，通常简化的异常处理可以不考虑这个问题，但是中断嵌套则是经常要考虑的问题。

有了以上的概念准备后，下面列出常见的μC/OS-Ⅱ在ARM环境下移植中出现的任务切换代码最后恢复环境部分的语句。

**代码1-1　任务切换的环境恢复版本1**

```
;//进入条件:R0中已准备好SP寄存器数据
LDMFD      SP!,      {R0}
MSR        CPSR,     R0                    ;恢复CPSR
LDMFD      SP!,      {R0 - R12}
LDR        SP!,      {LR}
LDR        SP!,      {PC}                  ;跳转
```

代码1-1其实也说明了μC/OS-Ⅱ中任务环境的堆栈布局。此处的布局设计比常见的μC/OS-Ⅱ移植少一个SPSR项。仔细考虑就可以了解到SPSR没有必要保存在堆栈中。因为任何被设备中断或异常打断的代码逻辑（包括任务、ISR等）自身的状态都是在其堆栈的CPSR项体现的，无需通过其他代码逻辑退出时用SPSR恢复。恢复的逻辑总是通过要被恢复的代码在堆栈中保存的CPSR值来获得正确CPSR值的。因此，SPSR总是处于一种算法内部中间过渡的地位。

代码1-1的最后一句采用统一的LDR方式，而不是经常在ARM微处理器数据手册中见到的如表1-2所列的方式。

**表1-2　返回代码指南**

| 异常模式 | 返回指令 | ARM模式 R14值 | Thumb模式 R14值 |
| --- | --- | --- | --- |
| BL | MOV PC,R14 | PC+4 | PC+2 |
| SWI | MOVS PC,R14_svc | PC+4 | PC+2 |

续表 1-2

| 异常模式 | 返回指令 | ARM 模式 R14 值 | Thumb 模式 R14 值 |
|---|---|---|---|
| UNDEF | MOVS PC,R14_und | PC+4 | PC+2 |
| FIQ | SUBS PC,R14_fiq,#4 | PC+4 | PC+4 |
| IRQ | SUBS PC,R14_irq,#4 | PC+4 | PC+4 |
| PABT | SUBS PC,R14_abt,#4 | PC+4 | PC+4 |
| DABT | SUBS PC,R14_abt,#8 | PC+8 | PC+8 |
| RESET | 无 | — | — |

这样做的条件是堆栈中的 PC 值在保存预先前进行了修改。

代码 1-1 或其他类似代码普遍存在于各种 μC/OS-II 向 ARM 的移植中。但是这种代码有一个很严重的瑕疵:恢复了 CPSR 值后,在最后一步才跳转。如果该任务的当前状态是打开中断,则在恢复 CPSR 和跳转之间很容易被设备中断或其他异常打断。这样会导致两种不利的情况:一是在任务切换这类关键代码中被打断时容易造成 BUG;二是在跟踪、调试到这段代码时,很容易被跳转到其他位置,导致跟踪、调试任务难度大幅度提高。

一个更好的方法是借助"LDMFD SP!,{PC}^"指令。注意,该指令的末尾有一个"^"符号。该指令的作用是:设置 PC 值的同时,用当前模式的 SPSR 恢复目标模式的 CPSR(和堆栈中不保存 SPSR 并不矛盾)。也就是说,在一条指令中完成了 PC 设置和处理器状态改变两个功能,这才是任务跳转的标准写法。只要保证这段切换代码是在中断屏蔽条件下执行的即可同时完成中断恢复和任务跳转两个功能。也就是代码改成如代码 1-2 所示的方式。

**代码 1-2 任务切换的环境恢复版本 2**

```
;//进入条件:已准备好 SP 寄存器数据
LDMFD      SP!,         {R0}
MSR        SPSR,        R0                      ;用 CPSR 设置 SPSR
LDMFD      SP!,         {R0-R12}
LDR        SP!,         {LR}
LDR        SP!,         {PC}^                   ;跳转
```

采用这样的算法能够提高系统的稳定性和降低内核代码的调试难度。其中最后 3 条汇编代码还可以合并为 1 条汇编代码。下面给出完整的任务间切换代码,以便读者了解这一过程。

**代码 1-3 完整任务切换代码**

```
OS_TASK_SW
;/******************************************************/
;(1)在当前任务(被抢占任务)堆栈保存当前任务环境
;/******************************************************/
STMFD      SP!,         {LR}                    ;LR 中其实是任务切换时对应的 PC 值
STMFD      SP!,         {LR}
STMFD      SP!,         {R0-R12}
MRS        R0,          CPSR
```

```
STMFD      SP!,           {R0}
;/***************************************************/
;(2) 获取当前任务(被抢占任务)控制块地址,地址在 R0
;获取当前任务(被抢占任务)SP 地址,在 R1
;保存新 SP 到当前任务(被抢占任务)的 TCB
;/***************************************************/
LDR        R0,            = i__pOSTCBCur        ;当前任务控制结构
LDR        R1,            [R0]
STR        SP,            [R1]
;/***************************************************/
;(3) 获取新最高优先级任务控制块地址
;保存最高优先级任务地址到当前任务地址
;/***************************************************/
LDR        R2,            = g__pOSTCBHighRdy    ;最高优先级任务控制结构
LDR        R1,            [R2]
STR        R1,            [R0]                  ;i__pOSTCBCur = g__pOSTCBHighRdy
;/***************************************************/
;(4) 获取新当前任务 SP
;/***************************************************/
LDR        SP,            [R1]
;/***************************************************/
;(5) 恢复任务环境
;/***************************************************/
LDMFD      SP!,           {R0}
MSR        SPSR_cxsf,     R0
LDMFD      SP!,           {R0 - R12,LR,PC}^
```

ARM 汇编代码中";"是注释开始符号。请读者自行体会代码中注释的含义,特别是为什么 LR 中的值是应该保存到堆栈中 PC 位置的值等。

参照 ARM 指令手册仔细研究这段代码,对于理解 ARM7 处理器的各种模式、各个寄存器的用法会有很大帮助。移植中出现切换代码的位置并不止任务切换这一个地方,系统启动的最后一步其实也是任务切换代码,中断退出的最后一步也是任务切换代码。只是每个出现此类切换代码时,具体代码都会有些不同。实际的移植代码也和此处举例的代码略有不同。

## 1.1.3 中断与设备

设计开发嵌入式系统和设计开发 PC 应用系统最大的区别是嵌入式系统的设计开发通常直接建立在硬件的基础上。所谓"直接"的含义是指开发过程中需要编写控制设备内部寄存器的代码,在这种环境中和软件发生关系的最原始、最本质的来源就是中断。当设计开发 PC 应用系统时,例如在 Windows 或 Unix 系统下进行的系统设计开发,通常是通过底层提供的应用编程接口(API)来完成工作的。在嵌入式领域,即使采用 VxWorks 等著名的嵌入式系统进行嵌入式系统设计,进行了相当大量的封装,也要编写 BSP 板级支持包等。这些都是直接面对设备的例子。

这里首先对 ARM7 微处理器虚假中断的问题进行说明，之后再讨论中断在嵌入式操作系统结构中的逻辑问题。简单地说，虚假中断就是在屏蔽处理器中断位后收到的中断。按照通常理解，屏蔽中断之后的代码位置是不会产生中断的。这正是 1.1.2 小节提到的外设总线与系统总线之间异步 FIFO 桥接产生的问题。如果这些控制是同步的（正如程序员通常编写代码时的心理暗示那样），这个问题就不会产生，而 FIFO 的异步特性导致屏蔽中断的同时已经传递到桥接中的中断信号在中断屏蔽之后中断了正常代码的运行。

这种虚假中断状态的检测是比较简单的，即在中断入口处检查 SPSR 寄存器的中断状态，如果是中断屏蔽的，就说明当前的中断是在屏蔽中断之后收到的中断信号。

据通常 ARM7 的资料介绍，出现这种虚假中断的情况时，不进行中断处理，立即返回到被中断处即可。但是实际上，这样处理是不够的。

有些 ARM7 资料中谈到，为避免虚假中断，屏蔽中断后，要读一次外设总线一侧的设备寄存器，以便冲刷两个总线之间的桥接器中的缓存命令或数据。按照这种方式进行屏蔽中断处理之后，配合上面提到的发现中断后立即恢复环境不进行中断处理的方法才能解决虚假中断问题。

按照以上这种解决方案（两个步骤）处理之后，据对 ARM7 手册的理解，外部设备的中断信号并不丢失，等到中断屏蔽被打开后，还是能够照常收到设备的中断请求。

实际上，在压力测试中调试代码就能发现，按照上述两个方面进行处理之后，虚假中断问题还是没有完整解决。微处理器中面对的外部设备千差万别，一些设备中断信号产生后如果当时不进行处理，并不能在系统打开中断屏蔽后仍然保持。因此会造成中断丢失，甚至会导致从此无法收到该设备的后续中断，由于该设备的前一中断未正确处理，该设备单元所处状态限制了后续中断信号的产生。

完整地解决方案应该是在不破坏内核工作的条件下，对虚假中断进行必要的处理，读取外设中数据，恢复外设工作。因为该中断本身实际上并非"虚假"，只是在一个不适当的时机产生了中断，即在需要保护的代码临界区产生了中断。因此应该在尽快进行基本处理以保障数据不丢失的情况下，同时保证内核中屏蔽中断代码部分（临界区）的安全。也就是要在尽快完成基本的外部设备处理之后，不遵循通常的中断退出（可能产生任务切换的环境改变导致临界区破坏）步骤退出，而是按照恢复当时中断环境的方式退出。

这种完整的解决方案并不像 ARM7 资料中介绍的那样仅仅及时退出中断和刷新桥接器即可。ARM7 资料介绍的处理方法在简单的嵌入式应用，特别是在不带操作系统的嵌入式系统中，也许足够，但在嵌入式操作系统这样的复杂环境中是极为不充分的。

完整的解决方案要求内核体系结构有完善的设计以保障中断处理部分和内核部分能够按照这种方式进行协调处理。也就是两部分的隔离要彻底，同时还要保障两部分流畅的交流和功能协作。

在常见的非商业性嵌入式操作系统中，对此问题的处理非常不充分。读者常见的开源嵌入式操作系统移植代码中更是找不到处理该问题的相关代码。因此，非商业化嵌入式操作系统产品存在不稳定性。通常，这个问题要在较高的压力测试环境下才能比较明显地观察到。

讨论完非常重要的虚假中断之后，现在开始讨论一些嵌入式环境中的基本概念。一个嵌入式产品可以没有操作系统内核，但是没有中断及中断服务是不可想象的。"中断"是微处理器中一种根据外部信号打断代码执行以便对信号进行即时反应的机制。虽然在纯粹逻辑上可以构造完全没有中断的嵌入式系统,即不与外部进行中断式交流,纯粹用"轮询"构造系统,但是这种设想没有太大实际应用价值,适用的范围极受限制,因此本书不讨论这种方式构造的系统。

系统最简化的结构是直接在中断服务中完成全部功能,这种模式结构非常单薄,扩充发展的能力较差。为了增强这种结构的适应能力,通常会把中断服务和软件应用功能分割开,彼此通过一些中间模块来交流信息。这种结构虽然相当简单,但可作为讨论后续问题的基础。这种结构的主要问题是无法进行很好的规范,一旦应用要修订、增加功能等,工程师面对的问题会越来越复杂,甚至系统的中断响应能力也会在不小心情况下被降到很低。

这里先按照这个简单的结构简要描述这种基本的嵌入式系统的结构,如图1-2所示。这种简单的嵌入式系统可以划分为设备驱动(DRV)和嵌入式应用功能软件系统(APP)两个功能模块,以及一个中介的消息传递模块(MSG)。设备驱动模块中包括中断服务(ISR)和设备输出/控制服务(DSR)两个子模块。ISR和应用通过 MSG 相互交流,另外应用通过 DSR 进行输出和控制。图中带箭头实线表示依赖关系。

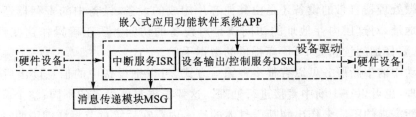

**图 1-2 嵌入式系统基本结构**

需要注意的是,依赖关系不同于消息/数据传递路线关系,中断消息/数据的传递路线是硬件→ISR→消息传递→应用,而依赖关系则是应用和 ISR 均依赖于消息传递模块。在应用进行输出时,则是通过 DSR 直接输出的。这是小型嵌入式系统常用的也是最合适的方式。

从图1-2中可以看到,设备驱动并不是通常人们简单描述的软件中的最底层。这个分层结构图还不是一个嵌入式系统结构的全部。

**注**:John Lakos 的 *Large-Scale C++ Software Design*(中译版《大规模C++程序设计》[5],李师贤等翻译)中,描述了层次结构分析方法。它虽然是一本关于C++软件设计的书,但书中的分析设计方法却是软件开发设计人员(即便不用C++语言)应该仔细学习和研究的。其中提到了接口依赖、实现依赖、名字依赖等模块关系分析的概念,在此不做详细说明,读者可以自行参考该书。依赖关系的正确设计和分析影响到系统的层次结构清晰度,特别是系统规模逐渐扩大之后。具有清晰的层次结构的系统,也就是明确和稳定的单向依赖关系的系统,更容易进行严格的测试、升级扩充、模块更换等工作。

通常人们认为 MSG 是一个完成硬件抽象功能接口模块,使应用和 ISR 之间不发生直接关系。从结构分析的角度考虑,MSG 更突出的一个作用应该是改善了依赖关系,使系统具有了更好的层次结构;否则就会出现在 ISR 中直接调用应用逻辑的情况,这种不适当的依赖关系非常不利于系统的修订和维护,同时也不利于保持系统硬实时的特性。特别是考虑到要在此基础上构造整个系统时,分层结构的重要性是不可忽略的。

通常,人们将同一个设备的 ISR 与 DSR 合并到同一个设备驱动模块。消息传递模块虽然在本章讨论得比较少,但是从体系结构的角度考虑,却和另外两个部分具有同等的重要性。该模块是后面讨论的系统内核衍生的基础。

前面主要论述中断概念以及在此基础上推演出来的一个系统结构,下面讨论设备的概念。在谈论设备时,通常指的是系统中除了微处理器和内存之外的其他硬件逻辑单元。但是这个概念很难明确地鉴定,如果把内存视为设备也未尝不可,只是内存模块通常缺少中断机制。在嵌入式环境中,把设备定义为可以通过中断与微处理器进行交流的逻辑单元更符合一般讨论的习惯。设备和微处理器的信息交流借助软件中的设备驱动服务来完成。但是在 PC 环境中,设备和驱动这两个概念并不一定和中断直接相关。例如,网络文件系统中真正和中断相关的设备是网口,而磁盘设备及其驱动都是"虚构"出来的。这种在内核之上建立起来的"虚拟设备"的环境,在嵌入式系统中也是可能存在的。本书集中讨论和中断相关的具体设备。

在典型的设备驱动中,例如串口和网络口设备驱动(包括中断服务 ISR、设备服务 DSR),通常会涉及到设备相关的寄存器。从设备输入、向设备输出、对设备进行控制等操作就是对这些寄存器的操作。在嵌入式环境中,这里提到的所谓设备可能是微处理器自带的设备,也可能是外围芯片构成的设备,还有可能是通过接口外挂的逻辑设备,如 USB 设备等。

无论是微处理器自带的设备还是由其他芯片构成的设备,设备中的寄存器通常都是映射到一段内存地址,对这段内存地址的访问就是对设备的访问。要正确操作这些设备(或称芯片、IC),通常要仔细阅读相关 IC 厂商提供的数据手册。

设备驱动中的中断服务可以有很多种编写方式,可以把设备中的信息读出后立刻传递给其他模块处理,也可以在中断中直接进行处理。这要根据具体设备的不同、整个系统结构的不同和产品功能需求的不同来作出判断。具体的技术内容在后续章节将详细说明。

## 1.1.4 任务与调度

有的嵌入式系统中有任务管理内核,可以不严格地称为带有"操作系统"。有的系统没有内核,而是通过中断进行驱动的。通常对于逻辑比较简单的系统,会采用没有内核的方式,此时嵌入式功能软件系统模块通常是由一个大的循环组成,每次中断打断这个循环时,读出并传递设备中的信息,在中断退出后恢复循环的运行;而循环则在每次单项处理结束后查看是否收到需要处理的新设备信息。此类应用系统的主要工作就是构造这个循环,而在构造应用软件逻辑时,大多采用有限状态机技术,中断事件作为状态机跳转的触发机制(这里不再进行详细分析)。有的资料上称这种系统为"事件驱动"系统,还有一种事件驱动系统非常强调时间,称为"时间驱动"的系统,其实是为了更突出时钟中断的作用,它们本质上是一样的。简单的应用可以这样构造,稍微复杂的情况下"有限状态机"的逻辑复杂程度就会呈几何级数增长,导致系统逻辑基本上失去控制、修改和增加的可能性。

如果配合好的状态机设计技术,则这种方案能进一步扩充一些能力,但是还是有很多限制。关于状态机设计方面的技术读者可以参考 Miro Samek 的 *Practical Statecharts in C/C++——Quantem Programming for Embedded Systems*[6]。状态机技术用途相当广泛,在多任务环境中小规模使用状态机技术,能够使系统更严格、更精炼。另外在网络协议等领域,也经常使用状态机技术。

在具有一定复杂性,或需要对移植、功能扩展等问题作出较多预先设计安排的系统中,通常会采用一个带有任务管理的内核。特别是像 μC/OS-II、μRtos V1.0 这种资源消耗极小、具有硬实时特性的内核,在当前硬件环境极大改善和计算资源相对丰富的条件下已经是实时控制类嵌入式系统设计的首选方案。采用这种内核,可避免复杂的底层控制逻辑,提供驱动设备的完整框架,专注于应用任务逻辑的开发,加快项目进度,保障系统的稳定性和效率。

"任务"可以简单理解为由任务调度器管理的数据结构和逻辑代码实体,任务调度器的构造方式有很多种。在 Windows 2000 这类大型复杂系统中,调度器本身可能是一个内核级的高优先级任务(内核线程)。而对于 μC/OS-II 这样的系统,调度器就是执行任务调度的调度函数及一些辅助结构。这里的调度器和任务这两个概念的定义是相互引用的,因为任务的描述结构和调度器的算法一定是同时设计且不可分割的,表达的是同一个概念的动态和静态的两个方面。在嵌入式系统中,使用这些精心设计的调度函数,就能够达到调度能力。具备任务管理内核的系统的关键就是调度器,触发或者说调用调度器的方式是系统运行的基础,通常有两种途径:

① 来源于中断,在中断中通过将内核中的消息传递到模块,通知某个任务、某个条件已经具备,并触发调度。

② 在任务中等待或释放某个资源,并触发调度。

当系统具有任务管理内核时,任务之间需要信息交流。在类似于不带内核的系统(见图 1-2)中,中断服务与其他部件之间同样需要信息传递,这种功能是通过图 1-2 中的消息传递模块完成的。这一部分在具有内核的环境下统称为"任务间通信(ITC)"。

图 1-3 给出的系统结构大致保持了图 1-2 中应用、DRV 和 MSG 三个主要模块的关系,但是其中的应用现在是一个多任务的应用模块集合,MSG 模块现在进化为内核模块。同时该图 1-2 包含了一些后面章节要引入的概念细节,因此 DRV 和内核模块内部的结构显得要复杂一些。读者对照图 1-2 和图 1-3 很容易了解这个结构的发展关系。这个结构设计保持了图 1-2 中清晰的层次结构,具有单向依赖关系的重要特征。两图对照更容易看出其中的变迁。

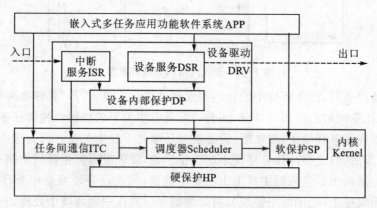

图 1-3 带内核的嵌入式系统的基本结构

任务描述结构、调度器算法等具体内容在后面章节逐步介绍。图 1-3 中出现了几个保护机制,1.1.5 小节会说明这些概念。

系统一旦包含内核,其应用开发就有了相对清晰的接口和规范,应用不再是一个各种逻辑混杂在一起的大循环,每个应用任务的代码编写(相对于大循环结构下用有限状态机技术)会简单很多。对于任务间交流信息,也一并有了规范化的接口,系统控制、修订和增加任务逻辑的工作相对轻松许多。

## 1.1.5 临界区与保护

一旦系统中有了独立的多任务逻辑实体之后,相互间公共部分的保护就成为关键部分。其实,即便没有任务环境,在图1-2所描述的简单系统中,ISR和应用也是两个不同的逻辑运行实体,它们对公共部分的访问同样是需要保护的。不仅公共部分需要保护,各逻辑实体中访问公共部分的代码段也需要保护。这种代码段就称为"临界区"。

在代码中识别临界区的最直接的办法就是查看代码中是否访问了可写的全局变量。大部分(并非全部)访问可写全局变量的代码段是需要保护的临界区。在嵌入式内核中,常见的全局变量包括描述任务的数据结构、描述ITC的数据结构、内存堆数据结构和其他可写全局变量。此外还包括设备资源,因为设备也是映射到内存空间的,从软件的角度观察,同样是可写的全局变量。

从保护的角度考虑,系统的所有的代码可以划分为3种运行环境,即任务环境、中断环境和设备环境,如图1-4所示。

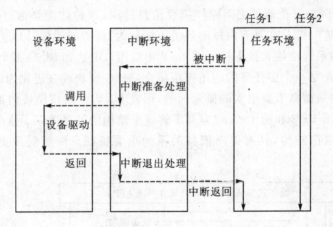

图1-4 嵌入式运行环境示意图

当没有中断产生时,任务环境中的代码按照调度规则交替运行。在任务环境中,有任务私有的代码,也有任务间的公共访问部分,还有和设备发生关系的代码。纯粹任务间的公共访问部分的代码局限在任务环境中,与中断、设备驱动环境并不发生关系。因为这些部分与中断无关,中断处理完成后,对这些纯任务环境中的工作来说,就像没有发生任何中断一样。

中断环境包括从中断进入到中断退出的整个范围,其中设备环境是中断环境的一个子环境。只是从代码安排上,把中断中需要公共处理的部分放在中断环境中处理,一旦进入设备自身的处理部分,代码不再和各个设备中断公用的部分发生关系。此时,只须保证此设备不再发生中断信号,其中的处理即可以稳定运行。

正因为代码的运行环境有上述3种,在这3种环境中需要的保护有很大区别,如图1-3所示,对临界区保护机制细分为3类,对应于不同环境中临界区中3种不同的性质。在嵌入式系统中可以将3种类型的临界区及其保护措施整理归纳如下:

(1)和中断环境相关的系统保护称为硬保护(HP,Hard Protect),采用关闭系统中断的方法实现。关闭中断有损系统的中断响应速度,应该尽量避免采用。正确的嵌入式系统设计应该把使用硬保护的代码尽量封装在内核和设备驱动中,上层应用软件的编写不应该出现调用硬保护函数的代码。当内核中没必要用硬保护时,应该用其他保护来替代硬保护。本书中经常混用硬保护和开/关中断,这两个名词其实是同一个概念。

(2) 和设备环境相关的系统保护,称为设备保护(DP,Device Protect)。其作用类似前面的硬保护,但是不会干扰其他设备,特别适合设备驱动内部 ISR 与 DSR 之间的临界区保护,简单实现可以直接用硬保护替代,正确的实现应该用关闭单个设备中断的方法来实现。μC/OS-Ⅱ系统中没有明确提出设备保护的概念,而是在一些设备驱动移植代码中经常能见到这样的手法。虽然不同的设备驱动无法统一设备内部保护的代码,但是应该作为一种规范函数接口提出,以指导设备驱动代码的编写。

(3) 纯粹任务之间的保护称为软保护(SP,Soft Protect)。这类保护因为不涉及到设备,可以有条件和前两类保护区别开,采用更高效的对中断干扰最小的方式来实现。对于多任务嵌入式系统比较适合的实现方式是采用一个公共标记变量锁住任务调度的方式,正如 μC/OS-Ⅱ 中采用的那样。但是用锁定任务调度的方式进行软保护会衍生相当多的任务调度方面的问题,其中之一是整个系统都用锁定任务调度的方式进行软保护会形成一个影响系统并发性的瓶颈;另外一个更严重的问题是存在任务间数据交流不可避免的逻辑缺陷,虽然不是致命的却是非常严重的,并可能在较为复杂的系统中衍生致命问题。这将在后面的软保护算法讨论中具体介绍。但是软保护概念是极为重要的,在编写上层应用代码时,应该仅使用软保护。如果在上层应用中存在必须用硬保护或设备内部保护才能保护的临界区代码,说明系统的设计存在瑕疵,应该考虑重新划分应用的结构。μC/OS-Ⅱ系统中虽然提出了这种保护方式,但是在实践中,还是过多地使用了硬保护,或者说存在很多地方需要用户开发应用时采用硬保护才能安全地完成逻辑任务。

图 1-5 可以清楚显示使用不同的保护方式对系统中断响应能力提高的原理:

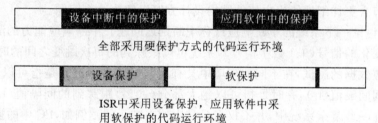

图 1-5 不同保护方式提高中断响应能力的原理

图 1-5 中,黑色代表硬保护,在硬保护条件下,系统对外部设备的中断完全无法反应。灰色代表设备保护,在设备保护条件下,系统对该设备的再次中断不进行反应,但能接受其他设备的中断请求。白色代表软保护或完全无保护,此时系统对任何设备中断都有反应能力。从图 1-5 中也可以看出,设备保护、软保护的建立与结束阶段需要短暂借助于硬保护,但是硬保护的使用时段被大大压缩。

需要注意的是,虽然这种方案提高了系统的中断响应能力,但是开/关中断的位置在代码执行中也相应增加。如果系统对虚假中断的复杂问题的处理没有完善的解决方案,那么出现虚假中断的几率也成倍增加了。一些学习性质的移植代码都采用非嵌套中断方式,以避免系统设计的复杂性并减小出错几率,这是学习性质代码常见的手法之一,但不适合作为商业性系统的设计方案。

区别使用不同的保护机制对提高系统的中断响应能力和稳定性非常重要，特别是鉴于嵌入式系统中很大一部分功能是与硬件设备进行数据交流，尽量用 SP 和 DP 替代 HP，是提高系统实时反应能力的重要手段。以上 3 种保护机制的使用原则是：

① 在中断环境代码间需要的保护使用 HP。此类代码逻辑应该固化，以便工程师的产品开发不再涉及此类代码。

② 在设备环境代码间需要的保护使用 DP。此类代码逻辑应该封装在 DRV 中，通过 DSR 供上层应用使用。

③ 在任务环境代码间需要的保护使用 SP。

④ 当任务环境和设备环境间有公共访问部分时，在任务环境中的该部分使用 DP。通过 DSR 完成，任务环境中的开发不必直接涉及 DP（见第②条）。

⑤ 当任务环境和中断环境间有公共访问部分时，在任务环境中的该部分使用 HP。此类代码逻辑不应该出现，通过体系结构的设计消除存在此类代码的情况。

⑥ 当设备环境和中断环境间有公共访问部分时，在设备环境中的该部分使用 HP。此类代码逻辑应该固化，以便工程师的产品开发不再涉及此类代码。

其中①、⑤和⑥是内核系统应该完成的功能，②、③和④是对应用开发工程师的规范要求。这里的所谓代码逻辑的固化仅仅是逻辑流程和功能上的固化，工程师在面对不同的微处理器时，针对不同的微处理器对这些代码进行移植是不可避免的。

仅仅区分出 3 种保护机制和设定使用原则是不够的，如果内核系统不进行精心设计，如果内核提供给用户编写应用和驱动的接口不进行严格的规划，那么在嵌入式环境中，用户的产品绝大部分代码要和设备直接交流，很容易导致硬保护的泛滥使用或隐性的泛滥使用。这涉及到内核结构的更详细设计，图 1-3 所示的结构只是提出了这个问题，还没有解决这个问题。本书在后续章节会更详细地给出内核的结构设计方案以解决这个问题。

这里，附带讨论一下系统的中断响应或称中断延迟问题。中断响应能力的测试指标是指：对于一个快速变化的信号（0、1 数字信号），系统可以跟踪到的每次跳变之间的时间间隔。

对中断响应数据的测试，在不同的环境中又有不同的取舍。有时是指可以不遗漏跟踪到信号变化的时间间隔值（$t_1$），有时是指可以绝大部分（90%）跟踪到的间隔值（$t_2$）。通常 $t_1 \geqslant t_2$。但是 $t_1$ 值在一些复杂系统中，并不仅仅是靠内核来减小的。例如，PC 中的操作系统 Windows 2000 本身的实时性能并不高，但通过具有很好实时性的板卡等外部设备进行缓冲后，整体的实时性能却相当好。也就是说，如果开发人员想用 Windows 2000 自己直接处理和控制某个信号，通常无法满足高实时性的要求，必须通过外部设备的帮助。这个特性也非常明显地体现在 WinCE 上。

系统的实时性能是通过 $t_1$ 值的大小体现的。如果 $t_1$ 值小，则认为该系统的实时性能较好。并且在 $t_1$ 和 $t_2$ 非常接近的情况下，认为系统的整体硬实时特性非常明显，响应能力稳定。在这方面，WinCE 表现较差。有资料表明，在 50 MHz 主频没有外部设备帮助情况下，其 $t_1$ 值在毫秒级。当然，借助高速的外部设备芯片及其中庞大的缓存，WinCE 完全能够在整体上达到微秒级的硬实时反应能力，但代价较高。WinCE、Windows 2000 等系统的强大优势更多体现在其他方面。

在 μC/OS-II 原书中，中断响应的估算公式是放在和中断相关的概念中的，回避了临界区保护机制对中断的干扰，这是不严格的。并且在 μC/OS-II 中大量存在开/关中断的代码，不对临界区保护进行考虑是不妥当的。应该把硬保护限制在最小的范围内,避免系统其他地方使用硬保护,这样的估算才有意义。µC/OS-II 原书中第 63 页的公式如下:

中断响应 = 中断延迟 + 保存 CPU 内部寄存器延迟 + 内核进入中断服务函数的执行时间

中断延迟相当小,对于 50 MHz 的 ARM7 来说,最多是 28 个时钟,即 0.56 µs(参见 S3C44B0 数据手册,20 MHz 条件下为 1.4 µs)。在 ISR 中,仅保存 CPU 寄存器其实是不够的,还涉及到保存任务、准备中断嵌套环境等。准确的描述应该称为"准备 ISR 环境时间",而第三个时间是最模糊的时间。由于在 µC/OS-II 中对硬保护的使用不是很有规则,导致这个时间很难估算,硬保护导致的中断响应延迟是必须考虑的。因此,这个时间值只有在严格规范化对硬保护的设计后才可以得到真正的值。更清晰的系统在最差情况下中断响应时间也就是前面提到的 $t_1$,计算公式可以表达如下。

**非嵌套中断方式:**

{
中断响应 =(中断延迟 + 准备 ISR 环境时间
 + ISR 服务需要最长时间 + 内核中最长硬保护时间)
 * 中断设备数;
}

**半嵌套中断方式:**

{
$T_0$ = 中断延迟 + 准备 ISR 环境时间;
$T_1$ = $T_0$ * 中断设备数;
$T_2$ = 内核中最长硬保护保护时间;

中断响应 = ($T_2$ > $T_1$)? $T_2$ : $T_1$;        //$T_2$ 和 $T_1$ 中较大的一个
}

**完全嵌套中断方式:**

{
中断响应能力理论上不确定,因为中断处理中可以无限制地再次被中断。
实际上因为同一设备未处理完时发生再次中断的可能性很小,应该接近
半嵌套方式
}

上面计算公式中涉及到的非嵌套、半嵌套和完全嵌套的概念,在 1.3 节进行详细解说。

以上公式的计算中,$T_0$、$T_2$ 的值需要产品设计工程师根据产品代码实际情况进行估算、测试。如果内核体系结构设计满足前面提到的 3 种保护机制的 6 个使用原则,则测试 $T_0$、$T_2$ 值相关的代码都已在内核中固定下来,应用层的逻辑不再需要借助硬保护来完成,仅中断设备数量是根据产品变化的。此时,系统才真正满足硬实时的要求。否则,若内核需要将硬保护暴露给应用以完成应用逻辑设计,也就是存在了硬保护隐性泛滥的危险。$T_2$ 的值很可能在运行过程中产生变化,导致无法准确估算、测试。在复杂多样的应用层,很可能一段被硬保护起来的

代码段内存在循环或其他复杂情况。

在 μRtos V1.0 中，如果应用工程师不改变内核代码，以上值都是能够计算的，因为前面的规则和后面体系结构设计的安排(参见 1.2.2 小节)使应用中不再有采用硬保护机制的必要性。从上述公式也可以看出，完全嵌套方式其实并非推荐的方式，正如 1.3 节从其他角度讨论得出的结论一样。

以上计算公式与 μC/OS-II 原有估算公式有明显的差别，μC/OS-II 原估算公式不够严谨。

这个公式中 $t_1$ 的结果需要乘以中断设备数，因此可以看出，无论嵌套或不嵌套，尽量减少采用中断方式通信的设备对系统的响应能力有很大的帮助。通常建议对外部设备的输出功能不采用中断方式而用直接输出方式。之所以有乘法运算，是因为通常的微处理器在设备中断同时到达时，最低优先级的中断至少要在全部其他中断信号都清除并且打开中断的条件下才能进入系统。如果能保持系统只有一个设备必须用中断，那当然是最优化的。在完全嵌套方式下，如果系统中确实只有一个中断设备，以上计算公式中的"中断设备数"也不能用 1，而应该用 2，因为前一个进入处理的中断设备的时间是要计入的。

另外，上述公式说明，$T_0$ 代表的中断入口环节的代码应该是锱铢必究的，需要一行一行地精简和审订。本书给出的示例性代码基本是标准实现的，但达不到最精简的要求，仔细编写应该能够节省 30% 左右的时间。

$T_0$ 的值为 $2.0 \sim 2.5\ \mu s$，$T_2$ 的值通常小于 $2\ \mu s$。编写得特别好的中断入口代码 $T_0$ 值有望降到 $1.5\ \mu s$ 左右。非嵌套中断方式的关键问题是"ISR 服务需要最长时间"也作为一个因子与"中断设备数"相乘，这样就大大降低了中断响应能力。从公式还可以看出，完全嵌套中断方式并不比半嵌套方式好。完全嵌套方式的关键缺点是其不确定性。其中 $T_2$ 值约 $1\ \mu s$ 是在完全正确的内核编码条件下，如果软件系统不具备硬实时能力，那么 $T_2$ 值就有可能非常大，此时起关键作用的就是 $T_2$ 了。读者使用 Windows 系统时，应该有过偶尔系统突然卡住，过一会儿又恢复的经验，通常这种情况就是因为进入到一个 $T_2$ 值特别大的代码段，这是非硬实时系统常见的问题之一。

该理论计算是在最差情况，实际测试值会好一些。此外，还受到各种设计因素的影响，例如测试信号安排的中断优先级等。需要指出的是，这种计算仅仅是一个系统评估手段，与实际应用的设计抉择依据有相当的差别。例如，这种测试信号不考虑流控，这种测试没有考虑用专门的方案对特定信号的响应进行加速。考虑这些实际可利用手段之后，即便按照该公式测试结果无法及时响应的信号，仍然可能稳定和及时地响应。但是在这种理论计算响应速度不够的系统中进行产品开发，系统的设计方案和测试就要求更加严谨。

在 μRtos V1.0 系统中，在 50 MHz 的 ARM7 环境中，按照两个串口在通信，另加一个测试信号中断和一个时钟信号中断来计算，理论中断响应值：$2.0 \times 4 = 8\ \mu s$，这种条件下的实测值略低于 $10\ \mu s$，其他环节略有一些消耗，基本上与计算吻合，并且稳定。这样的响应能力，大大好于通常嵌入式操作系统(包括 VxWorks)的中断响应值。如果采用加速手段，实际的中断响应能力和性能会有提升。通常这些手段能够改善系统的总体性能，但是对最差情况下响应能力的改进作用不大。

其他嵌入式实时操作系统内核，通常在 $200 \sim 300$ MHz 主频(甚至更高)的微处理器条件下才能达到 $10\ \mu s$ 的中断响应能力，这个指标和 μRtos V1.0 相比有两个数量级的巨大差距。例如在实时性最好的 Linux 版本中，通过在底层添加硬实时内核这种双内核方案进行改造的

rtLinux,也要在采用 AMD K7 CPU 的惠普 Pavilion 笔记本电脑上,才能达到最好 12 μs 级别的中断响应能力(这个数据可以在 FSMLabs 的网站 www.rtLinux.org 上看到)。AMD K7 CPU 的运算速度比 50 MHz 的 ARM7 高出不止一个量级,虽然测试的规则可能不完全同,但是可以判定,μRtos V1.0 在 50 MHz 的 ARM7 环境下,能够达到甚至超过实时性最好(除 μRtos V1.0 外)的 rtLinux 在 AMD K7 环境下的实时反应能力。

中断响应能力快慢是问题的一个方面,中断响应能力是否稳定则是问题的另一个方面。通常讨论硬实时嵌入式操作系统,正确的概念是具有固定上限的中断响应能力。如果系统中关闭中断类型的代码在不确定的位置出现,特别是和上层应用逻辑发生密切关系,则系统就丧失了稳定的硬实时中断响应能力的基础。这种中断设备和上层逻辑的密切关系还导致系统结构的不稳定,很难在这种结构中处理虚假中断等各种再嵌入式环境中可能产生的复杂问题。

## 1.2 内核结构

本节对内核系统中主要组成模块的结构进行描述,以便读者在概念的基础上对内核运作的主要模块有一个更清楚的了解。

图 1-6(图 1-3 的简化层次图)描述的是一个简要的嵌入式操作系统内核的体系结构图,嵌入式多任务应用功能软件系统是应用设计的范畴,并不包含在内核中。内核保留给上层应用的接口有 3 个,分别是软保护、ITC 和 DSR。

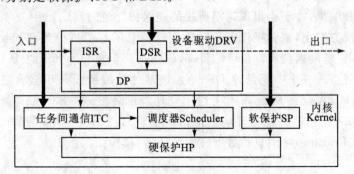

图 1-6 简单内核体系结构

图 1-6 基本上是最接近 μC/OS-II 内核现状的结构图,是作者理解的 μC/OS-II 系统的运行基础的一个图形描述。在 μC/OS-II 原书中,对 DRV 部分除了举例一个时钟驱动外,没有给出详细的结构方面的说明;但是在 ITC 的描述部分提到,在 ISR 中通过 ITC 通知应用任务某些信号或条件已具备,应用任务如果正在等待,则可以继续运行。

### 1.2.1 硬保护泛滥问题

如图 1-6 所示的结构其实并不完善,甚至存在较大的问题,有进一步设计的必要。在 ISR 中使用 ITC 机制,意味着中断和任务的 ITC 部分是共享的,因此需要采用硬保护机制相互协调。而 ITC 机制作为应用开发的接口,意味着用户应用开发式可以自行按照 ITC 机制进行调用。也就是说,这种方式导致使用硬保护的场合与应用层逻辑发生密切关系,这可能会导致系统的硬保护机制被隐性地泛滥使用,并破坏系统中断响应能力的稳定性,丧失硬实时系统的基础。硬保护开放给应用开发工程师是危险的,一个合理的体系结构应该对DRV与任务交互部分进行专门的设计,应该隔离两者的交流,让两者之间通过一个固定的能够保证硬实时特性的机制传递信息和数据,避免硬保护机制被泛滥使用,杜绝嵌入式开发工程师对硬保护的依赖。

关键的问题是,硬保护方式不能成为用户编写代码的工具,不能成为中断内部和中断外部交流数据的工具。如果使用,则必须限制在内核中使用,并且必须具备所保护临界区域运算时间固定的特性。用原有ITC不能解决这个问题,因为在ISR和应用之间通过ITC传递数据的逻辑中,很难避免对硬保护的使用。

具体的实现代码不是关键,关键问题是应用和设备驱动间通过ITC进行直接交流不可避免会导致保护与应用逻辑的纠缠。这是图1-6这种结构下不可回避的逻辑问题。虽然这种简单结构方式实现代码看起来也比较简单,但是系统的中断响应能力并不能保证具有确定性。这也是本书在1.1.5小节讨论中断响应能力的原因。

另外,图1-6的结构虽然提供了简单应用的开发接口和规范,但是对于嵌入式环境中最重要的设备驱动还没有明确的定义,这也是需要解决的重要问题。

## 1.2.2 硬保护泛滥问题的解决

要解决硬保护泛滥的问题,系统需要进行重新设计。设计要达到的目的是,使设备驱动环境中向任务发送消息、数据时,就像是在任务环境中任务与任务之间发送消息、数据一样,无需硬保护。达到这种效果,才不会出现这里所说的硬保护泛滥的问题。

在具体的实现方案上,需要把设备驱动中发送消息的过程拆分为两步:第一步是在设备中向专用的设备/任务间通信机制(DTC,Device-Task Communication)发送消息和数据;第二步是在中断退出时进入一个中间部件DEVA。该部件是跨越任务和驱动之间的具有调度能力的一个逻辑实体,涉及到从设备环境到任务环境的转变,本书中称其为DEVA(DEVice Abstraction)。DEVA切换到任务环境后,通过ISISR接口调用ISR的第二部分SISR(Soft Interrupt Service Routine)将消息和数据转发到任务,结构图如图1-7所示。

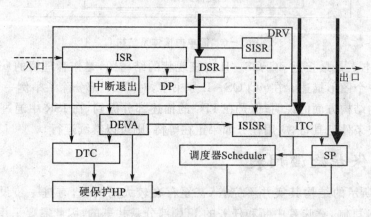

图1-7 分层调度内核体系结构

这个的思路就是限定驱动ISR部分的功能,确定其只完成读出硬件设备寄存器数据并发送到专用DTC的功能,不依赖于任何应用方可能用到的工具或模块,因而也就不会和应用发生关系。替代应用的是一个和 ISR 专门发生关系的 DEVA 部件,并且该部件能在设备环境和任务环境中跨越切换,这样就从逻辑上彻底断开了设备环境与应用环境的关联。当然,前提条件是工程师开发、编写 ISR 时遵守该约束,当进行这种设计时,工程师也没有必要违反以上约束,因为这种约束并不限制嵌入式环境满足可能面临的任意应用需求的能力。通过这种设计,内核上层、应用代码与中断设备驱动类代码完整地隔离开,如此才能达到 1.1.3 中小节讨论的解决虚假中断及其他可能存在的复杂问题的体系结构设计要求。通过这种设计,用统一的方式固化了系统中涉及到硬保护部分的代码,并保证其高效、稳定,实现了 1.1.5 小节提到的 3 种保护机制的 6 个使用原则中的第①、⑤、⑥条。

这种方式也是借鉴了微内核的原理,微内核方式就是通过底层微内核封装硬件接口,让上层内核通过统一的虚拟接口接收设备数据。rtLinux 正是借鉴了这个原理,采用了双层内核(并非微内核)的方式以提升 Linux 的实时能力。这是为什么 rtLinux 是当前除 μRtos V1.0 外市面上实时反应能力最好和最具有硬实时性的根本原因。本书中的体系结构设计在此处用最简化、最高效的方式采用了微内核的这个关键特性。严格地说,rtLinux 应该称为双内核,本书的体系结构设计应该称为分层调度内核,都不能称为微内核,但是基本思想具有共通性。

注:通常的划分方法认为,Linux 属于单一结构的内核,微内核方式构造的内核通常是分层结构的内核。此处 μRtos V1.0 还是属于单一结构的内核,但是是分层调度的。这样的特征特别适合嵌入式环境中高效、简洁的要求,同时又具备了两方面的关键特性。

简单描述一个中断发生到应用收到消息和数据的过程,读者即可了解到其中的不同。过程如下:中断一旦产生,中断环境通过必要的入口准备后,进入特定设备的 ISR。ISR 读取设备端口的数据后发送到 DTC,之后进入 DEVA。DEVA 读取 DTC 中的消息,调度自身到任务环境调用 SISR(SISR 已经注册到 ISISR),SISR 通过 ITC 发送消息、数据到应用。应用在下次被调度器调度运行时收到该消息和数据。在此,应用中使用 ITC 是和一个任务环境的逻辑实体(DEVA)发生共享关系,而不是与中断、设备环境中的代码发生共享关系,因此避免了在应用逻辑中采用硬保护措施,需要保护的公共全局变量、临界区只需要软保护即可。

DRV 中包含的 SISR 和 DSR 模块已经完全是任务环境中的代码模块,而 ISR 在设备环境中运行。需要注意的是,SISR 的运行环境虽然是在任务环境中,与设备中断环境保持了隔离,但是毕竟还是一个中断服务例程的一部分,还是应该尽量保持简洁、高效,保持完成必要的设备处理后尽量将后续的处理转交真正的应用任务进行进一步处理的方式。不应该因为 SISR 已经是在任务环境中而任意将 SISR 的功能进行不必要的扩充。此处 DRV 的概念实际上是比较底层的内核驱动模块概念,这个概念与通常读者接触到的多种驱动是有区别的。例如,文件系统驱动实际上是由底层的 IDE 内核驱动和上层的文件系统驱动组合而成的,而文件系统驱动按照此处的划分,实际上应该放在应用层。这样安排才能够保持 IDE 相关的 SISR 驱动简洁、高效。类似的其他功能都有这样的情况,也就是在通常 PC 环境中驱动模块的功能,在此实际上是建立在底层内核驱动基础上的系统级应用功能模块。

如果系统设计要求更高效,也可以在 ISR 中直接应答(在应用逻辑允许并且不破坏此处谈到的规则前提下),不必通过 DTC 机制进行转达(也就和应用不发生关系)。用户完全可以根据自身产品要求选择具体在 ISR、SISR 或应用等环节中的任意一个环节输出应答。也可以是这些方案中多种的组合。

开发嵌入式产品的读者应该了解,在嵌入式环境中,所谓中断响应能力,最主要的考虑是,快速达到的中断信号和数据不会丢失（当然"快速"的衡量必然有一个受具体环境限制的上限）。通过 DEVA 和 DTC 机制，设备驱动一旦被中断引发，读完设备中的数据后，立即通过 DTC 机制发出，之后即可以立即恢复到能为该设备下一个中断服务的状态中。这样中断处理不会受到应用方代码逻辑的影响，而应用层不再和中断环境中的设备驱动 ISR 共享变量，应用中也就不再需要不必要的硬保护逻辑。这样的设计其实就是通过空间换时间的一种常用算法折中方式，通过增加一个消耗很小的快速中间环节起到"泵"的作用，隔离了嵌入式上层应用于设备驱动之间的直接关系。在实时嵌入式应用中，这样的安排是非常必要的。

当然，问题并非这样简单，如上所述，该 DEVA 机制具有调度器的一些特性，也就表明，系统的调度机制需要改变，不能用 μC/OS-II 中简单的调度机制达到此目的。其结果等于产生了任务调度器、DEVA 调度两个调度部件分担原有调度器的功能。ISR 拆分成 ISR 和 SISR 两部分，并且增加了 ISISR 回调注册函数指针接口。采用 ISISR 同样是为了保持依赖关系的单向性质，以及保持设备驱动模块与驱动框架的独立性。

另外，μC/OS-II 的 ITC 机制相关的代码也须重新改写，以便 ITC 机制完全不依赖硬保护，而仅仅依靠软保护实现全部 ITC 算法。不会像 μC/OS-II 原有代码那样导致硬保护和应用逻辑发生纠缠，也就不再存在硬中断隐性泛滥问题。详细的说明请参考 3.3 节等。

"分层调度内核体系结构"图的结构设计（见图 1-7），不仅仅解决了硬保护隐性泛滥问题，保持了应用的基本开发接口，同时也为设备驱动开发提供了一个更完善的接口规范的基础。

### 1.2.3 μRtos V1.0

当调度机制、ITC 机制都已经改变之后，另外还增加了驱动框架、重新规划了的应用和驱动的开发接口，这样的系统已经不再是 μC/OS-II 了（内核包括的部件都已经从体系结构方面全面改变，不仅仅是改写了代码），这就是 μRtos V1.0 的产生基础。但是正像 Linux 和 minix 有精神上的传承关系一样，μRtos V1.0 可以说是从 μC/OS-II 借鉴了一些简化、小型化的手法，它们的共同特点是在类似的基本内核逻辑概念的基础上构造内核。而 μRtos V1.0 其他方面的特性则是借鉴了其他一些操作系统内核的优势，并且融合了一些自有的创新设计。

图 1-7 所描述的结构上的变化还不是构造体系结构的全部，这只是开始的最关键的一步转变。要为设备驱动制定完整的规范还有很多工作要做。另外，还有系统级服务的规范、上层应用的进一步规范等问题。

从移植的角度考虑，有一个保持 μC/OS-II 原有代码不变的折中方案。从图 1-7 可以看到，新增加的部件主要和 DRV 等相关，而在 μC/OS-II 原有代码中，主要提供的是 ITC 部分和调度算法，没有 DRV 部分的代码，也没有明确定义专用的 DRV 开发框架，因此两部分代码完全可以配合运行。μC/OS-II 的设想是用原有 ITC 达到沟通驱动与任务的作用，在本书这种新体系结构中，可以保持 μC/OS-II 的 ITC 和 SP 部分不变，仅仅增加和修改图 1-7 中其他部件，系统同样能工作，只要不在 ISR 等环节使用 ITC 即可。也就是说，μC/OS-II 基本上可以作为 ITC 部件和调度算法部分镶嵌到该体系结构中。当采用这种方式时，调度器、ITC 不是专门按照上述体系结构设计的，当然不是最优化的，但是仍然能够运行。特别是读者仅仅想进行一些尝试和学习的情况下，这种综合的方案未尝不可，但不是商业化产品的推荐方案。读者可以根据自己所从事项目的情况选择完全保持 μC/OS-II，保持大部分 μC/OS-II 仅增加/修改设备框架部分，完全改变到 μRtos V1.0 等多种方案中的一种。

以上论述比较多地讨论了体系结构方面的改进,但是 μC/OS-Ⅱ 原系统还是相当有特色的,图 1-6 代表的 μC/OS-Ⅱ 的结构图示清楚地表明,μC/OS-Ⅱ 系统具有简单、清晰的特点。对于特定的应用,只要实际的信号反应能力可以接受,虚假中断等复杂问题的处理可以避免,μC/OS-Ⅱ 不失为一种简单方案的选择。只要注意其可能导致硬保护与应用发生密切关系的特点,精心设计代码,避免可能出现的最坏情况,μC/OS-Ⅱ 同样可以用来开发要求并不特别高的产品。

判定 μC/OS-Ⅱ 简单,并不是说 μRtos V1.0 多么复杂,μRtos V1.0 中的 DTC 和 DEVA 部分相当小(共 300 行左右的 C 代码),而改写后的 ITC 部分因为专门服务于任务间通信,也比 μC/OS-Ⅱ 中的 ITC 部分更小,更简洁。整体说来,μRtos V1.0 的内核部分和 μC/OS-Ⅱ 代码量维持在大致相当的量级,而实时反应能力和体系结构的完整性却有了根本性的改变。特别是开发嵌入式产品的环境中,设备驱动、应用任务与设备的交互才是关注的焦点,系统定义了完整的驱动框架,这对于快速开发出稳定的产品至关重要。

考察 VxWorks 的驱动框架可以看到,在 VxWorks 中,驱动也是分为两部分,一部分是 BSP 包中的部分,另一部分是软件驱动部分。其中 BSP 驱动部分就相当于本书中提到的各设备 ISR 部件的集合;而软件驱动部分,则相当于本书中 SISR 和 DSR 部件的集合。需要提醒读者的是,这个大体的对应关系并不严格。

本书在第 1 章之后,主要详细解说 μC/OS-Ⅱ 移植。μC/OS-Ⅱ 作为一个简单的多任务嵌入式内核,对于了解嵌入式操作系统内核的各种概念有相当大的帮助。掌握 μC/OS-Ⅱ 在 ARM 环境下移植的详细技术细节后,会极大地帮助读者理解后面解释说明 μRtos V1.0 在体系结构方面进一步进行设计方面的内容。

## 1.3 关键机制

嵌入式系统主要的运作机制包括复位、中断、轮询、保护、通信等,这些机制是内核的基础。一个嵌入式系统设计是否能够运作良好,不仅仅是看几个内核算法和体系结构的设计,更要看这些更底层的机制对系统运行的影响。

这些内核底层代码编写中常用到的机制,或称底层的底层,有很多种。本节选取其中部分进行介绍。本节中介绍的这些机制不能算是内核的主要结构,可以有很多方式来编写,但如果选择不恰当,则会对系统的响应能力造成比较严重的影响。内核的各个重要模块,如调度器、ISR、DSR 等,与系统的关键机制之间有很强的关联。

### 1.3.1 复位引导机制

ARM7 系列中各种具体微处理器的引导过程基本类似,具体芯片细节不同。例如,S3C44B0 内存块对应的地址是固定的,引导过程中没有内存位置重新映射的要求;而 S3C4510B 内存位置是可以配置的,通常要在引导过程中进行重新映射。当复位引导时,微处理器将 PC(Program Count,程序计数器,即指令执行位置指针)设置为 0,微处理器模式设置为 SVC,IRQ/FIQ 中断均屏蔽。0 位置的代码入口也称为 Reset 异常入口。ARM 类微处理器通常安排内存最底端的几个地址为各种异常的入口,具体位置如表 1-3 所列。

表 1-3 入口向量

| 编号 | 内存地址 | 异常 | 说明 |
|---|---|---|---|
| 0 | 0 | Reset 异常 | |
| 1 | 4 | Undefine 异常 | 程序中执行到未定义代码 |
| 2 | 8 | SWI 异常 | |
| 3 | 12 | PAbort 异常 | 微处理器读取下一条代码时出现访问异常 |
| 4 | 16 | DAbort 异常 | 微处理器读取数据时出现访问异常 |
| 5 | 20 | 保留 | |
| 6 | 24 | IRQ 异常 | 产生 IRQ 中断 |
| 7 | 28 | FIQ 异常 | 产生 FIQ 中断 |

异常入口处的代码通常就是一个跳转指令,即跳转到特定的异常处理例程。FIQ 放在最后一个,这样安排 FIQ 异常就可以直接处理,不必跳转,这样可以加快 FIQ 的处理速度。

S3C44B0 微处理器在上述异常入口后可以再定义其他设备中断的异常入口,称为矢量化中断跳转。矢量化跳转是为了方便中断产生后直接跳转,以期得到更快速的反应。但是这种设想其实用处不大,因为中断处理的前部应该是统一的环境保护等功能,如果采用矢量跳转,反而还要再次跳转到统一的入口处,然后再根据中断编号进行分发。矢量跳转方式可以通过设置系统中的 SFR 来打开/关闭。关闭矢量跳转后,S3C44B0 的异常处理例程和 S3C4510 没有区别。

飞利浦 LPC 系列 ARM 微处理器具有矢量和非矢量两种中断方式可设置、选择的特点。

IRQ/FIQ 异常入口是设备中断的统一入口,通常要进入之后经过一段统一的准备工作,再根据中断情况调用不同的 ISR。

引导过程就是从 0 位置的 Reset 异常入口进入后的过程,S3C44B0 复位引导的伪代码流程如下:

### 代码 1-4 三星 S3C44B0、飞利浦 LPC 系列 ARM 处理器引导过程伪代码

{
(1) 设置 SVC 模式,屏蔽中断。
注:通常微处理器自动完成该功能,但是在此处用代码确认一次有一个显著的好处,就是通过代码跳转到复位引导位置(通常是地址 0 处),就可以简单进行软复位。这种软复位不同于通过指令让复位引脚电压发生变化的那种软件复位,为区别起见,称通过指令导致复位引脚电压变化的复位为热复位(相对于电源上电的冷复位)。总结起来,有冷复位、热复位、软复位 3 种复位方式。为满足软复位的要求,在此设置微处理器模式并关闭中断是必要的。
(2) 设置 PLL 主时钟相关特殊功能寄存器。
注:此处的主时钟并非系统中提供时钟中断的时钟设备,而是控制系统主频的时钟。
(3) 配置内存参数。
(4) 拷贝 ROM 代码到 RAM(如果需要载 RAM 运行代码)。
(5) 设置 ZI 段,拷贝 RW 段。
(6) 初始化堆栈。

(7) 进入 C 代码入口。

}

上面的引导程序具体代码是由硬件环境决定的,但是对于特定的微处理器基本上是固定的。对同一种微处理器开发的不同产品板,以上代码仅仅是具体参数不同(例如内存类型、数量不同,C 代码入口函数名不同),并不受将要运行软件系统影响。引导代码的基本方针是让系统有最基本的运行环境,通常仅仅涉及主时钟寄存器、内存管理寄存器等,尽量把其他暂时不需要又能够在 C 代码中完成的设置功能留到进入 C 代码之后的初始化过程中。

进入 C 代码之后还应该有一个初始化过程。学习性质的 μC/OS-II 内核的移植在初始化过程中通常忽略的是 C 库的初始化问题,另外系统的其他部件的初始化也不够规范。规范的初始化伪代码过程如下:

**代码 1-5 C 语言代码入口伪代码**

{

(1) 硬件初始化。基本编写原则是,在合理的情况下,尽量把硬件设备初始化工作保留到设备模块初始化中进行。此处通常是将各种 SFR 清零或设置为最基本值。

注:不同于后面的设备模块初始化,此处是需要直接面向设备的不适合在设备模块中进行的初始化工作。前面引导时所作的初始化极其简单,只设置了几个关键 SFR,还有很多 SFR 需要清理,另外一些遗留的但又必须在后面设备初始化之前进行的工作需要在此完成。

(2) 杂项初始化。各种全局变量的初步初始化,例如清零等简单初始化工作,不同于后面各模块中的初始化。

(3) 内存管理模块初始化。

注:内存管理模块的初始化应该比较靠前,其他模块的初始化可能需要用到内存管理模块功能。

(4) C 库初始化,需要根据具体情况选择不同的初始化方式。

注:进行 C 库初始化的目的是为了尽快可以在代码中使用 C 库函数,简化代码编写工作。C 库的初始化也分很多种情况,根据具体希望使用的 C 库函数不同,初始化代码也不同,2.2.2 等小节有详细解说。C 库的初始化涉及到很多内存管理的问题,所以在内存管理模块初始化之后进行。

(5) 调度器初始化。调度器如果不是采用 μC/OS-II 原有方式,该模块是需要一些初始化工作的,这样调度器选择余地更大。

(6) 各种 ITC 模块需要的初始化。

(7) 其他内核模块初始化,包括各种保护机制、内核全局变量、任务管理器、DEVA、内核服务任务(如 CPU 使用率计算、堆栈统计等)。

(8) 各设备驱动模块的初始化,通常是把设备设置为可工作的基本值,不同于第(1)步的清零。

(9) 应用的初始化,包括按照系统设计的任务优先级建立任务等等。

注:应用的初始化是一个宽泛的概念,可能还需要进一步划分,通常网络协议栈等属于系统级应用,其

他上层应用属于普通应用,需要各自不同的初始化工作。

(10) 调试模块初始化。

(11) 启动系统。此步骤之前中断是关闭的,直到此时打开中断启动系统,切换到最高优先级任务。
}

通过以上步骤之后,系统开始运行,但是仅仅如此有时还是不够充分,有的初始化工作必须在任务已经运行起来的环境中才能工作,例如 µC/OS-II 系统设计的 CPU 占用率计算的初始化准备工作就必须在任务系统已经启动但其他任务还没有运行的情况下运作。这种情况下,还需一些专门的设计才能够比较完善地达到目的。

系统一旦启动,之后的运行状况通常是就绪的最高优先级的任务的运行。嵌入式环境中通常任务代码会编写为一个循环,不停地运行,中间通常通过 ITC 机制进行暂停、等待等控制。那种仅运行一次就结束的任务或不会长时间存在的任务在这种环境下没有必要单独作为一个任务,可能编写为一个函数由某个任务在特定的条件下调用一次更为合适。如果这种一次性的任务过于复杂,也可以单独作为一个任务来编写,执行完之后退出该任务,但是通常这种情况并不多见。

如果不考虑中断,系统中的这些任务彼此间是过 ITC 和延时休眠机制进行任务切换的,当最高优先级任务等待某个条件或执行延时,该任务立刻进入等待状态,其他任务即可成为就绪的最高优先级任务并获得运行机会,否则系统就在单一最高优先级任务中持续不断地运行。

在嵌入式环境中,任务的优先级安排和规划相当重要。通常要长时间运算的任务不太适合给予太高的优先级,反而是那种循环进行极短暂运算的任务更适合把优先级安排高一点。如果确实有高优先级任务要长时间不停计算大量数据,或者高优先级任务停止计算的时间极短,其他任务获得计算的时间不充分,可能的情况是系统的设计不合理或者选用的微处理器计算能力不够。这种情况需要的是整体方案(特别是硬件方案)的重新考虑,而不是软件体系本身能够完全解决的。

对于运行中的系统,除了任务之间通过 ITC 和延时休眠功能相互切换之外,就是通过中断服务进行相互切换。如果是一个优先级比较高的任务在等待某个设备数据的产生,在中断发生之后,中断服务收集设备中的数据,通知该任务就绪并切换到运行状态。如果等待设备数据的任务优先级比当前运行任务优先级低,该任务状态仅仅是进入就绪状态,需要等到高优先级任务退出运行状态之后,才能获得运行时间。

## 1.3.2 单层中断机制

本小节说明单层中断机制的过程。中断是联系设备和系统工作逻辑的纽带,同时也是系统性能的一个关键。系统对待中断的方式可以有很多种变化,包括是否允许嵌套中断,不可屏蔽中断等,不同的选择构成系统不同的特性。嵌套中断和不可屏蔽中断的细节在 1.3.3 小节和 1.3.4 小节介绍。

如果不考虑嵌套中断,单层中断过程很简单,就是保存任务环境,调用 ISR,退出中断处理。µC/OS-II 退出中断的处理逻辑是在最高优先级就绪任务变化时(调用的 ISR 处理逻辑中可能改变了任务就序状态)切换任务,否则直接返回原有任务。而本书设计的体系结构中退出中断的处理逻辑总是进入 DEVA。

简单地移植 μC/OS-II 可以采用非嵌套的中断方式，VxWorks 的 ARM 版本也是采用的这种方式。这种方式的中断响应能力并不好，但是系统运行逻辑简单，易于调试。对于小型且不重要的应用来说，也有相当价值。采用简单中断很方便，只要在整个中断处理过程中不打开中断屏蔽即可，这样即使内核是为嵌套式中断准备好的，也不会进入嵌套中断。

## 1.3.3 嵌套中断机制

嵌套中断机制比单层中断机制要复杂一些，特别是 ARM 这类微处理器要做到嵌套中断需要注意多个方面的问题。首先是退出硬保护的时机问题，如果在中断处理过程中一直不退出硬保护，也就不存在中断的嵌套。退出硬保护的最佳时机是图 1-8 中进入设备驱动并且进入设备保护之后。标准的方式应该是：在进入设备保护后还没有读出设备数据时，退出硬保护。在退出硬保护之前，应该通过设备保护机制单独屏蔽设备的中断使能位。

通常在进入设备保护还没有读数据时退出硬保护的处理方式下，如果出现读数据过程被太多其他设备的中断打断，以致无法在该设备的下一个数据到来前读完数据，这应该考虑整体方案（特别是硬件方案）的可行性。虽然可以临时变通为读完数据之后再退出硬保护，但是出现这种情况说明系统平台能力存在问题。

另外，嵌套应该采用半嵌套方式，并不需要开放完全的嵌套。半嵌套的含义是指不同设备中断之间可以嵌套，但是同一设备不能嵌套中断。这样设计既照顾了实时性的要求，又能让系统具有更明确和稳定的行为。否则，如果开发完全嵌套，中断服务的堆栈空间就存在不确定性，甚至中断响应时间上限也存在不确定性。同时，完全嵌套也没有必要。同设备在中断服务过程中被同一个设备再次中断，要么是软件处理算法有问题，要么就是平台处理能力不够，需要从其他方面考虑解决方案。本书如果不特别说明，名词"嵌套中断"都是指"半嵌套"中断方式。

在 1.2.2 小节中提到，在系统体系设计中，ISR 的功能已经完全简化为读出设备中数据发送到 DTC 这种最简化的功能。如果在这种情况下还无法在下一次同一设备中断到来之前完成该 ISR，说明系统的处理能力与该设备要求的处理能力完全不能匹配。这已经不是嵌套中断能解决的问题了。

要达成这种合理的半嵌套的实现方法很简单，即在马上要退出 ISR，使能该设备的中断位之前，再次恢复系统的硬保护。图 1-8 可以清楚表示合理嵌套与完全嵌套的区别。

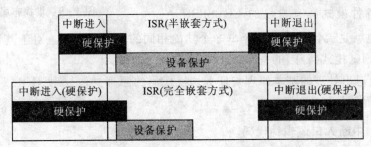

图 1-8 半嵌套与完全嵌套区别

如图 1-8 上半部所示,在半嵌套方式中,ISR 代码运行时一直处于设备保护之下。通过硬保护和设备保护的衔接切换即可达到半嵌套的目的。在 ISR 中,在设备保护条件下,其他设备仍然可以发生中断,但同一设备不会再次发生中断。而图 1-8 的下半部表示的完全嵌套方式有一个时间窗口,它既无硬保护,也没有设备保护。此时,同一设备的中断也可以再次发生。半嵌套方式中,ISR 所运行模式的堆栈空间需求是明确有上限的(最多就是全部设备都发生了中断),中断响应时间上限也是确定的。而在完全嵌套方式下,中断嵌套的层数是不确定的,因此,ISR 所运行的工作模式和对堆栈空间的需求是不确定的。只要理性地思考就可以得出同一个设备中断本设备 ISR 代码运行并不必要的结论。

嵌套中断具体实现中,另外还要注意的一个重要问题是 SYS 异常模式的使用问题。如 1.1.1 小节所述,应该在进入中断后,切换到 SYS 模式(UND 模式更好,参见 1.1.1 小节)来执行中断实际代码,避免采用 IRQ 模式执行中断服务所特有的后续中断破坏当前中断 LR 寄存器值的问题。

用嵌套式中断来设计系统底层代码可以做到兼容非嵌套式中断,只需在整个中断过程中保持中断屏蔽状态即可。也就是在图 1-8 上半部表示的半嵌套中断中,在 ISR 环境下,并不切换到设备保护,而是保持硬保护。这样系统就不带嵌套中断功能。因此,建议系统按照嵌套式中断机制编写代码,然后在实际编写设备驱动时进行取舍。

另外还要考虑其他一些问题,例如应该让系统具有很方便的设置、安装、移除中断服务 ISR 的途径等。

要理解中断算法,首先要了解的是堆栈布局。堆栈布局在任务或 ISR 没有被其他中断中断时,指导意义不大。因为任务或 ISR 在运行时,堆栈中的大多数值与环境中的寄存器值并不对应,只有在函数调用或被中断时才会通过软件功能进行环境值与堆栈值的同步。当函数调用时,堆栈中的值是通过编译器添加的函数进入、退出代码来完成与环境同步的。这种情况本书不做讨论,本节讨论任务或者 ISR 被其他中断中断时的堆栈布局及其变化。读者应该牢记,堆栈中的各个寄存器的值,是被中断任务或 ISR 的环境值,而不是当前中断模式的环境值。堆栈布局如图 1-9 所示。

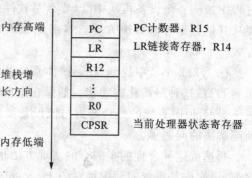

图 1-9 堆栈布局

处理器的各种模式具有自己的 LR、SPSR 和 SP 寄存器,也就是说各模式具有至少 3 个功能相同的不同寄存器。对于其他寄存器,不同模式使用相同(FIQ 模式特殊)的寄存器。

中断进入及退出处理的基本原理与任务切换代码的原理类似,参见 1.1.2 小节。综合这些因素,中断过程的伪代码如下:

**代码 1-6 中断入口逻辑伪代码**

{//入口条件:IRQ 中断屏蔽,LR 是被中断模式的 PC 值,SPSR 是被中断模式的
//当前处理器状态值,SP 是 IRQ 模式当前堆栈指针值
(1) 保存环境,在 IRQ 模式下。

1-1 LR-4压栈,ARM 的流水线预取指令特性导致中断后的 LR-4 才是被中断模式的 PC 值。
1-2 再次压入 LR,堆栈中 LR 值无作用,仅起到占位作用,该值在中断模式的 LR 寄存器中。
1-3 压入 R12~R0 寄存器,此后因为 R0~R12 已经保存,可以在设计算法时使用这些寄存器,只要保证退出时恢复即可。
1-4 SPSR 保存到 R0。
1-5 压栈 R0,该值是 IRQ 模式的 SPSR,也是被中断模式的 CPSR。
1-6 恢复堆栈指针 SP 的原值,并保存一份到 R3,方便后面算法(3-2)使用。到前面 1-5 为止,在堆栈中保存环境的任务已经完成,这一步是为后续算法作准备。

(2) 判断是否为第一层中断,如果不是第一层,进入(4)。
2-1 嵌套中断数变量地址到 R0,变量值读入到 R1。
2-2 如果不是第一层,跳到第(4)步。

(3) 设置嵌套层数为 1。R1=1,保存 R1 值到 R0 地址(2-1)。
3-1 切换到 SVC 模式,在第一次中断时,被中断的运行代码一定是运行在 SVC 模式下的任务。切换到 SVC 模式下以便将中断入口处保存的环境(前面(1))保存到任务中。
3-2 将保存在 IRQ 模式下的任务环境拷贝到任务的堆栈(SP),因为当任务被中断时,堆栈尚未与环境同步。其中第二项 LR 在被中断的 SVC 模式中,需要特殊处理(参见图 1-9)。这一步的功能在任务环境中是正常的压栈操作,而在 IRQ 环境中则是回到堆栈原指针处读出,不是普通的堆栈弹出操作。堆栈拷贝如图 1-10 所示。

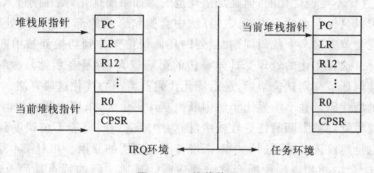

图 1-10 堆栈拷贝

如图 1-10 所示,如果用 IRQ 弹出一个堆栈数据任务环境压栈一个堆栈环境的方式拷贝堆栈,那么构造出的任务堆栈布局一定是错误的。因此,需要一个 IRQ 环境堆栈原指针用于堆栈拷贝。见前面步骤 1-6。

3-3 当前 SP 指针(这是 SVC 模式下任务当前的堆栈指针)保存到任务控制块结构的第一个字段。
3-4 完成了 SVC 模式下的处理,恢复到 SYS 准备执行 ISR,跳转到(5)。

(4) 嵌套数加 1,也就是 R1 加 1,保存到 R0 所指内存地址(参见 2-1)。
4-1 切换到 SYS 模式。因为此处一定是嵌套中断,ISR 运行所在的模式 SYS 的堆栈环境还没有反映出被中断的状态。
4-2 将保存在 IRQ 模式下的任务环境拷贝到 ISR 的堆栈(SP),因为 ISR 被中断时,堆栈尚未与环境同步。其中,第二项 LR 在被中断的 SYS 模式中需要特殊处理(参见图 1-9)。

(5) 调用 IRQ 处理函数,也就是 HandleIRQ 位置的函数指针,其中保存的实际上是 os_isr.c 文件中的 void IRQISR(void) 函数。注意该函数中可能打开了中断,因此才存在嵌套中断的可能。如果不需要嵌套中断,只需在该函数中保持中断屏蔽即可。该函数也是一个通用的用 C 语言编写的中断分发器。用这种方式分发中断处理,比在汇编语言中从登记的多个中断入口进入 ISR 要方便很多,方便执行硬保护到设备保护的切换等高级功能,才能为设备设计统一的接口函数方式。这是和常见移植代码不同的关键之一。

(6) 中断结束处理,调 IrqFinish 函数,其功能如下:
- 屏蔽中断。
- 递减中断嵌套计数。
- 判断是否为最后一层,如果不是,则函数返回。
- (最后一层)调中断调度器,恢复 SYS 模式的原始堆栈指针,调度到被中断任务,不再返回。从这里可以看出,当中断结束时,没有回去恢复 IRQ 模式的堆栈,因此才有前面 1-6 的预先恢复 IRQ 模式的 SP 原指针值的操作。同时在这一步处理中还要恢复 SYS 模式的堆栈指针,道理相同。

(7) 恢复上一层中断 ISR 的环境。流程进入此处一定是嵌套中断返回,因此一定还在 SYS 模式下。通过恢复 4-2 保存的堆栈,即可恢复上一层 ISR 的运行环境。
}

注意,第(5)步调用的是 HandleIRQ,而不是具体的 ISR。进入 HandleIRQ 后,再根据 ISR 登记情况进行中断处理的实际分发。这样编写代码的好处是系统的汇编代码部分一次写定不用再改变。当需要修改中断分发控制逻辑时,可以通过简单修改 HandleIRQ 函数(C 代码)完成。同时也非常方便 ISR 处理函数的安装、修改和删除。同时,也是硬保护、设备保护切换机制的必备条件之一。

注意 3-4 或 4-1 之后,都是在 SYS 模式下运行的。

另外,这个过程不是最优化的,但是是最规范的。如果要优化,则在刚进入中断环境时,保存环境寄存器可以只保存在这个中断入口算法中会受到影响的部分。如此处理,则拷贝环境的工作同样也就会节省很多代码周期,主要的环境保护工作到切换到被中断模式中开始保存环境时才进行。这种优化的处理受具体算法的影响较大,容易在后续修改时出现 BUG,因此建议读者在其他环节都调试完毕后,最后固化代码前再小心优化这段算法。

嵌套中断机制代码量并不明显比单层中断机制代码量大,单层中断方式也要保存环境,也要把保存的环境拷贝到被中断的任务堆栈中(因为中断退出时可能不再调度到该任务),也要恢复环境。这也是建议读者按照嵌套中断来准备系统底层的原因。相对于本小节后面提到的高速反应方式,嵌套中断和单层中断合称普通中断。普通中断的特点是简单、易用、稳定、方便。如果在系统不存在特别考虑速度的情况,则普通中断是最好的选择方式。

## 1.3.4 端口轮询机制

端口轮询机制可能称为轮询算法更恰当,轮询不是系统的一个机制。但是通常在系统设计中针对采用中断还是轮询进行决策时,两者通常要在第一时间放在一起考虑。因此,本书也将轮询作为中断机制的一个对应机制来进行讨论。

1.3.5 小节提到的不可屏蔽中断机制虽然有速度的优越性,但是毕竟太过复杂,特别在想要即能快速反应又能够与系统交流数据时,需要再次进入中断机制统一的入口、调度等规则。在这种情况下,一个较好的选择就是轮询,下面来看看轮询最合适的场合。

如果系统中存在高速串行设备,系统设计师会感觉中断机制的代价太大。每一个串行数据进入都要中断进入、退出,设备保护进入、退出,以及任务环境的保护等。

例如很可能会遇到的 115 200 波特率的串口通信要求,如果没有硬件 FIFO 的帮助,工程师必须面对每个位的间隔是 8.7 $\mu s$,一个完整 8 位字符的间隔最短是 87 $\mu s$(关于串行通信协议的具体问题读者可以查看一下其他资料)。可见,在对方是全速发送且只有一个停止位的情况下，在收完一个字符后，下一个字符的起始位会在 8.7 μs 后立刻到达。如果没有硬件 FIFO 帮助采用普通中断处理每个进来的字符，理论上中断响应的时间需要 10 μs 左右（参考 1.1.5 小节的计算），不能满足 8.7 μs 的要求，因此很容易发生数据覆盖错误，并丢失数据。当然，这个问题可以简单地通过流控方式（流控的本意是用于标识端口缓冲状态，此处不算是流控的标准用法）解决。

常见的嵌入式微处理器中 UART 设备并不带流控信号，必须要 GPIO 引脚自己定义流控操作。此类 UART 设备通常用于低速串口，对于高速或要求完整信号的工业标准串口，需要附加的设计。飞利浦 LPC 系列嵌入式微处理器通常是一个带全信号的标准串口，搭配一个仅有收/发引脚的简单串口。简单 UART 最适合的端口速率应该是 9 600 bps 左右。这个 UART 设备通常仅适合作为系统的 console 口，完成一些简单命令设置功能。没有 FIFO 这种苛刻的条件（即便有也可以通过处理器关闭 FIFO），正是本书讨论高速反应机制话题的一个很好的条件。当然，这种讨论方法已经倾向于一种极限情况的讨论，而不是实际设计产品的考虑。在实际进行产品设计时，打开 FIFO 是最理想的做法，在没有 FIFO 情况下，用流控方式处理是最理性的方法。这也是为什么很多高速通信设备通常都需要流控的原因。

不过，这种讨论也有其相当的价值，毕竟内核系统的高速反应能力正是每个工程师追求的目标。实现这样的目标，系统的可选择设计余地大大扩宽，更加有可能用低成本的方案完成原来需要更高成本的目标。

所谓高速端口，并不一定指硬指标的速率。例如，常见的嵌入式环境中处理 10M 的网络端口也没有问题。这是因为网络部分通常已经由硬件完成了整个帧的接收缓冲功能，网口部分通知处理器核心的中断信号实际上是毫秒级的，完全可以从容处理。这种在系统响应能力达不到要求时借助专用接口芯片处理并缓冲是常见的系统设计手法之一，正如 Windows 内核虽然达不到实时性要求，但能用高性能的设备提高整体响应能力一样。无缓冲的高速端口才是对系统真正的考验，哪怕是 16 字节这样小的 FIFO 缓冲，对系统处理能力的提升和稳定性的提高都是关键的。

串行口如果有硬件自带 FIFO，同样也不存在处理速度的问题。FIFO 的关键作用就是将系统必须考虑的位间间隔变成字符间间隔，甚至成块数据间的间隔。不仅硬件 FIFO 作用很大，软件 FIFO 也对系统的响应能力有相当帮助。硬件 FIFO 通常只缓冲少量几个数据，软件 FIFO 的空间则更容易扩大和控制。使用 FIFO 后，系统不必消耗资源随时准备处理极限速度，因此 FIFO 能够显著提高系统的处理带宽，并且显著改善系统处理流程的复杂度。例如 S3C44B0 和飞利浦 LPC 系列处理器的 UART 串口都带有一个 16 字节的 FIFO，这样，UART 模块通知处理器核心的中断信号时间间隔变成毫秒级的，不存在 8.7 μs 位间隔导致覆盖的问题，处理 UART 串口数据方面即可从容应对。

如果存在上述数据覆盖问题，又不想采用复杂的不可屏蔽中断机制，轮询就是一个很好的选择之一。编程方式也很简单，就是在一个具有较高优先级的任务中，用 poll 方式读串口数据。代码示例如下：

**代码 1-7 轮询机制示例**

```
char UartRecv
{
```

```
// rUartStatus 是串口的状态 SFR 寄存器
// UART_RECV_READY 是串口接收完成的状态位掩码
while(! (rUartStatus | UART_RECV_READY));
// rUartData 是串口的数据 SFR 寄存器
return rUartData;
}
```

这段代码的用时消耗在 100 ns 左右,也就是 0.1 μs 左右,非常快捷。读者还可以参考这个写法,把这段代码用到其他合适的地方。当然真正的处理不会仅仅是读出数据就完成的,数据的保存等还须付出代价。不过通常情况下都能够在 1 μs 内处理完全部合理的工作,这个反应能力和 1.3.5 小节介绍的不可屏蔽中断机制的反应能力是相当的。

虽然轮询方式的处理速度快捷,但是它也有相应的一些缺点。通常这种方式需要在一个较高优先级任务中单独保持持续运行。如果出现 bug,很容易阻碍系统中其他任务的运行。如果优先级不够高,又很容易被其他任务抢占。另外,只要是用任务方式运行,还是会被其他设备的中断抢占,反而比中断方式更容易丢失数据(在不利用流控协议的条件下)。这些情况都会导致轮询方式单独持续运行的条件被破坏,因此在一个稍微具有一点复杂性的系统中,例如有彼此需要协调的 5 个任务同时运行的系统,这种处理方式会导致任务间控制算法难度极高,非常容易出现 bug。

在很简单任务的环境下,轮询方式是比不可屏蔽中断机制更好的选择,可以用较低成本的平台获得较高的性能。这样处理的速度虽然极快,但是很难作为系统内核的一个特征。只能说,它是是实践中解决简单问题时行之有效的一种方法。

## 1.3.5 不可屏蔽中断机制

不可屏蔽中断(NMI)不能算一种机制,而应该是一种设计安排,1.3.3 和 1.3.4 小节详细说明了中断、嵌套中断和轮询的问题,本小节讨论这种机制。系统中保持不可屏蔽中断可以算是一种比较理智的安排,当有这方面的需要时,例如某种设备需要特别高速的反应能力,会非常方便。

通过 1.4.1 小节中硬保护进入函数 OSEnterHardProtect 的实现会看到,只屏蔽了 IRQ 中断,FIQ 中断保持原状。这种安排就是把 FIQ 保留为不可屏蔽中断来使用,方便读者自己进行不可屏蔽中断的设计。ARM 中设计这种 FIQ 方式就是为了进行快速反应场合使用的。

进入操作系统进行管理的任何中断(非 NMI)都须处理一些同样的前期准备工作和后期结束工作,包括为被中断的任务保存环境,用 DCT 传递数据或消息等。因此,如果把 FIQ 纳入系统内核进行管理,加上这些消耗之后,则 FIQ 相对于 IRQ 的反应优势并不明显。FIQ 相对于 IRQ 的优势来说,仅仅剩下一个优先级更高的特点。而在绝大多数 ARM 微处理器中,无论是 IRQ 还是 FIQ 的中断的优先级本来就可以进行设置,因此,这个优先级较高的特性也可通过其他途径解决。

基于以上理由,建议读者把全部纳入操作系统进行管理的中断都用 IRQ 中断来处理,保留 FIQ 中断在体系结构之外,以便保留一个极高速中断响应能力来满足读者的特殊要求。当读者需要不可屏蔽中断时,可以通过 FIQ 中断自行处理,通常不应该进入前面提到的驱动框架内部。这种机制的反应速度比前面提到的 μRtos V1.0 系统普通中断的反应速度还要快很多。如果代码编写合理,大致可以做到 1.5 μs 左右,主要是其中断入口处理因为不涉及到操作系统的完整中断要求可以做到非常简化。

当需要这种保留下来的不可屏蔽中断方式的 FIQ 时,读者自己需要了解以下问题:当不可屏蔽中断和任务系统之间有比较多的数据交流时,需要自己根据系统的接口进行比较底层的代码设计。可能的选择方案可以是:多数时候通过 FIQ 自行反应,仅在个别情况下,将消息和数据交 DTC 机制传递到应用系统。很明显,不可屏蔽中断机制,如果不能在简单的 FIQ 中断处理逻辑中完成完整处理而必须保持和系统数据交流,则会产生复杂性较高的问题。

在 1.1.5 小节中,作者对系统的中断响应能力进行了大致的估算,内核系统对中断的实时反应能力非常优秀。但是如果在此基础上,把 FIQ 作为内核管理范围之外的不可屏蔽中断来使用,则系统的反应能力还会有较大提高。这也是作者建议保留这种不可屏蔽中断机制的主要原因。当然,这时的超高速反应能力不是内核系统提供的,而是应用开发人员自行开发的 FIQ 驱动提供的。存在的问题是:没有很好的开发接口,需要面对汇编代码,而且是关键性的代码,一不小心就容易出现严重的 bug。

当然,所谓高速信号的概念是相对的,对于 50 MHz 主频的平台是高速的信号,对于 500 MHz 主频的平台可能就不一定是高速信号。可以通过 1.1.5 小节的估算方法,评价一个信号是否需要用不可屏蔽中断方式来进行专门处理。另外,安排为不可屏蔽中断的信号应该不会太频繁地和内核其他任务之间交流大量数据,如果这种信号是频繁的且数据量大,那么应该考虑纳入正常中断系统中处理并提高平台本身的基准处理能力,例如考虑更高主频的 ARM9 或者更好的微处理器。

如果大数据量的高速信号是应用中普遍存在的,通常会有专门处理芯片作为设备芯片来提供,类似于网络、音频、视频等专用处理芯片。这样,可以大大降低主芯片的处理负荷。

另外还有一些途径提高系统的中断响应能力,涉及到的手法比较复杂,主要是用到可以自保护的 FIFO(见 1.3.6 小节),特定条件下可以将系统的中断响应能力提高到 2~3 μs,同时又纳入到系统的体系结构中,有明确的接口定义。但是需要一定的条件,并不是所有情况下都能达到这样的效果,而更多情况下是能够提高中断处理的效率,但无法提高按照最差情况计算的中断响应能力。

## 1.3.6 自保护软件 FIFO

前面文中提到了 FIFO 缓冲区,这是一个应该特别关注的功能。FIFO 缓冲区不仅具有缓冲系统突发数据、改善系统算法设计的功能,还有一个显著的优点,即在精心编写的 FIFO 实现中,如果只有一个任务或 ISR 写入,另外只有一个任务或 ISR 读出的情况下,可以无需任何保护。达成该特性的原理来源于单指令执行的不可中断特性,也就是说,可通过充分发挥单指令执行自身具备的保护能力达到软件 FIFO 的自我保护能力。但是 FIFO 也有问题,正如前面介绍虚假中断概念时提到的那样,FIFO 是一种异步通信的机制,适合用来传递异步信息和数据。如果是同步控制类信息,则不适合用 FIFO 方式进行通信。但是这种同步、异步的关系经常会在开发过程中被程序员、结构设计师忽略,正如 ARM7 微处理器中虚假中断的情况一样。而且,如果采用的是一个其他公司(或人员)提供的功能库,接口内部是否采用了异步方式没有明确标记的情况下,则很容易默认作为同步方式来使用。毕竟,同步的代码调用才是开发中最常见的方式。而同步控制中一旦牵扯到异步机制,问题会复杂很多。

要达到自保护的目的,这种入口和出口处均只有一个任务,并不是在各种情况下都能满足的,因此并不是一个能够稳定发挥的功能,需要视具体情况而定。例如,对网络口的访问可能就是多个任务同时进行的。这样的端口比较多,虽然可以在这个端口上再加一层任务单独访问该设备,但代价太高,不如使用保护机制。

因为 FIFO 这种自保护特性(特定条件下),FIFO 作为内核中关键位置的数据过渡是非常有利的。图 1-11 是 FIFO 原理的简单描述。

图 1-11　FIFO 原理

下面仔细解说 FIFO 如何达到单独写入和单独写出时的自我保护。如图 1-11 所示,FIFO 的工作原理就是数据写入方在"写入位置指针"处写入数据,之后修改"写入位置指针",不必触动"读出位置指针"。同时数据读出方在"读出位置指针"处读出数据,之后修改"读出位置指针",不必触动"写入位置指针"。

在实际编写算法时,写入方需要通过读出"读出位置指针"来和"写入位置指针"比较,以判断缓冲区是否已满,因此要读取"读出位置指针"。但是绝不能在一次写入操作中多次读取"读出位置指针",否则可能产生每次读取的"读出位置指针"值不同,从而丧失逻辑一致性。而如果借助其他保护方式来保证逻辑一致性,就丧失了"自保护"的特点。

写入方只要保证读"读出位置指针"操作只进行一次,并且是在一个指令中完成,就不用担心读到的"读出位置指针"过时,即便是过时的"读出位置指针",并不影响在"写入位置指针"写入数据的算法。写入方读"读出位置指针"是为了用来和"写入位置指针"比较,以便判断当前缓冲区是否已满。如果读到"读出位置指针"判断缓冲区已满,则写入方返回缓冲区已满错误。即便写入方读取"读出位置指针"后,"读出位置指针"因为读出方的操作立即发生了变化,消耗掉一个缓冲区数据进而腾出一个缓冲区空间,也不影响该 FIFO 缓冲区的逻辑正确性。

对以上描述,读者需要仔细理解。看起来好像上述情况出现了逻辑上的不一致性,但是这种不一致性是可以接受的。毕竟只要是采用缓冲区算法就要承担缓冲区满的风险,缓冲区满返回错误或丢弃数据都是这个环境中可以接受的。写入方如果判断缓冲区有空间,则会放入新数据,然后改写"写入位置指针"标记。同样,改写"写入位置指针"标记的动作也只能操作一次,并且必须在一单指令中完成。

以上的讨论是从写入方的角度进行的,从读出方的角度可以进行类似的推理。

正因为上述讨论中提及的这些条件,正确的 FIFO 功能模块应该用汇编代码来编写以保证其正确性。或者至少用 C 代码编写完成后,要检查编译出的汇编代码是否满足这两个条件。

FIFO 这一特性有很多好的应用,特别是在改进系统性能方面。通过使用 FIFO,在 ISR 中可以直接与应用交流数据,而不必通过 DTC。通常的做法是,在 ISR 中进入设备保护段之后用 FIFO 传递数据,而不通过 DTC 通知 SISR 或应用,然后在缓冲区达到一定程度之后,才通过 DTC 通知 SISR 或应用。这样能够最大化地优化系统的性能。需要注意的是,这种情况仍然对系统整体的中断响应能力没有改善(也没有损害),因为是在硬保护范围之外的设备保护环境中使用,但是对单设备的中断响应能力有较大改善。

另外一个做法是在 ISR 中进入设备保护段之前还在硬保护中时通过 FIFO 缓存数据,之后立即退出中断,不必再进入设备保护段等。对于这种做法,如果存在多个中断设备,对其他中断设备的响应能力有损害,但是对本中断的响应能力有提高;在系统只有一个中断设备或者相对其他慢速设备只有一个高速中断设备时,是一种较好的选择。但是该做法没有改进系统中断响应能力的理论值。除非系统只有一种重要的高速中断设备,并且该设备确实只需要 FIFO 传递数据,完全不必通过 DTC 通知 SISR 或应用,这种条件下该方案才能够真正提高系统最差的中断响应能力测试结果。这是特殊情况下加速系统中断响应能力的重要手段。

图 1-12 用跨越应用和内核边界并衔接应用和 ISR 的 FIFO 表达了这种方案,图 1-12 中下半部分内核仅仅表达了一些相关部件,并非完整内核的表示。下面进一步仔细探讨这种方式的运作过程。

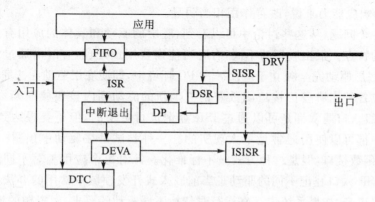

图 1-12 FIFO 的作用

如果希望使用 FIFO 作为特殊的加速处理方式,需要对体系结构中中断入口位置代码做一些小的调整,同时需要一些其他条件才能保障这种方式达到提供中断响应能力的效果。具体的设计安排如图 1-13 所示。

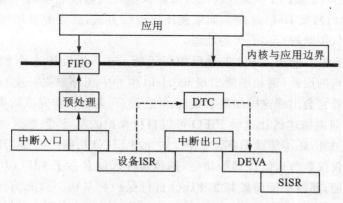

图 1-13 加速处理的原理

如图 1-13 所示,其原理就是在中断入口处,系统还未进入设备 ISR 之前,通过安装一个设备的预处理代码将数据发到与应用接口的资保护 FIFO,之后直接从中断返回,而不进入设备 ISR 以及中断退出等环节,应用任务自行从 FIFO 获取需要的数据。这样处理系统效率相当高,能达到类似于 FIQ 模式的工作方式的效率。如果当前处于运行状态的应用不是数据传递的目标应用,那么还需要进入设备 ISR 等步骤并通过信号灯等手段通知应用数据已经具备。如果想要在这种情况下不通过设备 ISR 步骤,而在预处理中直接通知,就会导致硬保护时间过长,硬保护与应用逻辑纠缠等现象,因而破坏系统的中断响应能力。如果确保当前任务就是目标应用或者其目标应用优先级很高,经常有机会运行到从 FIFO 检索数据的代码位置,那么就无需通过后续步骤去通知应用任务的切换。因此,这是一种特定条件下才能起作用的设计方法,这种特定条件成立的应用环境还算比较容易满足,毕竟很多嵌入式环境中真正需要高速处理的设备很可能只有一个。这种方法对于实际产品开发设计很有指导意义,但是作为理论计算来说,通常很难 100% 避免后续进入设备 ISR 等步骤,因此中断响应能力的计算值并没有提高。如果能够 100% 避免进入后续步骤,同时又不必在预处理过程中采用除自保护 FIFO 之外的其他手段,则可以用这种方式将系统的中断响应能力提高到 2.5 μs。相对于通常的 5~10 μs 的响应能力来说,改善作用相当明显。

附带说明一个问题,从这些讨论中可以看到,底层的驱动和具体的应用有相当关系,这是嵌入式环境中的特点。根据应用的不同,有时可能需要用预处理,有时需通过 DTC 等。不像在 PC 环境中,底层驱动完全独立于应用。在 PC 环境中,即便底层驱动无法完全独立于应用,通常也可以通过各种注册登记接口函数登记一个新的驱动到内核底层框架。在嵌入式环境中,驱动的第一级入口通常都是可以通过 ISR 登记进行更换的,但是要想达到写一个驱动然后在任何环境中都可以使用通常是不太现实的。一种尝试是在驱动中预留一些钩子函数接口,也就是回调函数接口,但是这种方式极不标准化。针对每个应用编写不同的驱动,然后在具体应用中给 ISR 入口登记不同的驱动是当前嵌入式开发领域中常用的办法,但是这种做法使编程工作重复很多,如果系统中存在运行时切换不同驱动的要求,对资源的消耗更大。不过仔细考虑 3.5 节的内容可以发现,在这种环境中如果采用管道线方式,则可以为驱动的修改带来标准化并且高效的结构。管道线实际上是一级一级的过滤器,每级可以有自己的处理,并可以转交下一级。考虑以太网接口改变为 PPPOE 的环境,以太驱动通常直接接 IP 协议栈,如果要在以太和 IP 之间增加 PPPOE,这就是典型的根据应用修改驱动的环境。类似的还有串口驱动变 PPP 驱动后面接 IP 协议栈。如果使用管道线方式,就很容易用标准化的方式在运行状态下在其中任何位置进行多一级的处理。

下面探讨具有自保护能力 FIFO 的代码编写问题。在开发设计这种 FIFO 时,要非常注意内部实现所用结构的设计,例如不能出现 datalen(缓冲中现存数据长度)这样的数据成员。一些不好的设计中通常会出现这样的数据成员,并在读/写两方操作完成后都去操作该数据成员。这样就破坏了前面描述的让这种 FIFO 可以自行保护的基础,虽然这类成员好像能够让算法编写更简练。另外,还不能试图将该 FIFO 扩充出 LIFO 功能。通常 FIFO 如果有将数据保存到最前面而不仅仅是最后面位置的功能,则该缓冲区就具备了 LIFO 功能。这种做法看似扩充了模块的功能,其结果反而破坏了 FIFO 自行保护的基础。因此为保障 FIFO 具备自保护功能,越原始、越简练的编写方法越好,并且一定要用汇编检查两个关键标记的读/写是否满足单指令要求。而在一次操作中只能对"对方"拥有的标记一次的要求则可以通过 C 语言代码检查。另外为保险起见,还应该关闭该模块的编译优化。

在使用 FIFO 时,如果读方(应用方)有多个任务读该数据,可以通过对系统响应能力影响极小的软保护方式彼此控制步骤,但是毕竟丧失掉自保护能力。注意,图 1-13 并没有改变系

# 第 1 章  OS 内核概念

统的单向分层依赖特性,FIFO 是 ISR 和应用共同依赖的模块,仅为图示方便将其放在两者之间。

第 3 章的 ITC 算法设计、模块间衔接接口设计中大量使用这种 FIFO。市面上各种嵌入式软件编程书中也经常可以见到 FIFO 模块的代码,但遗憾的是,通常没有明确其自保护特性以及为了保持该特性的正确编码方法。在硬件开发设计方面,使用这种自保护 FIFO 的情况比较普遍,Realtek 网卡的数据缓冲区就是这种自保护 FIFO 的例子。

FIFO 同时还是前面所提到的轮询端口方式的最好替代之一,是除端口轮询之外访问效率最高的访问方式,而结构性却比直接的端口轮询要好很多,同时也比不可屏蔽中断机制简单很多。

下面用一个最简单的 FIFO 实现代码举例自保护的实现。

**代码 1-8  自保护 FIFO 举例 simpfifo.c**

```c
typedef struct fifo
{
        long *      pStart;
        long *      pEnd;
        long *      pWrite;              //下一个插入队列位置指针
        long *      pRead;               //下一个取数据位置指针
}fifo;
fifo    FifoHead;
long    FifoBuf[64];

//初始化
int FifoInit(void)
{
        MemClr(FifoBuf, sizeof(FifoBuf));
        FifoHead.pStart    = FifoBuf;
        FifoHead.pEnd      = &FifoBuf[63];
        FifoHead.pWrite    = &FifoBuf[0];
        FifoHead.pRead     = &FifoBuf[0];
        return 0;
}
//读取
int FifoGet(long * pData)
{//只能读 pWrite 1 次,只能写 pRead 1 次
        long * pOut;
        if (! pData)
            return 1;
        * pData = 0;
        if (FifoHead.pWrite == FifoHead.pRead)           //汇编检查
        {                                                 //空
            return 2;
```

```c
        pOut = FifoHead.pRead;
        *pData = *pOut++;                           //取消息
        if (pOut > FifoHead.pEnd)
        {                                           //达到末尾,绕回
            pOut = FifoHead.pStart;
        }
        FifoHead.pRead = pOut;                      //汇编检查
        return 0;
}
//写入
int FifoPut(const long nData)
{///只能读 pRead 1 次,只能写 pWrite 1 次
        long * pLastout;
        long * pIn;
        pLastout = FifoHead.pGet - 1;               //汇编检查
        pIn = FifoHead.pWrite;
        if (pLastout < FifoHead.pStart)
            pLastout = FifoHead.pEnd;
        if (pLastout == pIn)
            return 1;                               //队列满
        *pIn++ = nData;                             //插入消息到
        if (pIn > FifoHead.pEnd)
        {///如果达到末尾,绕回
            pIn = FifoHead.pStart;
        }
        FifoHead.pWrite = pIn;                      //汇编检查
        return 0;
}
```

下面检查编译器产生的汇编代码是否满足条件。

### 代码 1-9 自保护 FIFO 举例 simpfifo.s

```
FifoGet         ;int FifoGet(long * pData)
                ;if (! pData)
        MOV     r2,r0
        CMP     r2,#0
BNE     {pc} + 0xc
                ;return 1;
        MOV     r0,#1
        MOV     pc,r14
                ;*pData = 0;
        MOV     r0,#0
```

```
    STR     r0,[r2,#0]
            ;if(FifoHead.pWrite == FifoHead.pRead)//汇编检查
    LDR     r0,0x12c                    ;加载 FifoHead.pWrite 地址
    LDR     r0,[r0,#8]                  ;读入 FifoHead.pWrite,满足单指令要求
    LDR     r3,0x12c                    ;加载 FifoHead.pRead 地址
    LDR     r3,[r3,#0xc]                ;读入 FifoHead.pRead
    CMP     r0,r3                       ;比较
    BNE     {pc}+0xc
            ;return 2;
    MOV     r0,#2
    B       {pc}-0x28
;pOut = FifoHead.pRead;
    LDR     r0,0x12c
    LDR     r1,[r0,#0xc]
;*pData = *pOut++;                      //取消息
    LDR     r3,[r1],#4
    STR     r3,[r2,#0]
;if(pOut > FifoHead.pEnd)
    LDR     r0,0x12c
    LDR     r0,[r0,#4]
    CMP     r0,r1
    BCS     {pc}+0xc
;pOut = FifoHead.pStart;
    LDR     r0,0x12c
    LDR     r1,[r0,#0]
;FifoHead.pRead = pOut;                 //汇编检查
    LDR     r0,0x12c                    ;加载 FifoHead.pRead 地址
    STR     r1,[r0,#0xc]                ;写入,满足单指令要求
;return 0;
    MOV     r0,#0
    B       {pc}-0x60
FifoPut                                 ;int FifoPut(const long nData)
;pLastout = FifoHead.pRead - 1;         //汇编检查
    MOV     r3,r0
    LDR     r0,0x12c                    ;加载 FifoHead.pRead 地址
    LDR     r0,[r0,#0xc]                ;满足单指令要求
    SUB     r2,r0,#4                    ;-1,保存到 pLastout(r2)
;pIn = FifoHead.pWrite;
    LDR     r0,0x12c
    LDR     r1,[r0,#8]
    LDR     r0,0x12c
    LDR     r0,[r0,#0]                  ;保存到 pIn(r0)
;if(pLastout < FifoHead.pStart)         //检查绕回
```

```
        CMP      r0,r2
        BLS      {pc} + 0xc
        ;pLastout = FifoHead.pEnd;
        LDR      r0,0x12c
        LDR      r2,[r0,#4]                    ;修改 pLastout
        ;if (pLastout == pIn)
        CMP      r2,r1
        BNE      {pc} + 0xc
        ;return 1;                             //队列满
        MOV      r0,#1
        MOV      pc,r14
             ;*pIn++ = nData;                  //插入消息到
             STR      r3,[r1],#4
             ;if (pIn > FifoHead.pEnd)
             LDR      r0,0x12c
             LDR      r0,[r0,#4]
             CMP      r0,r1
             BCS      {pc} + 0xc
             ;pIn = FifoHead.pStart;
             LDR      r0,0x12c
             LDR      r1,[r0,#0]
             ;FifoHead.pWrite = pIn;           //汇编检查
             LDR      r0,0x12c
             STR      r1,[r0,#8]               //满足单指令要求
             ;return 0;
             MOV      r0,#0
             B        {pc} - 0x2c
```

从以上汇编代码可以看到，前面讨论的两个条件都能满足。如果结构成员是 32 位的，在系统平台也是 32 位的情况下，上面描述的条件很容易满足。但是当结构成员位宽与系统平台位宽不一致时，就要非常小心。另外，还应该关闭编译器的代码优化，必要时还要关闭可能存在的高速缓存 cache 操作。对系统性能影响最关键的部分如果采用了 FIFO，则可以将其设置在微处理器内部的 SRAM 中，这样会极大提高系统效率。当然，重要的缓冲区放在 SRAM 中是嵌入式开发的常用手段。

## 1.3.7 高速处理需求综合讨论

前面讨论的这几种快速反应机制，包括轮询、不可屏蔽中断、FIFO 加速以及其他可能存在的方法等。虽然反应速度快，但是都有各自的特点和代价，读者需要仔细选用。前面提到的普通中断机制在有完整流控或差错控制情况下比较适合有稳定的较大数据量交换的情况，例如网络口、带 FIFO 的异步串行端口等。

按照反应速度来看，当然是轮询方式最佳（但是设计得不好时，情况容易严重恶化），但是考虑到其需要特别简单的应用环境的条件，不推荐使用轮询方式。读者可以在自己开发的系

统根据情况决定是否采纳轮询方式。普通的中断机制虽然响应速度较慢(仅仅相对此处的快速反应方式,相对其他操作系统来说其实相当快),但是配合数据传递中通常都具有的流控、容错、重发等机制是通常情况下最具有广泛适应性的方式。表1-4是对上述方式的一个总结,同时也方便读者根据自身应用的情况进行选择。

表 1-4 处理方式选择表

| 处理方式 | 反应速度 | 适合环境 | 副作用 |
| --- | --- | --- | --- |
| 轮询 | 0.1~0.5 μs | 特别简单的环境 | 多任务间调度协调困难,并可能破坏中断响应速度 |
| FIQ | 1~3 μs | 个别关键信号,接收设备数据的目标应用任务需要是当前任务或设备不必与任务交流 | 如果接收设备数据的目标应用任务不是当前任务,效果极差,复杂 |
| 中断预处理配合自保护 FIFO | 1~3 μs,略低于 FIQ 方式 | 个别关键信号,接收设备数据的目标应用任务需要是当前任务或设备不必与任务交流 | 如果接收设备数据的目标应用任务不是当前任务,中断响应降低,使用较 FIQ 简单,是推荐用于替代 FIQ 的方式 |
| ISR 配合 FIFO | 5~10 μs | 通常都能适用,也就是不通过 DTC 而通过 FIFO 直接与应用交流数据 | 如果目标应用不是当前任务,中断响应速度降低,较前一方式更简单,稳定性更好 |
| 通常的 SISR | 5~10 μs | 稳定,对接收设备数据的目标应用任务是否为当前任务无限制,反应速度在各种情况下稳定,编程方式最简单、统一,无需专门 FIFO 配合 | 无副作用 |

即便有多种可选的高速反应机制,如果系统中存在多个需要用这些高速机制的连续不断地收/发数据的端口,系统同样无法承受。中断响应能力是一方面,数据的处理速度是另一方面。中断响应能力更多计算的是多个设备之间的相互影响问题,正如 1.1.5 小节的计算公式表现的,采用中断方式的设备越多,中断响应能力就越差。数据处理的速度是指同一个中断信号进入系统后完整的处理过程。当信号刚进入系统时,为加速中断响应能力,可以采用多种快速方式处理,例如用 FIFO 缓冲,但是如果处理不及,缓冲就很容易溢出。通常数据都要达到一定量之后才处理,例如,串口用 PPP 链路连接互联网,通常要收完一个包之后才处理,这样处理起来平均运算量并不大。如果不是成块而是每个进入的信号就要做一个运算,那么可想而知每个信号的复杂性低于整包数据的复杂性,相应地运算也应该不会复杂,因此通常不存在处理问题。只要微处理器的运算能力能够达到算法的 MIPS 需求,一旦中断响应能够及时将数据缓存下来,剩余的处理相对来说要简单许多。

当算法 MIPS 要求操作微处理器能力超过系统的限制时,就像信号的实时性要求超过系统的能力一样,这时通常会考虑借助其他芯片的帮助。例如常见的多媒体压缩、解压芯片就是起到这个作用。这里涉及到操作系统底层的处理占用了多少 MIPS 和还剩余多少 MIPS 给应用算法使用的问题。通常,外部信号经过基本的缓冲(网络口的缓存、串口的 FIFO 等)进入系统的中断信号大致在 1 ms 时间间隔,每次这样一个信号产生,系统在中断环节大致消耗 10 μs,然后传递信号到应用、切换任务等差不多也要 10 μs。如果有 3 个中断设备,则总共消耗约60 μs的处理器时间。剩余94%的处理器时间中,还要看任务切换的频繁程度,每次任务切换大致消耗5 μs,如果按每个设备2个任务为其服务计算,大致上整个处理器运算能力的10%消耗在这些环节。剩余可用的MIPS大概在40 MIPS左右,但是还要视情况考虑系统服务,例如网络协议栈、文件系统等。在当前的嵌入式系统中,通常需要考虑网络协议栈,大体上需要5 MIPS用于网络处理(按照10M以太网估算),剩余约35 MIPS用于上层应用。

再次提醒读者在这种情况下,对系统设计进行仔细鉴别,考虑是否有合适的外围设备芯片帮助处理,是否必须提高主微处理器芯片的运算能力等。特别是在信号间隔达到或接近系统的反应极限情况时,更要仔细筛选芯片方案。

## 1.3.8 其他杂项

本小节简单说明设计、开发中用到的一些杂项技术。这些杂项技术与本小节的各个关键机制关系较大。

第一个问题涉及流控。嵌入式设备中经常和通信协议打交道,处理流控经常是必不可少的,即便是系统平台计算能力很高,不进行流控处理也是非常危险的。为了节约成本,对于产品设计方案主芯片,通常会选择处理能力富裕量并不算很大的芯片。流控的时机是一个重要因素。如果有设备芯片有FIFO帮助,则通常也会有流控处理辅助功能,以便在FIFO半满或其他情况下控制对方发送数据,并通知主芯片。此处谈到的是没有设备帮助由主芯片自行处理流控的问题。

这里借助图1-14来讨论流控时机,图1-4与图1-8类似,但是不合理的完全嵌套方案已经改成应该合理存在的半嵌套方案。

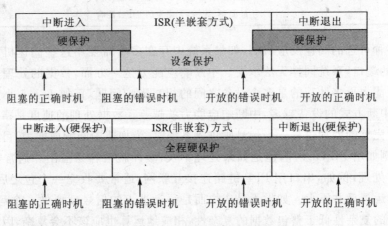

图1-14 流控处理时机选择

无论是哪种方案,阻塞和开发流控的时机都是在中断的统一入出口中。很多工程师没有仔细考虑就在各个设备ISR的起始和结束位置做单独设备的阻塞/开发动作是不正确的。特别是对于嵌套式工作方式,在设备驱动ISR中单独阻塞单个设备,很可能存在被其他设备的中断延迟导致阻塞时机过晚的问题。

通常的阻塞、开放动作都很简单,经常是一条指令完成,因此应该把系统中全部流控阻塞/开放动作放在系统统一的中断入/出口中,并且应该尽早阻塞,延后开放。对响应能力影响的代价很低,例如考虑典型的系统中有5个需要中断处理并且需要流控的设备,集中到中断出口

## 第 1 章　OS 内核概念

中也就是 0.2 μs 左右的代价。

　　当然这是最标准的方案,最优化的方案则并非如此。例如,当串口设备具备 FIFO 缓冲而又确信该 FIFO 缓冲具备足够的空间时,就不必在上述统一的位置控制流控,也不必在每个 ISR 进入时控制流控,而应该是在 FIFO 缓冲区满到一定程度(高水)之后,才打开流控,并且在缓冲区低到一定程度(低水)之后,取消流控。

　　第二个问题是任务调度算法的问题。在 μC/OS-II 中任务调度算法的处理速度很关键,而在本书设计的体系结构中,任务调度算法对系统响应能力已经没有什么影响。从图 1-7 的分层调度系统体系结构中可以看出,调度功能已经分配到 DEVA 调度和任务调度中。DEVA 调度和任务调度都是在任务环境中,已经对系统响应能力没有影响。DEVA 调度很简单,调度到当前最高优先级任务即可。

　　采用本书的体系结构设计之后,读者可以尝试用自己的任务调度算法替代 μC/OS-II 的调度算法,例如尝试时间片轮换调度、轮换与抢占结合的调度等。其接口也非常简单,只须用算法算出当前应该工作的任务并付给一个全局变量即可。仅仅在赋值这一步需要硬保护,编写合理的代码中这一步需要保护的操作的代价应该在 0.1 μs 以下。

　　第三个问题涉及到优先级反转问题。优先级反转的情况要在至少有 3 个不同等级的任务在运行时才可能出现。暂时称它们为高、中、低优先级任务。如果高优先级任务在等待低优先级任务释放某个同步控制信号,虽然这种等待是正常逻辑中的一个步骤,但是在中间优先级任务并未停顿的情况下,就会出现低优先级任务无法运行以达到释放高优先级任务需要的信号的状况,即使低优先级任务释放信号的条件早已经成熟。因此,优先级反转的问题主要不在于高优先级任务对低优先级任务的等待,而在于高、低优先级任务间有其他不相干的任务打断。μC/OS-II 用互斥量(Mutex)部分解决这个问题,其实这个问题可以完整解决,就是在高优先级任务等待的信号被低优先级拥有时,任务调度器调度转调度到拥有信号的低优先级任务即可。这是一个完整的最简化的解决方案,条件是要改变任务调度器的逻辑,并且在任务描述结构和信号灯描述结构中添加一些辅助的数据项目用于执行这种转调度功能。μRtos V1.0 正是按照这种方式处理的。

　　读者可能担心,如果刚才所说的中等优先级任务换成比刚才所说高优先级任务优先级还要高的情况如何处理。其实这种情况反而不必担心,既然那个任务的优先级如此高,它挂起所有比它优先级任务更低的任务当然是情理中的。可能读者实际担心的是开发设计中优先级设置不合理,导致低优先级任务无法对环境中的处理要求进行及时的响应。出现这种情况可能是一个大部分时间适合低作为低优先级运行的任务在某些特定的条件下(某个硬件中断信号产生后),希望能够有较高的处理优先级。这种情况可以把任务分割成两个,一个在低优先级运行,达到某些条件后,通知另一个高优先级的部分运行。这样就可以很方便地解决该问题。如果是大量任务都存在这种情况,以至于情况混乱完全无法进行这种分割处理,可能存在两方面的问题,一是任务设计逻辑的问题,二则可能是系统硬件基本运算能力不够的问题。

　　第四个问题是循环依赖问题。循环依赖问题应该说是一个设计问题,但是这个问题如果完全推给开发工程师来解决,则对工程师的帮助就太小了。一个很好的解决方案是在每个任务启动的初期,都通过一个数据结构描述其"可能需要"的全部同步信号,然后通过对全部任务的这些数据进行运算,即可判断是否可能存在循环依赖。用这个方法,在产品调试期间,只要在任务的开始阶段声明需要的全部信号之后,每个任务都用延时功能函数挂起一段时间,这样就能保证每个任务都声明其信号需求。于是,最后一个启动的任务就能够准确判断系统是否存在循环依赖。在调试结束后,最后固化代码前,去掉这些信号依赖声明和延时挂起的函数调用即可保证最终产品绝对不会出现循环依赖。当然,更好的办法是用宏定义把这部分代码包围起来,最后改变一个宏定义即可去除这部分代码。μRtos V1.0 中提供了这种侦测循环依赖的机制。

这样处理的条件是,那些不在系统启动时就创建好的任务在调试期间也要保证在系统启动时就创建好并进入就绪运行状态。当然,这只是调试期间的要求,调试结束后,任务的启动就可以恢复正常。这个恢复正常代码的动作可能引出其他 bug。但是稍加注意是完全可以避免的,毕竟任务主要流程逻辑中的代码没有被修改。这样,工程师在设计流程逻辑时就有了很可靠的工具来验证、查找并解决循环依赖问题。

## 1.4 关键算法逻辑

本节介绍 μC/OS-II 和 μRtos V1.0 系统中重要算法的实现逻辑。再次观察体系结构图(见图 1-6 和图 1-7),然后按照体系结构图为线索,顺序介绍各种算法,以便读者容易掌握。

本节大致按照图中模块从底到上的顺序介绍各种算法逻辑。当介绍各种算法时,主要以 μC/OS-II 原书中代码为参照物,但是这些代码并非本书新设计体系结构的最好体现。在文中多处指出了这些代码的不足,以便在对比和对照中更好地说明新体系结构的特点,同时也帮助读者更好地掌握 μC/OS-II。

### 1.4.1 硬保护算法

前面介绍临界区概念的时候说到,μC/OS-II 原系统中提出了硬保护和软保护两种保护概念。其中硬保护又有不同的实现方法,μC/OS-II 原书中列出了 3 种,同时为了方便移植,用宏的方式进行了封装。软保护的实现方法只有一种,是在硬保护的基础上实现的。

3 种硬保护实现方法中,第一种特别简单,只是单纯地开/关中断。这种方式虽然简单但是并不好用,当出现嵌套调用时,就会出现内层的开中断(退出保护)代码干扰了外层保护的逻辑。这也是一些简单移植代码中常出现的问题。

第二种硬保护实现方法借助了 X86 处理器的特殊指令完成开/关中断和所有的标志位出栈/压栈的功能,很好地解决了嵌套问题。如果 ARM 中也有对应指令,这是最理想的一种实现方式。但是 RISC 类的微处理器基本上都没有这类指令,因此同样不适合使用。

第三种其实也是 ARM 环境中惟一的选择,需要在每个调用到硬保护代码的函数中定义一个局部状态变量,进入保护前保存状态,退出保护时恢复状态。

下面举例说明该硬保护机制的使用方法。

**代码 1-10 使用硬保护的方法**

```
Void func1()
{
#if OS_CRITICAL_METHOD == 3
OS_CPU_SR cpu_sr;
#endif
  ⋮
```

```
OS_ENTER_CRITICAL();
⋮
                    //需要硬保护的临界区代码
OS_EXIT_CRITICAL();
⋮
}
```

μRtos V1.0 的代码略微不同,因为只有 1 种方式适合,因此没有了 OS_CRITICAL_METHOD 的宏定义;同时,为了区分硬保护、软保护等,也在函数命名上进行了区分。

这部分具体实现是 μC/OS - II 需要编写移植代码的部分,本书中的方案是首先编写 ARMQryIntDis、ARMDisInt、ARMEnInt 等底层的汇编辅助函数,用于查询当前中断状态、屏蔽中断和打开中断。

**代码 1-11 硬保护的实现**

```
#define OS_ENTER_CRITICAL() {cpu_sr = ARMQryIntDis();\
                             ARMDisInt(IRQ_BIT);}
#define OS_EXIT_CRITICAL() {cpu_sr = NOINT & (~cpu_sr);\
                            ARMEnInt(cpu_sr);}
ARMDisableInt
STMFD      SP!,     {R1}              ;push R0
MRS        R1,      CPSR
orr        R1,      R1,     a1
MSR        CPSR_cxsf,  R1
LDMFD      SP!,     {R1}              ;pop R0
mov        PC,      LR
ARMEnableInt
STMFD      SP!,     {R4}              ;push R4
MRS        R4,      CPSR
bic        R4,      R4,     a1
MSR        CPSR_cxsf,  R4
LDMFD      SP!,     {R4}              ;pop R4
mov        PC,      LR
ARMGetIntStatus                       ;返回值[0xC0 中断屏蔽位值]
MRS        a1,      CPSR
AND        a1,      a1,              #NOINT
mov        PC,      LR
```

在硬保护算法的应用方面,还有一些编写代码的技巧应该讨论一下。读者应该都知道硬保护主要用来保护和中断相关的全局变量,软保护主要用于只在任务间共享的全局变量。这两种全局变量如果在命名时能够做比较明确的区分,则代码的编写、检查和调试要省心很多。虽然是一个小技巧,但是对于正确编写稳定的代码非常重要。否则即便是思想上明确了限定硬保护使用的思路,但是在实际操作中,当面对众多需要保护的全局变量时,非常容易犯错。μRtos V1.0 代码中用 i__ 前缀表示需要硬保护的全局变量,用 g__ 前缀表示只需要软保护的全局变量。

全局变量的保护又引申出函数的保护问题，有的函数操作了需要保护的全局变量，但是在具体的设计中可能不方便或不适合在该函数中进行保护，此时就需要在调用该函数的位置对这些函数进行保护。因此，还应该对这一类函数在命名上进行区分。在 μRtos V1.0 代码中，用 Core 开始的函数表示需要硬保护环境的函数，用 Kern 表示需要软保护环境的函数。

硬保护环境下不应该调用任务切换函数，切换到另外的任务之后，硬保护可能是打开状态的。虽然下次再切换回到原来的任务，硬保护会恢复屏蔽中断状态。但是这个过程中，产生了原来需要保护的一段区域在其中产生了未保护的漏洞，极容易引起 BUG，因此一定要特别注意。在特殊情况下是可以在硬保护状态下切换的，这些特殊状态都是具有任务切换功能的场合，因为这些场合本来就是需要在保护状态下切换的。除此之外的场合，应该在硬保护中读/写完要保护的全局变量后，退出硬保护，再调用任务调度器的切换函数。有很多移植代码没有注意这个问题，产生了极难调试的 BUG。当然，这也与 μC/OS-II 中硬保护算法还不够健全有关，硬保护的入/出函数还是要以函数方式而不是宏来实现更好，这样才方便设计健全的硬保护机制，并在调度函数中检查当前的保护状态。

考虑到本体系结构设计中硬保护不作为用户开发应用的接口，仅仅作为编写内核代码的工具函数，并且内核代码中使用硬保护的位置也不多，因此不对以上硬保护算法进行修改。在编写内核代码使用到硬保护时一定要注意这个问题，特别是在硬保护保护起来的临界区中，如果调用了子函数，则一定要仔细递归检查所有涉及到的函数中是否调用了调度器函数。

## 1.4.2 调度器算法

图 1-15 是 μC/OS-II 任务状态图，它是一个任务状态切换的状态机。实际上真正存在的状态只有 3 个，即等待、就绪和休眠。运行状态只是就绪状态任务中最高优先级任务被调度执行的逻辑状态，属于逻辑状态。中断状态是最高优先级任务被设备中断运行的状态，也是一种逻辑状态。

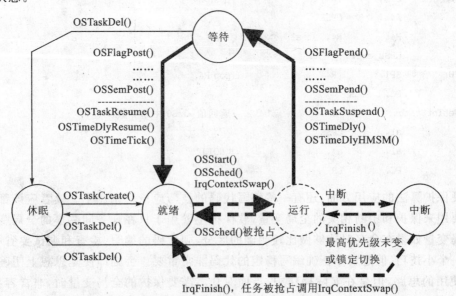

图 1-15　μC/OS-II 任务状态图

μC/OS-Ⅱ任务级的调度器就是函数 OSSched，OSSched 并不改变任务的实际状态，仅仅是根据就绪任务的优先级完成最高优先级任务运行的调度。

**代码 1-12   调度器函数 OSSched 伪代码**

{
(1) 如果锁定任务切换(配合软保护)，则直接退出。
(2) 计算当前最高优先级任务。
(3) 如果当前任务就是最高优先级任务，则直接退出。
(4) 将最高优先级任务编号(OSPrioHighRdy)赋给当前任务编号(OSPrioCur)。
(5) 读出最高优先级任务的控制块数据指针到 OSTCBHighRdy 指针。
(6) 保存当前任务的环境，保存当前任务的 SP 到其 OS_TCB 结构中的堆栈指针
(7) 读出最高优先级任务 OSTCBHighRdy 及其中的 SP，设置堆栈，恢复改任务的环境，并读出堆栈中保存的 PC(程序计数器，任务当前代码位置)设置好处理器的 PC 寄存器，任务即可开始执行。
}

调度器执行的功能就是任务有限状态机中从"就绪"状态到"运行"状态的变迁过程。虽然该过程在状态机描述中只是一步，但是每次调度一个任务从就绪到运行必然有其他任务进入等待，或高优先级任务抢占了低优先级任务等变化发生。也就是系统中有多个并行的有限状态机同时在工作。

参见 μC/OS-Ⅱ 原书第 79 页，图 1-15 已经对原图一些细节进行了修订，任务状态的变化描述要更准确一些。中断退出时调用的函数 IrqContextSwap 也具有类似的功能，但是不具备完整调度器功能。μC/OS-Ⅱ 系统中这种简单的调度算法设计虽然简洁、明了，但是导致内核与中断间的关联过于密切，而这种密切的联系又通过内核传递到应用，导致系统的中断响应能力并不明确，丧失了硬实时的特性。

图 1-16 是 μRtos V1.0 的任务状态机描述，因为 DEVA 的介入，与 μC/OS-Ⅱ 状态变迁过程不同。为了便于理解，简化了图中附带的函数名。μRtos V1.0 的特点是明确将调度功能分割到两个不同环境使用的调度器，分别是 DEVA 调度器和任务调度器。各调度器均具备完整调度功能，借此将系统各个层次明确地分割开，完整保持了系统硬实时特性，同时更进一步简化了单个调度器的算法。在这种方式下，系统的硬实时性能不再受调度算法的影响，更方便开发工程师根据自己的需要采用不同的任务调度算法。μRtos V1.0 两个调度算法中，只有任务调度算法可以更改，DEVA 调度器是形成 μRtos V1.0 的特征之一，无法更改。

开发工程师经常考虑的可替代完全任务优先级抢占式调度的算法包括简单时间片轮换式调度、优先级与时间片结合式调度、优先级动态调整式调度等。

图 1-16 没有表达出任务的优先级继承特性。优先级继承就是调度器计算最高就绪优先级任务算法的改变，这种改变导致具有低优先级的任务因为拥有信号而继承了等待该信号的高优先级任务的优先级，并被调度到运行状态。

任务状态机在实际的任务数据结构 OS_TCB 描述中只能见到等待、休眠和就绪 3 个标记值。作者考虑为任务增加一种逻辑状态"退出"，这种状态代表任务未建立或删除后的状态。这种删除不同于 μC/OS-Ⅱ 中的任务删除，这种删除操作代表着任务对所占用资源的释放，例如释放拥有或等待的信号，释放堆栈占用的内存等。实际上不仅仅是休眠状态的任务可以退出，为了图形表达时连线简单，因此只表达了从休眠到退出的转变。另外，在任务生成时，可

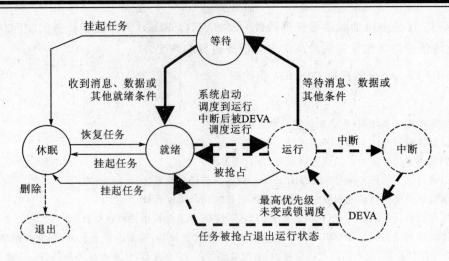

图 1-16 μRtos V1.0 任务状态图

以直接生成为就绪和休眠两种状态。这种将任务生成为休眠状态的功能是有作用的,特别是对于一些复杂的多任务同步环境。

可以有更符合工业标准的状态图来表达图 1-16 的逻辑,即 UML 状态图语法。3.6 节有专门介绍状态机方面的技术。这里用一个标准的 UML 状态图描述任务的状态变迁逻辑,如图 1-17 所示。

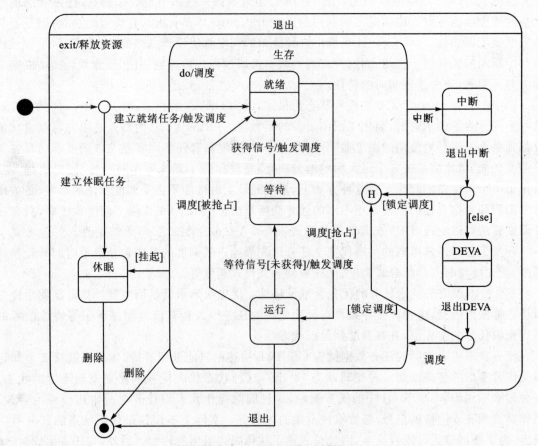

图 1-17 任务状态的 UML 描述

标准状态图中包含很多细节,例如其中的调度内部事件、exit 动作、历史状态等。状态图详细的解释可以参考 Miro Samek 的著作。"退出"和"生存"两个组合状态的名字可能并不恰当,但是熟悉状态图语法的读者应该从图形内部子状态的关系能够理解其含义。多一种图形描述本身没有太多意义,但是 Miro Samek 先生的著作中描述一种纯粹以状态机为基础构造嵌入式操作系统内核的设想相当有吸引力。如果读者对这方面设计方向有兴趣,图 1-17 就是这种思路中一个简单的表达。

中断时任务运行状态被切换到中断状态是微处理器的中断机制实现的,而对于中断退出时的调度,如果发生了任务切换,一定是当前任务被剥夺运行,其他就绪任务进入运行状态,否则只是原任务恢复运行状态。中断调度不必计算就绪最高优先级任务,都是在其他模块中计算好了,只须切换到相应的任务即可。

**代码 1-13  中断退出伪代码**

IrqContextSwap 伪代码
{
(1) 获取当前任务 TCB 地址,已经在 IrqFinish 函数中设置为最高优先级就绪任务的 TCB。
(2) 获取当前任务堆栈。
(3) 设置堆栈"sp = i_pOSTCBCur.OSTCBStkPtr;"。
(4) 恢复环境。
}

让任务进入等待、就绪等状态等标记任务状态描述值的功能(也就是修改 OS_TCB 中 OSTCBStat 字段)是分散在其他模块中完成的,例如 ITC 中的信号量(Sem),信号量的等待函数 OSSemPend(各种 ITC 的事件等待函数名均以 Pend 结尾)能够在无法获得资源时把任务设置到等待状态;同理,如果任务要延迟,OSTimeDelay 同样把任务设置到等待状态。而信号量的发生函数 OSSemPost(各种 ITC 的事件发生函数名均以 Post 结尾)等则把相关的任务设置到就绪状态。时钟中断服务例程(ISR)也会把延时已经结束的任务设置到就绪状态。下面用信号量的两段典型伪代码描述这部分原理。读者需要注意的是,这部分代码采用的是 μC/OS-II 的代码进行原理说明的,因此其中出现了"硬保护"调用;而严格按照本身体系结构进行设计的 μRtos V1.0 的 ITC 算法代码中是不会出现对硬保护的调用的。

**代码 1-14  ITC 信号等待示例伪代码**

OSSemPend 伪代码
{
(1) 检查参数,如果有错返回错误。
(2) 信号量是否被占满。
2-1  如果不是,递减信号量,返回成功。
(3) 进入硬保护。
(4) 标记当前任务为等待信号量状态,并设置超时计数器等。
(5) 调用 OSSched,切换到其他就绪任务。
(6) 进入这一步说明通过系统其他地方代码的功能,使得本任务再次被切换进入运行状态,有两种可能,一种是超时引起,另一种是其他任务调用 OSSemPost 导致信号量可用引起。
6-1  判断是否超时。

6-2 如果是超时,退出硬保护,返回超时错误。
(7) 返回成功。
}

**代码 1-15　ITC 信号发送示例伪代码**

OSSemPost 伪代码
{
(1) 检查参数,如果有错返回错误。
(2) 进入硬保护。
(3) 是否有任务等待信号量。
3-1　如果是,设置等待任务为就绪状态,调用 OSSched 切换任务,返回成功。
(4) 增加信号量计数,返回成功。
}

概括整体任务管理的逻辑是:首先在任务状态相关函数(主要是各个 ITC 模块)中进行任务状态的修改,之后调用 OSSched 完成任务的切换。仔细查看 μC/OS-II 的 ITC 代码,可以看到其中很多地方采用了硬保护,这是 μC/OS-II 为了代码简单作出的选择。这种选择对系统的响应能力是有损害的,并且很大程度上可以通过更仔细的设计避免出现这种损失同时不影响代码的效率。

在代码中查找对 OSSched 函数的调用就能了解到调用任务调度器的线索。借助工具搜索全部源代码中出现 OSSched 的位置,可以发现其分布规则,基本上匀称地分布在 μC/OS-II 的各种 ITC 功能块中,包括队列(Q)、信号量(Sem)、标记(Flag)、邮箱(Mbox)、定时器(Time)等。图 1-15 中与等待状态相连的两个用粗线条表示的状态变迁连线集中列出了这些函数。

其主要调用 OSSched 的代码是任务模块中生成任务,改变任务优先级等功能代码,这一类代码通常在初始化阶段工作,在嵌入式环境中,很少在运行过程中频繁生成、删除和改变任务。因此,这一类代码虽然重要,但是并不是稳定运行后系统的主要考察对象,对系统稳定状态下的运行性能影响也极小。

注:推荐采用 Source Insight 进行搜索全部源代码中的函数的分析工作,采用这个分析工具可以相当清楚地列出需要分析的函数被调用的位置。

μC/OS-II 的汇编代码部分基本上分成两部分,一部分是系统起始阶段的引导,另一部分是中断处理。中断中有可能改变了任务状态,中断完成后,需要触发调度。例如在时间中断处理中,任务的延时达到或者任务等待信号量等同步机制已经超时,也可能是中断服务中调用了 OSSemPost 等函数,通知任务某个条件已经满足,导致该任务从等待状态切换到就绪状态。函数 IrqFinish 是中断退出的主函数,IrqContextSwap 完成实际的任务切换工作。

通过 OSSched 和 IrqFinish 这两个调度函数的线索的分析,可以把 μC/OS-II 全部的源代码分为如下 6 大部分:
- 引导,在 OS_CPU_S.S 或者移植专用文件中;
- 任务管理部分,包括"OS_TASK.C";
- 中断处理,包括"OS_CPU_C.C"和"OS_CPU_S.S";
- 任务切换部分,包括"OS_CORE.C";

- 任务通信部分，包括"OS_FLAG.C"、"OS_MBOX.C"、"OS_SEM.C"、"OS_MUTEX.C"、"OS_Q.C"；
- 辅助部分，包括"OS_MEM.C"和"OS_TIME.C"。

其中ITC部分代码最多，包括同步控制和信息传递，但是各个通信机制的逻辑基础大同小异，只要了解其中一个典型，例如OS_SEM.C，基本上其他功能就很容易了解。其中"OS_MUTEX.C"涉及到部分优先级继承功能，3.3节会有详细说明。每一部分的代码规模并不大，典型的C文件在500行左右。μC/OS-II在大约10个文件，不到6 000行代码中完成了一个概念清晰、功能完整、结构简洁的实时内核。

这些代码中有几个重要的结构，例如前面提到的OS_TCB是任务控制和调度的主要结构，另外OS_EVENT是任务通信部分的主要基础结构。研究任务通信部分的任一个，基本上可以举一反三地了解其他几个任务间同步控制和信息传递的通信机制。基本上每一个具体的通信机制都对应一个专门的结构，这些结构的基础都是OS_EVENT。了解清楚OS_TCB和OS_EVENT以及相关的主要算法是理解μC/OS-II的关键。

### 1.4.3 任务就绪算法

μC/OS-II任务调度算法之所以能够做到常数时间切换任务，主要是相关的标记任务就绪、脱离就绪、查找追高优先级就绪任务等算法非常独特，能够做到常数时间完成，在此称其为"就绪算法"。前面的描述可以看到，μRtos V1.0的硬实时特性是通过体系结构的设计保障的，对就绪算法的依赖没有μC/OS-II这么高。

下面对这些重要部分，结合具体算法进行详细描述。就绪算法需要完成3个功能：
① 根据任务优先级参数，使任务进入就绪状态；
② 根据任务优先级参数，使任务脱离就绪状态；
③ 查找就绪的最高优先级任务的优先级。

前两个功能通常用在设置、修改任务状态的代码中，第三个功能主要是调度器查询当前就绪最高优先级使用。

有了这3个功能的基础，任务调度器OSSched就可以很方便地完成任务切换功能，因此就绪算法的这3个功能的性能极为重要。如果不采用查表算法，通常可能要一个个检查全部任务，那样至少第三个功能——查找就绪最高优先级，就不是常数算法了，而是一个随着任务数增加所消耗的时间也增长的算法。

就绪算法涉及到3个表2个变量，这3个表是就绪表（OSRdyTbl）、映射表（OSMapTbl）和反映射表（OSUnMapTbl），变量是OSRdyGrp以及相关的任务优先级prio。其中映射表和反映射表是两个常数表，用于查表算法。算法中基本的常识就是空间换时间，这两个常数表的作用就是通过巧妙的设计，使完成任务状态的修改、查找等工作的就绪算法成为常数时间算法。

图1-18表示了前面提到的表中的一个，即任务就绪表OSRdyTbl，和变量中的两个，即OSRdyGrp和prio。就绪任务表就是一个位矩阵，OSRdyTbl矩阵中位的值为0或1，表示对应的prio任务是否就绪。同样纵坐标的一组位（也就是一个字节）合称一个任务组。可以看到prio的数据位分为两部分，一部分Y表示的是纵坐标，X表示的是横坐标，和矩阵中的一位对应。

OSRdyGrp是纵坐标上就绪任务组的记录，只要该组中任何位代表的任务就绪（非零），

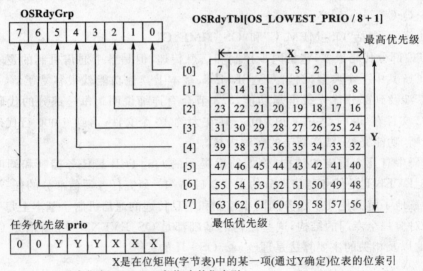

图 1-18 任务就绪表

OSRdyGrp 纵坐标的对应位就标记为就绪。如果要知道该组中具体哪个横坐标位就绪，需要再查一次横坐标的具体情况。

### 代码 1-16 任务就绪算法

根据任务优先级参数，使任务进入就绪状态

```
OSRdyGrp            |= OSMapTbl[prio >> 3];//用 Y 映射出纵坐标位
OSRdyTbl[prio >> 3] |= OSMapTbl[prio & 0x07];//用 X 映射出横坐标位
```

例如 Y = 5，对应的纵坐标位为二进制 10000，而 5 对应的二进制值是 101，只需要直接查映射表 OSMapTbl 即可完成翻译。前面第一句就是把 OSRdyGrp 对应的位通过或操作设置好。

第二句代码中 prio & 0x07 可得到 X 值，同样通过 OSMapTbl 可查到对应的横坐标二进制值，然后通过或操作设置好对应位。但是这次不是设置 OSRdyGrp 而是设置 OSRdyTbl 表中的 Y 对应的那一项。

### 代码 1-17 任务脱离就绪算法

根据任务优先级参数，使任务脱离就绪状态，前一功能的反向操作

```
if ((OSRdyTbl[prio >> 3] &= ~OSMapTbl[prio & 0x07]) == 0)
OSRdyGrp &= ~OSMapTbl[prio >> 3];
```

作用是清除 OSRdyGrp 和 OSRdyTbl 中对应的位。

查出就绪的最高优先级任务的优先级：逻辑上有了 OSRdyGrp 和 OSRdyTbl 就可以查出就绪的最高优先级任务，不过直接用 OSRdyGrp 和 OSRdyTbl 来查询免不了要对 OSRdtGrp 以及 OSRdyTbl 进行逐位的判断。

μC/OS-II 中的做法是通过一个反映射表 OSUnMapTbl 把这个查询过程改变成一个直接的映射过程,所有涉及到的值一定对应有确定的非零最低位,因此可以构造出这个简单的数组。OSUnMapTbl 表中数据如下:

**代码 1-18　查询就绪算法帮助表**

```
INT8U   const   OSUnMapTbl[256] =
{
//0  1  2  3  4  5  6  7  8  9  a  b  c  d  e  f
0, 0, 1, 0, 2, 0, 1, 0, 3, 0, 1, 0, 2, 0, 1, 0,//0x00—0x0F
4, 0, 1, 0, 2, 0, 1, 0, 3, 0, 1, 0, 2, 0, 1, 0,//0x10—0x1F
5, 0, 1, 0, 2, 0, 1, 0, 3, 0, 1, 0, 2, 0, 1, 0,//0x20—0x2F
4, 0, 1, 0, 2, 0, 1, 0, 3, 0, 1, 0, 2, 0, 1, 0,//0x30—0x3F
6, 0, 1, 0, 2, 0, 1, 0, 3, 0, 1, 0, 2, 0, 1, 0,//0x40—0x4F
4, 0, 1, 0, 2, 0, 1, 0, 3, 0, 1, 0, 2, 0, 1, 0,//0x50—0x5F
5, 0, 1, 0, 2, 0, 1, 0, 3, 0, 1, 0, 2, 0, 1, 0,//0x60—0x6F
4, 0, 1, 0, 2, 0, 1, 0, 3, 0, 1, 0, 2, 0, 1, 0,//0x70—0x7F
7, 0, 1, 0, 2, 0, 1, 0, 3, 0, 1, 0, 2, 0, 1, 0,//0x80—0x8F
4, 0, 1, 0, 2, 0, 1, 0, 3, 0, 1, 0, 2, 0, 1, 0,//0x90—0x9F
5, 0, 1, 0, 2, 0, 1, 0, 3, 0, 1, 0, 2, 0, 1, 0,//0xA0—0xAF
4, 0, 1, 0, 2, 0, 1, 0, 3, 0, 1, 0, 2, 0, 1, 0,//0xB0—0xBF
6, 0, 1, 0, 2, 0, 1, 0, 3, 0, 1, 0, 2, 0, 1, 0,//0xC0—0xCF
4, 0, 1, 0, 2, 0, 1, 0, 3, 0, 1, 0, 2, 0, 1, 0,//0xD0—0xDF
5, 0, 1, 0, 2, 0, 1, 0, 3, 0, 1, 0, 2, 0, 1, 0,//0xE0—0xEF
4, 0, 1, 0, 2, 0, 1, 0, 3, 0, 1, 0, 2, 0, 1, 0 //0xF0—0xFF
};
```

这个矩阵相当规整,除了第一列(斜体)之外,其他各行的数据都和第一行(下划线)是重复的。从这个特点可以看出,这个矩阵可以简化为横、纵两个数组,同样还是能够保持常数运算,运算步骤略微多几步,但是空间占用可以减少很多。对于考虑使用 μC/OS-II 内核类似的就绪算法管理更多任务的情况,例如 1 024,根据这个特点将大数组改变成两个小数组是有意义的。

这个矩阵作用就是通过 OSRdyGrp 和 OSRdyTbl 查出就绪的最高 prio。根据 μC/OS-II 内核代码的定义,所谓就绪的最高优先级其实是优先级数字最小的任务的优先级。从前面这些结构中可以看到,就绪任务的信息都记录在 OSRdyTbl 中,OSRdyGrp 是纵坐标上的一个汇总,方便算法实现。OSRdyGrp 的任意一个值一定可以对应到一个直接的坐标值。例如任意一个值,0x56,二进制值是 10010110,可以看到,为 1 的最低位是 1,也就是第 1 个任务组。但是最低位为 1 的值有很多个,也就是说同一组的任务,最低位值是一样的,高位可以不同,因此能够看到这个矩阵有很多重复值。这个预先计算好的很多重复值的矩阵的作用就是用空间换取时间效率,直接用矩阵数组查出对应的坐标值,避免计算。而纵坐标(Y)、横坐标(X)值有了之后,Y≪3+X 就可以得到优先级值。代码如下:

### 代码 1-19 查询就绪算法

```
y    = OSUnMapTbl[OSRdyGrp];              //直接对应出纵坐标
x    = OSUnMapTbl[OSRdyTbl[y]];           //直接对应出横坐标
prio = y << 3 + x;                        //算出优先级
```

有了这些功能基础之后,再来查看任务调度器的代码。

### 代码 1-20 任务调度器 OSSched 函数

```
void OSSched(void)
{
OS_CPU_SR cpu_sr;
INT8U     y;
if (0 < OSIntNesting)
        return;                           //不能在中断中调用此函数
OSEnterHardCritical();                    //中断屏蔽
if (OSLockNesting == 0)                   //是否锁定调度
{
//查出就绪的最高优先级任务的优先级,参考前面的就绪算法      (1)
        y = OSUnMapTbl[i_OSRdyGrp];
        OSPrioHighRdy = (INT8U)((y << 3)
            + OSUnMapTbl[pOSRdyTbl[y]]);
        //当前是否最高优先级
        if (OSPrioHighRdy ! = OSPrioCur)
        {
            //新最高优先级任务                            (2)
            OSPrioCur = OSPrioHighRdy;
            pOSTCBHighRdy =
                pOSTCBPrioTbl[OSPrioHighRdy];
            // pOSTCBCur 保留到 CoreTaskSw 中再设置
            //切换次数统计值
            pOSTCBHighRdy->OSTCBCtxSwCtr++;
            OSCtxSwCtr++;
            //切换到新任务自动处理中断使能等问题           (3)
            CoreTaskSw();                 //任务切换
            //代码进入此处表示本任务再次被切换回到运行状态
        }
}
OSExitHardCritical();                     //中断打开
}
```

OSSched 调用汇编函数 CoreTaskSw 完成最后的切换工作(汇编代码中";"是注释符号),代码已经在 1.1.2 小节介绍。

## 1.4.4 软保护算法

μC/OS-II中软保护包括 OSSchedLock 和 OSSchedUnlock 两个函数,用于保护纯任务间全局变量的访问。基本思路是借助硬保护递增(解锁时递减)标记变量 OSLockNesting,并在任务调度器中判断此标记变量,以此锁住任务调度器。OSLockNesting 虽然是一个纯任务间的全局变量,但是作为软保护的基础,必须用硬保护来完成对它的访问保护。算法代码如下:

**代码 1-21 软保护进入**

```c
void OSSchedLock (void)
{
#if OS_CRITICAL_METHOD == 3
OS_CPU_SR cpu_sr;
#endif
if (! OSRunning)
        return;
OS_ENTER_CRITICAL();
if (OSLockNesting < 255u)
        OSLockNesting++;                    //递增标记变量以锁住任务调度器
OS_EXIT_CRITICAL();
}
```

**代码 1-22 软保护退出**

```c
void OSSchedUnlock (void)
{
#if OS_CRITICAL_METHOD == 3
OS_CPU_SR cpu_sr;
#endif
if (! OSRunning)
        return;
OS_ENTER_CRITICAL();
if (OSLockNesting > 0)
{
        OSLockNesting--;                    //递减标记变量
        if (OSLockNesting == 0
            && OSIntNesting == 0)
        {
                OS_EXIT_CRITICAL();
                OSSched();                  //最后一层触发调度
                return;
        }
}
OS_EXIT_CRITICAL();
}
```

μC/OS-II软保护的逻辑很简单,做出这个标记后,1.4.2小节中的调度算法会去检查这个标记。但是使用软保护的时候有一点需要注意,就是不要在软保护环境中调用调度器函数OSSched(),因为软保护中调度器被锁定,没有实际作用。如果确实希望产生任务调度,这种情况下调度实际不会发生,因此可能产生隐藏的bug。前面关于硬保护算法讨论也谈到了类似这样的问题。硬保护中还比较好处理,毕竟整个系统中出现硬保护的位置不多。参见3.3节的介绍,通过特殊处理后,整个内核系统中需要硬保护的位置仅剩下7处,而且是固定的,可以针对每一处进行专门的处理。软保护则不同,软保护是用户开发应用程序的接口之一,用户可以任意使用。如果在软保护的临界区中,调用了涉及到任务调度的ITC机制,就很容易出现本处讨论的问题。

而且,这样的代码基本上是肯定会出现的,因为ITC作为任务将传递信息、数据的途径,基本上都是用全局变量的方式在不同的任务间传递的,因此需要用软保护保护起来,并且保护的临界区还没有退出前就会调用类似SemPend的函数,而这些函数中都调用了调度器。这是正常的逻辑步骤,但是却与软保护的要求相违背,因为SemPend函数在无法立刻获得信号灯的条件下,必然会让任务进入等待状态并调用任务调度器OSSched()函数。当然这个调用不会成功,失败的结果在一般情况下不会当时造成致命缺陷,表现得好像是等待信号进入了超时状态一样,ITC没有能够起到切换任务的作用。在整个系统复杂性提高之后,这种状态很容易在多任务的同步控制环节引起bug。因此,上述ITC使用软保护的方式或者软保护本身的算法的设计实际上存在比较严重的瑕疵,必须修改。

当然,出现这个问题的一部分原因是本体系结构设计中限制用户使用硬保护,从这里也可以看出,原有的体系结构中多数涉及到ITC的地方都需要使用硬保护。这个问题可以从μC/OS-II的各种ITC实现代码中随处可见的硬保护代码得到验证。而按照本体系结构规定在使用ITC的环境中使用软保护(其中锁定调度)后,就出现了不能使用调度器的难题。

实际上,这个问题可以完整解决,解决方案在3.3.1小节中有详细解说。因为需要其他一些基本设计的支持,这里不再进一步讨论软保护问题,暂时把它作为一个已经设计完成的工具对待,然后在第3章中,再进一步详细讨论。大致的思路是引入一种更好的软保护方式,同时将此处的"锁调度"式的软保护限定在某些明确和调度无关的内核内部模块中使用。

另外值得一提的是,还要仔细分辨软保护和其他ITC机制提供的保护间的区别。ITC机制,例如典型的信号灯,也可以用来保护各种资源,如果用来保护一段临界区代码,从纯粹逻辑上说也是可以做到的。但是这不是使用信号灯的典型方式。通常对于这种一小段访问全局变量的代码的保护是通过软保护形成的临界区来完成的,具有高效、简单的特点。但是"锁调度"等软保护不具备信号灯那样的优先级继承特性(参见1.4.5小节),同时导致多任务的并行特性受损,因此不能用这种"锁调度"的软保护来保护那种长时间运行的代码或外设资源。

## 1.4.5 ITC算法

1.4.2节中简单列举了一个ITC的逻辑。ITC的功能有很多种,有的在任务将传递数据块,有的仅仅是传递一个信号数据,有的主要用于任务间同步控制。每种ITC功能的算法设计以及使用方法对应用开发影响较大。

首先来看看μC/OS-II中有多少种ITC功能,如表1-5所列。

表 1-5 ITC 功能

| ITC 功能名称 | ITC 功能描述 | ITC 功能使用描述 |
| --- | --- | --- |
| 信号灯 Semaphore | 通过可获得信号灯数控制任务运行,通常表达多个共享资源可用或多个同类事件的存在 | 适合用于描述共享资源。例如有 3 个打印机可用,通常一个任务请求到其中一个资源即可,如果 3 个打印资源全部被占满,则任务需要根据自己的逻辑判断是应该等待还是放弃。信号灯也可以用于任务间同步控制 |
| 邮箱 MailBox | 任务建立一个邮箱,并接收单个信息 | 适合其他任务或中断服务例程向一个任务集中投递信息。不适合作为任务间同步控制机制,最适合的是编写收到某类应用信息后的服务任务 |
| 队列 Queue | 任务建立一个消息队列,并接收一个队列的信息 | 适合其他任务或中断服务例程向其他任务投递信息。不适合作为任务间同步控制机制,最适合的是编写收到某类应用信息后的服务任务 |
| 互斥量 Mutex | 控制单一资源或信号的使用 | 主要用于任务间同步控制。μC/OS-II 中同时还具有一定解决任务优先级反转的能力 |
| 标记组 Flag | 一组位标记,对应某些 2 值信号的状态 | 通常用于表示类似于设备、端口、硬件引脚信号一类的状态。具有一个信号使能多个任务的能力,任务还可以同时等待多个信号发生 |

各个 ITC 机制逻辑上说都可以用于任务间同步控制,但是本书并不推荐这种无规则混合使用的方式。另外,上述 ITC 功能有一些重复。Queue 完全可以替代 MailBox;如果不考虑优先级反转问题,Semaphore 也完全可以替代 Mutex。优先级反转在本书设计的体系结构中有其他更好的方法解决,参见 1.3.8 小节。因此在本书设计的体系结构中,只有信号灯、事件和队列 3 种 ITC,并且具体的实现方法和 μC/OS-II 不同。虽然只有 3 种 ITC,但是完全能够方便高效替代上述 5 种 ITC,并能够组合创建新的 ITC。

在本书设计的体系结构中,Semaphore 专用于资源控制和任务间同步,Queue 专用于消息投递。Semaphore 同时也是解决优先级反转问题的一个环节,Queue 不用于解决优先级反转问题。如果要实现 Mutex 逻辑,只须用容量为 1 的 Semaphore 即可。MailBox 的功能只是简单的单信息空间的 Queue。

在本书设计的体系结构中,Queue 是在 1.3.6 小节介绍的 FIFO 基础上建立的,和 μC/OS-II 中用于 Queue 的 FIFO 机制不同的是,采用的是无需保护的 FIFO 缓冲区,因此提高了系统的效率,避免了对中断响应能力不必要的干扰。

## 1.4.6 OS_TCB 结构

OS_TCB 是描述任务的主要结构,任务的各种属性都在这个结构中进行了记录,其中有一些字段是相对静态的,有一些字段在运行中变化很大,特别是涉及到任务状态变化和切换的部分。OSTCBStkPtr 堆栈指针被特意放在第一个字段,这样处理后,指向该结构的指针也就是指向保存堆栈指针位置的指针,极大方便任务调度算法。在移植过程中,除了 OSTCBStkPtr 的位置不能改变之外,其他字段的位置其实是可以改变的。原有代码中多个字段还是条件编译的,也就是说可有可无,对系统正常运行并没有关键性的影响。

OS_TCB 中的字段基本上属于堆栈相关、状态/优先级相关、ITC 相关 3 大部分,其他一些辅助字段对于理解这个结构不是特别重要。

**代码 1-23  OS_TCB 结构定义**

```
typedef struct OS_TCB
{
    OS_STK          * OSTCBStkPtr;          //任务堆栈指针,由中断修改/设置
    OS_STK          * OSTCBStkBottom;       //堆栈底指针
    INT32U          OSTCBStkSize;           //任务堆栈大小(堆栈元素数量)
    struct OS_TCB   * OSTCBNext;            //下一个任务控制块指针
    struct OS_TCB   * OSTCBPrev;            //前一个任务控制块指针,这两个指针构成双向链表

    INT8U           OSTCBPrio;              //优先级
    INT8U           OSTCBX;                 //优先级对应位置
    INT8U           OSTCBY;                 //优先级对应就绪表
    INT8U           OSTCBBitX;              //访问就绪表位掩码
    INT8U           OSTCBBitY;              //访问就绪组位掩码

    INT8U           OSTCBStat;              //状态
    INT16U          OSTCBDly;               //延迟数或等待事件超时数,延时控制
    BOOLEAN         OSTCBPendTO;            //表示信号量等,PEND 超时的标记
                                            //区分任务 PEND 返回的原因
                                            //是获得信号量还是超时
    OS_FLAGS        OSTCBFlagsRdy;          //使事件进入就绪状态的事件标记
    OS_EVENT        * OSTCBEventPtr;        //事件控制块指针
    void            * OSTCBMsg;             //从 Mbox 或 Q 收到的消息数据指针

    void            * OSTCBExtPtr;          //自定义任务扩展数据指针
    INT16U          OSTCBOpt;               //通过 OSTaskCreateExt 传递的任务选项
    INT16U          OSTCBId;                //任务 ID(0..65535)
                                            //条件编译可选字段
    OS_FLAG_NODE    * OSTCBFlagNode;        //事件标记节点指针
    INT8U           OSTCBDelReq;            //任务是否需要删除自身

    INT32U          OSTCBCtxSwCtr;          //被换入的时间数量
    INT32U          OSTCBCyclesTot;         //已经运行的时钟周期数
    INT32U          OSTCBCyclesStart;       //开始任务恢复时的快照周期数
    OS_STK          * OSTCBStkBase;         //堆栈起始位置指针
    INT32U          OSTCBStkUsed;           //堆栈中用掉的字节数

    char            OSTCBTaskName[OS_TASK_NAME_SIZE];//任务名字
}OS_TCB;
```

OS_TCB 各字段的含义在注释中均已经清楚说明，为了页面看起来简洁，此处的结构定义和实际代码稍微有一些不同，主要是省略了条件编译定义等语句。和任务调度等相关的字段在此用下划线作出了标记。

其中 OSTCBStkPtr 堆栈指针指向着任务的堆栈，是任务运作的关键。当任务被中断时，环境值都保存在堆栈中，以便将来再次切换回来时能够恢复任务运行的环境。任务环境的内容并不复杂，基本上就是全部微处理器寄存器的内容。这和具体的微处理器相关，ARM 和 X86 环境中寄存器内容差别很大。ARM 环境堆栈的布局见图 1-9 的说明。

μC/OS-II 调度器在查到最高优先级就绪任务堆栈之后，只要恢复处理器的各个寄存器的值，特别是 PC 的值，任务就可以从原来被中断的地方开始恢复运行了。当然，要保证完全正确地恢复，除 SPSR 外，其他寄存器的值都应该恢复原状。SPSR 在 μC/OS-II 这种调度方式下没有必要保存在堆栈中。

## 1.4.7 OS_EVENT 结构

OS_EVENT 是描述 ITC 的基础，各种 ITC 机制统称"事件"。其中 OSEventGrp、OSEventTbl 的作用类似于系统中全局变量 OSRdyGrp、OSRdyTbl（参见 1.4.3 小节），用于保存等待该事件的任务。因为一个事件可能有多个任务同时在等待，而当事件发生时，类似于调度器，要从这些等待的时间中找出一个最高优先级的任务来让其就绪。这个算法和调度其实类似，因此借鉴了其中的算法和各种数据结构。

**代码 1-24　OS_EVENT 结构定义**

```
typedef struct OS_EVENT
{
INT8U      OSEventType;                    //事件控制块类型（参见 OS_EVENT_TYPE_???）
INT16U     OSEventCnt;                     //信号量计数器，表示控制的资源数
void       * OSEventPtr;                   //消息或队列结构指针

INT8U      OSEventGrp;                     //等待事件产生的任务组
INT8U      OSEventTbl[OS_EVENT_TBL_SIZE];  //等待事件产生的任务列表

char       OSEventName[OS_EVENT_NAME_SIZE]; //名称
}OS_EVENT;
```

OSEventType 是以下 5 种定义类型之一：

```
#define      OS_EVENT_TYPE_MBOX        1//邮箱
#define      OS_EVENT_TYPE_Q           2//队列
#define      OS_EVENT_TYPE_SEM         3//信号量
#define      OS_EVENT_TYPE_MUTEX       4//互斥量
#define      OS_EVENT_TYPE_FLAG        5//标记
```

OSEventCnt 是信号量的资源计数器。OSEventPtr 在空闲事件控制块中是下一个 OS_EVENT 的指针，用来构成空闲事件控制块链。在使用的 ETB 中，OSEventPtr 是消息

(MBox)或队列(Q)的结构指针,用来保存消息或队列的数据。对于信号量这种简单的控制机制,以上这些字段已经能够满足算法使用要求;对于消息和队列等,则还需更多详细信息,结构需要扩展。这种扩展是通过 OSEventPtr 完成的。

当需要等待一个信号量时,μC/OS-II 检查 OSEventCnt 是否大于 0。如果是大于 0,说明仍然有可用资源,于是任务直接返回并递减 OSEventCnt。否则,说明所管理的资源已经被全部占用,于是任务进入等待状态,并通过 OSSched 切换到其他就绪的任务。如果进入等待状态,μC/OS-II 会在超时或事件发生的时候通知任务,也就是让任务就绪,并标记相应的原因。这是在 μC/OS-II 的系统主时钟中断服务中或者 OSSemPost 中完成的。

其他几种任务将通信机制的原理与此类似,只是稍微复杂一些。前面介绍调度器算法时描述了 OSSemPend 和 OSSemPost 的伪代码,用来说明如何修改任务状态并与调度器合作完成任务切换。在此列出这两个函数的源代码,结合其中详细的注释,读者会对 OS_EVENT 结构中字段的作用有更多体会。涉及到 OS_EVENT 结构中字段的地方用下划线进行了标注。

**代码 1-25　信号灯等待**

```
void OSSemPend(OS_EVENT * pevent, const INT16U timeout, INT8U * err)
{
    OS_CPU_SR   cpu_sr;                         //为硬保护准备的变量
    if (0 < OSIntNesting || 0 < OSInDEVA)
    {//从 ISR 中调用
        * err = OS_ERR_PEND_ISR;
        return;
    }
    //检查参数
    if (pevent == (OS_EVENT * )0)
    {//pevent 无效
        * err = OS_ERR_PEVENT_NULL;
        return;
    }
    if (pevent->OSEventType! = OS_EVENT_TYPE_SEM)
    {//事件块类型无效
        * err = OS_ERR_EVENT_TYPE;
        return;
    }
    //是否有可用资源
    if (pevent->OSEventCnt > 0)
    {//如果 sem 大于 0,资源可用
        pevent->OSEventCnt--;                   //递减信号量
        * err = OS_NO_ERR;
        return;                                 //成功返回
    }
    //无可用资源,进入等待状态直到事件存在或超时
    OSEnterHardCritical();                      //进入硬保护
```

```c
OSTCBCur->OSTCBStat |= OS_STAT_SEM;           //等待信号量
OSTCBCur->OSTCBDly = timeout;                  //等待信号量的超时值
OSEventTaskWait(pevent);                       //修改就绪标记
//挂起任务直到事件存在或超时其中修改了OSEventGrp、OSEventTbl

//切换到其他就绪任务
OSSched();

//此处返回说明事件存在或超时
if (OSTCBCur->OSTCBStat & OS_STAT_SEM)
{
        //仍然在等待,说明是超时引起
        OSEventTO(pevent);//其中修改了OSEventGrp、OSEventTbl
        OSExitHardCritical();
        *err = OS_TIMEOUT;                     //表示在超时范围内未获得事件
        return;
}
OSTCBCur->OSTCBEventPtr = (OS_EVENT *)0;
OSExitHardCritical();
*err = OS_NO_ERR;                              //返回成功
}
```

**代码 1-26  信号灯发送**

```c
int OSSemPost(OS_EVENT * pevent)
{
OS_CPU_SR cpu_sr;
//检查参数
if (pevent == (OS_EVENT *)0)
{//无效的 pevent
        return (OS_ERR_PEVENT_NULL);
}
if (pevent->OSEventType != OS_EVENT_TYPE_SEM)
{//无效事件类型
        return (OS_ERR_EVENT_TYPE);
}
if (pevent->OSEventGrp != 0x00)
{
        //有任务在等待该事件
        OSEnterSoftCritical();

        //让等待中的最高优先级任务就绪
        OSEventTaskRdy(pevent, (void *)0, OS_STAT_SEM);
        OSExitSoftCritical();
```

```
            //任务切换
            OSSched();
            return (OS_NO_ERR);
    }
    if (pevent->OSEventCnt < 65535u)
    {//保证信号量不溢出
            //递增信号量
            pevent->OSEventCnt++;
            return (OS_NO_ERR);
    }
    return (OS_SEM_OVF);                        //信号量溢出
}
```

# 第 2 章  μC/OS-II 移植过程

在第 1 章介绍完 OS 内核基本概念之后,本章开始说明 μC/OS-II 的移植过程。在 μC/OS-II 原书中的第 283 页,第 13 章中描述的 μC/OS-II 的运行条件如下:
- 处理器的 C 编译器能产生可重入代码;
- 处理器支持中断,并且能产生定时中断,通常在 10～100 Hz;
- 用 C 语言就可以开/关中断;
- 处理器支持能够容纳一定量数据(可能是几千字节)的硬件堆栈;
- 处理器有将堆栈指针和其他 CPU 寄存器读出和存储到堆栈或内存中的指令。

这些条件在常见的 ARM 开发环境下当然都没有问题。μC/OS-II 原书中第 285 页列出的移植工作项目如表 2-1 所列。

表 2-1  移植工作项目

| 名 称 | 类 型 | 所在文件 | 语 言 | 说 明 |
| --- | --- | --- | --- | --- |
| BOOLEAN | 数据类型 | OS_CPU.H | C语言 | |
| INT8U | 数据类型 | OS_CPU.H | C语言 | |
| INT8S | 数据类型 | OS_CPU.H | C语言 | |
| INT16U | 数据类型 | OS_CPU.H | C语言 | |
| INT16S | 数据类型 | OS_CPU.H | C语言 | |
| INT32U | 数据类型 | OS_CPU.H | C语言 | |
| INT32S | 数据类型 | OS_CPU.H | C语言 | |
| FP32 | 数据类型 | OS_CPU.H | C语言 | |
| FP64 | 数据类型 | OS_CPU.H | C语言 | |
| OS_STK | 数据类型 | OS_CPU.H | C语言 | 堆栈类型定义 |
| OS_CPU_SR | 数据类型 | OS_CPU.H | C语言 | CPU 状态寄存器类型定义 |
| OS_CRITICAL_METHOD | 宏定义 | OS_CPU.H | C语言 | 临界区保护实现方法标记 |
| OS_STK_GROWTH | 宏定义 | OS_CPU.H | C语言 | 堆栈增长方向 |
| OS_ENTER_CRITICAL | 宏函数 | OS_CPU.H | C语言 | 进入临界区 |
| OS_EXIT_CRITICAL | 宏函数 | OS_CPU.H | C语言 | 推出临界区 |
| OSStartHighRdy | 函数 | OS_CPU_S.S | 汇编 | 启动任务 |
| OSCtxSw | 函数 | OS_CPU_S.S | 汇编 | 任务切换 |
| OSIntCtxSw | 函数 | OS_CPU_S.S | 汇编 | 中断退出时任务切换 |
| OSTickISR | 函数 | OS_CPU_C.C | C语言 | 系统时钟中断服务 |
| OSTaskStkInit | 函数 | OS_CPU_C.C | C语言 | 任务堆栈初始化 |
| … | | | | 省略的一些钩子函数可以不移植 |

通常的移植中可能还会多出一些文件,特别是汇编部分。OS_CPU_S.S 中通常是对同一类微处理器比较固定的代码,例如同属于 ARM7 系列的 S3C44B0 和 LPC2214 的 OS_CPU_S.S 文件是一样的,但是另外还有两个不同的汇编移植文件。作者的具体做法是增加一个 CPU_H.S 文件用来存放具体微处理器的寄存器和 SFR 定义,用一个 INIT.S 来编写具体微处理器的引导代码、中断进入等。补充的移植工作项目如表 2-2 所列。

表 2-2 补充的移植工作项目

| 名 称 | 类 型 | 所在文件 | 语言 | 说 明 |
| --- | --- | --- | --- | --- |
| 各种 SFR 定义 | 数据定义 | cpu_h.s | 汇编 | 微处理器的描述定义 |
| 各种 SFR 定义 | 数据定义 | OS_CPU.h | C 语言 | 微处理器的 C 语言描述定义 |
| Init | 函数 | Init.s | 汇编 | 复位入口 |
| HandleIRQ | 函数 | Init.s | 汇编 | 中断入口 |
| … | 函数 | Init.s | 汇编 | 其他多种异常入口 |
| TimerInit | 函数 | timer.c | C 语言 | 时钟初始化 |
| OSTickIsr | 函数 | timer.c | C 语言 | 时钟中断服务 |
| UartInit | 函数 | uart.c | C 语言 | 串口初始化 |
| UartSend | 函数 | uart.c | C 语言 | 串口输出 DSR |
| UartRecv | 函数 | uart.c | C 语言 | 串口接受 DSR |

通常在设计嵌入式应用时,会有一个统一的指定中断处理函数的方法,称为"中断安装",而且通常把中断服务过程函数用 C 语言完成。此外,OSTickISR 应该放在 timer.c 中,并通过通用的中断处理函数安装机制进行设置。而在 C 函数中要做中断服务,还应该在 OS_CPU.H 文件中增加微处理器相关的特殊定义,例如 ARM 中的各个 SFR 的定义等。以上是进行基本的 μC/OS-II 移植需要的工作,并不是一个完整的最优化的安排。在这个环节,还是可以看到 μC/OS-II 的组织有一些混乱。例如中断的组织、安装等应该归纳在一个统一的 C 文件中并提供接口函数,C 语言的入口函数应该给出一个统一的模板,放在 os_cpu_c.c 中比较合适。对于很多这些工作,μC/OS-II 都交给了移植工作者,导致各种移植版本看似类似,实际上有很多困扰人的细节上的差别。

为规划出一个对读者更有指导意义的标准移植范本,在此首先把 1.2 节中描述 μC/OS-II 内部结构的"简单内核体系结构"图(见图 1-6)进一步细化,以便说明几个规范的接口。μC/OS-II 工作环境结构图如图 2-1 所示。

图 2-1 中,用黑框标注的部分是移植需要编写代码的位置。从图 2-1 也可以看出,μC/OS-II 提供的代码是 ITC、调度器和软保护部分的算法,其他部分都是需要开发工程师移植的。设备驱动可以有多种,要根据需要写多个模块,通常最基本的是时钟和串口两部分。μC/OS-II 虽然给出了调度器的算法,但是该调度器汇编部分是需要移植的。同理,内存管理和任务管理也是要针对不同微处理器或者不同的产品配置进行修订的。

按照 μC/OS-II 的意图,这个结构提供给上层应用的编程接口包括 ITC、软保护、硬保护,以及工程师自己开发的设备 DSR;而准备提供给驱动器的开发编程接口是 ITC。这种处理方式存在的问题在第 1 章已经详细叙述,不再重复。这种安排并非不能让系统运作起来,虽

# 第2章 μC/OS-II 移植过程

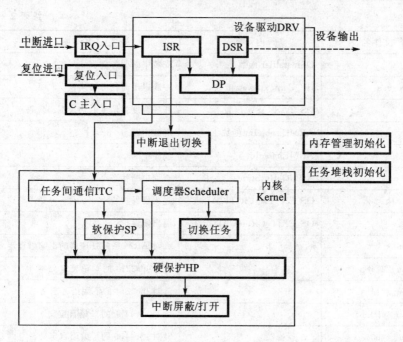

图 2-1 μC/OS-II 工作环境结构图

然有缺陷,但还是相当简洁的。

简单地把 ITC 作为编写驱动的接口存在另外一个问题,即对工程师编写正确、高效设备驱动这一关键任务的帮助不大。而且按照这个意图,图 2-1 描述的依赖关系其实是不完整的。在 ISR 和 DSR 的开发中,同样难免要用到硬保护等。因此,整个开发工作包括应用和驱动两部分,它们都是和各个内核模块密切相关的,只是这种关联过于紧密。

从文件组织的角度来看,C 主入口(C_Main 函数)、任务堆栈初始化(OSTaskStkInit 函数)、内存管理初始化(OSMemInit 函数)可以放到同一个文件中,os_cpu_c.c 是比较适合的文件。复位入口(Init 函数)、中断入口(HandleIRQ)可以放到同一个文件中,Init 是最合适的。中断退出切换(IRQContextSwap 函数)、切换任务(OS_TASK_SW 函数)统一放到 os_cpu_s.s 文件比较合适。硬保护是用宏定义完成的,保持放在 os_cpu.h 文件中即可。硬保护需要的几个起帮助作用的汇编函数(ARMDisableInt、ARMEnableInt、ARMGetIntStatus)应该放在 os_cpu_s.s 中。对其他驱动程序,每个模块应该提供各自的头文件和实现文件。其详细移植工作如表 2-3 所列。

表 2-3 详细移植工作列表

| 文件名 | 内容 | 说明 |
| --- | --- | --- |
| Init.s | Init 函数 | 复位入口 |
|  | HandleIRQ 函数 | 中断入口 |
| os_cpu_c.c | CMain 函数 | C 代码主入口 |
|  | OSTaskStkInit 函数 | 初始化任务堆栈 |
|  | OSIrqIsr 函数 | 中断分配函数 |

续表 2-3

| 文件名 | 内容 | 说明 |
| --- | --- | --- |
| os_cpu_s.s | OSInstallIsr 函数 | 安装中断服务例程 |
| | IRQContextSwap 函数 | 中断退出时任务切换 |
| | OS_TASK_SW 函数 | 任务调度器调度的切换汇编代码 |
| | ARMDisableInt 函数 | 屏蔽中断 |
| | ARMEnableInt | 使能中断 |
| | ARMGetIntStatus | 查询中断状态 |
| os_cpu.h | OS_ENTER_CRITICAL 宏 | 进入硬保护 |
| | OS_EXIT_CRITICAL 宏 | 退出硬保护 |
| os_cpu.s | | 针对 ARM 系列处理器的汇编语言定义 |
| os_cpu_2214.h | | 针对 lpc2214 的 C 语言定义 |
| os_cpu_2214.s | | 针对 lpc2214 的汇编语言定义 |
| os_cpu_44b0.h | | 针对 s3c44b0 的 C 语言定义 |
| os_cpu_44b0.s | | 针对 s3c44b0 的汇编语言定义 |
| os_board.h | | 针对具体产品板的 C 语言定义 |
| os_board.s | | 针对具体产品板的汇编语言定义 |
| 其他设备驱动文件: timer.h、timer.c、uart.h、uart.c | ISR、DSR、DP | 中断服务例程、设备服务例程、设备保护 |

参照以上几个表,特别是对照图 2-1 的线索,相信读者能够比较容易掌握将 μC/OS-II 移植到所面对的产品板上。按照 μC/OS-II,作者安排的 Init.s 文件中的移植也应该写在 os_cpu_s.s 中。增加一个 Init.s 文件有一个好处,即当工程师后续移植 μC/OS-II 到同样 ARM 系列的产品时,不必再修改 os_cpu_s.s 文件。也就是说,os_cpu_s.s 是针对微处理器系列的,而 Init.s 是针对具体微处理器和产品板的。这样安排之后,后续的改动要小很多,特别是对于进行了严格产品版本管理的项目组来说,产品版本管理会更加方便。基于同样的目的,本书将 os_cpu.h 分割出 os_cpu_44b0.h、os_cpu_2214.h 和 os_board.h,并且增加 os_cpu.s、os_cpu_44b0.s、os_cpu_2214.s 和 os_board.s 等文件。

这样处理从其他角度来看可能不是最优化的,但是从产品版本管理、后续移植的延续性等方面考虑是最方便的。详细移植代码的编写就按照本表的安排进行。需要读者注意的是,所有这些代码都没有考虑 Thumb 模式,如果读者的项目需要考虑 Thumb 模式,则要根据情况仔细修改。

## 2.1 头文件定义

本节所列出的代码仅保护基本部分,特别涉及到设备驱动的定义,仅列出时钟和串口两部分。对其他部分的定义,读者可参照列出的代码自行编写。

## 2.1.1 ARM 微处理器定义

**代码 2-1　ARM 微处理器的汇编语言定义 os_cpu.s**

```
;/*处理器模式和掩码*/
Mode_USR        EQU         0x10
Mode_FIQ        EQU         0x11
Mode_IRQ        EQU         0x12
Mode_SVC        EQU         0x13
Mode_ABT        EQU         0x17
Mode_UND        EQU         0x1B
Mode_SYS        EQU         0x1F
NOINT           EQU         0xC0
MASK_MODE       EQU         0x1F

I_BIT           EQU         0x80        ;设置 I 位,IRQ 被屏蔽
F_BIT           EQU         0x40        ;设置 F 位,FIQ 被屏蔽
END
```

**代码 2-2　ARM 微处理器的 C 语言定义 os_cpu.h**

```c
#ifndef         _OS_CPU_H_
#define         _OS_CPU_H_
#ifdef __cplusplus
extern "C" {
#endif
/*********************************************
* 数据类型,编译器特定                        *
*********************************************/
typedef         int             BOOLEAN;    //高效定义,随目标宽度变化
#define         REG8            volatile unsigned char
#define         REG16           volatile unsigned short
#define         REG32           volatile unsigned long
//应该是随平台变的宽度,int
typedef         int             OS_STK;     //每个堆栈项 8、16、32 位宽度
/*********************************************
* ARM 体系结构常用定义                        *
*********************************************/
#define         OS_STK_GROWTH   1           //1:向下递减,0:向上递增
#define         USR32MODE       0x10
#define         FIQ32MODE       0x11
#define         IRQ32MODE       0x12
#define         SVC32MODE       0x13
#define         ABT32MODE       0x17
```

```
#define    UND32MODE      0x1B
#define    SYS32MODE      0x1F         //在 ARM Arch 4 及之后有效
#define    MODE_MASK      0x1F
#define    IRQ_BIT        0x80         //设置 I 位,IRQ 被屏蔽
#define    FIQ_BIT        0x40         //设置 F 位,FIQ 被屏蔽
#define    NOINT          0XC0
#define    LITTLE                      //小端模式
#define    VPlong         *(volatile unsigned long *)
#define    VPshort        *(volatile unsigned short *)
#define    VPchar         *(volatile unsigned char *)
#define    outl(addr, dat)   ((VPlong(addr)) = (unsigned long)dat)
#define    outs(addr, dat)   ((VPshort(addr)) =
(unsigned short)dat)
#define    outb(addr, dat)   ((VPchar(addr)) = (unsigned char *)dat)

//硬保护宏定义
#define    OS_ENTER_CRITICAL()   {cpu_sr = ARMGetIntStatus();\
ARMDisableInt(IRQ_BIT);}
#define    OS_EXIT_CRITICAL()    {cpu_sr = NOINT & (~cpu_sr);\
ARMEnableInt(cpu_sr);}

#ifdef __cplusplus
}
#endif
#endif
```

## 2.1.2 S3C44B0 微处理器定义

**代码 2-3    S3C44B0 微处理器的汇编语言定义 os_cpu_44B0.s**

```
GET             os_cpu.s              ;汇编包含文件
SRAM_BASE       EQU                   0x10000000
SFR_BASE        EQU                   0x01C00000
;特殊功能寄存器,SFR,地址定义
SFR_SYSCFG      EQU                   (SFR_BASE + 0x0000)
SFR_SBUSCON     EQU                   (SFR_BASE + 0x40000)
;************************************************************
SFR_BUSCON      EQU                   (SFR_BASE + 0x80000)
SFR_BANKCON0    EQU                   (SFR_BASE + 0x80004)
    ⋮
SFR_BANKCON7    EQU                   (SFR_BASE + 0x80020)
SFR_REFRESH     EQU                   (SFR_BASE + 0x80024)
SFR_BANKSIZE    EQU                   (SFR_BASE + 0x80028)
```

```
SFR_MRBSR6          EQU           (SFR_BASE + 0x8002C)
SFR_MRBSR7          EQU           (SFR_BASE + 0x80030)
    ⋮
SFR_EXTINT          EQU           (SFR_BASE + 0x120050)
SFR_EXTINTPND       EQU           (SFR_BASE + 0x120054)
SFR_WTCON           EQU           (SFR_BASE + 0x130000)
SFR_WTDAT           EQU           (SFR_BASE + 0x130004)
SFR_WTCNT           EQU           (SFR_BASE + 0x130008)
    ⋮
SFR_INTCON          EQU           (SFR_BASE + 0x200000)
SFR_INTPND          EQU           (SFR_BASE + 0x200004)
SFR_INTMOD          EQU           (SFR_BASE + 0x200008)
SFR_INTMSK          EQU           (SFR_BASE + 0x20000C)
END
```

以上仅列出编写汇编代码需要的部分,读者应该根据自己产品要求补充全部需要操作的 SFR 的定义。

### 代码 2-4  S3C44B0 微处理器的 C 语言定义 os_cpu_44B0.h

```c
#ifndef _OS_CPU_44B0_H_
#define _OS_CPU_44B0_H_
#ifdef _cplusplus
extern "C" {
#endif
#ifdef                  _OS_CPU_H_
#include                "os_cpu.h"
#endif
/**********************************************
 * S3C44B0 处理器定义                           *
 **********************************************/
//系统复位后特定寄存器起始地址
#define     SRAM_BASE           0x10000000
#define     SFR_Base            0x01C00000
//I/O 端口接口
#define     SFR_PCONA           (VPlong(SFR_BASE + 0x120000))//I/O 控制
#define     SFR_PDATA           (VPlong(SFR_BASE + 0x120004))//I/O 数据
    ⋮
#define     SFR_PCONC           (VPlong(SFR_BASE + 0x120010))//I/O 控制
#define     SFR_PDATC           (VPlong(SFR_BASE + 0x120014))//I/O 数据
#define     SFR_PUPC            (VPlong(SFR_BASE + 0x120018))//I/O 上拉
    ⋮
#define     SFR_SPUCR           (VPlong(SFR_BASE + 0x12004C))//特殊上拉
#define     SFR_EXTINT          (VPlong(SFR_BASE + 0x120050))//外部中断
```

```c
//中断控制寄存器
#define     SFR_INTCON      (VPlong(SFR_BASE + 0x200000))//中断控制
#define     SFR_INTPND      (VPlong(SFR_BASE + 0x200004))//中断悬挂
#define     SFR_INTMOD      (VPlong(SFR_BASE + 0x200008))//中断模式
#define     SFR_INTMSK      (VPlong(SFR_BASE + 0x20000C))//中断掩码
#define     SFR_I_PSLV      (VPlong(SFR_BASE + 0x200010))//I 优先级
#define     SFR_I_PMST      (VPlong(SFR_BASE + 0x200014))//I 优先级
#define     SFR_I_CSLV      (VPlong(SFR_BASE + 0x200018))//I 优先级
#define     SFR_I_CMST      (VPlong(SFR_BASE + 0x20001C))//I 优先级
#define     SFR_I_ISPR      (VPlong(SFR_BASE + 0x200020))//I 优先级
#define     SFR_I_ISPC      (VPlong(SFR_BASE + 0x200024))//I 优先级
//UART 0
#define     SFR_ULCON0      (VPlong(SFR_BASE + 0x100000))//线控制
#define     SFR_UCON0       (VPlong(SFR_BASE + 0x100004))//控制
#define     SFR_UFCON0      (VPlong(SFR_BASE + 0x100008))//FIFO 控制
#define     SFR_UMCON0      (VPlong(SFR_BASE + 0x10000C))//Modem 控制
#define     SFR_UTRSTAT0    (VPlong(SFR_BASE + 0x100010))//状态
#define     SFR_UERSTAT0    (VPlong(SFR_BASE + 0x100014))//错误状态
#define     SFR_UFSTAT0     (VPlong(SFR_BASE + 0x100018))//FIFO 状态
#define     SFR_UMSTAT0     (VPlong(SFR_BASE + 0x10001C))//modem 状态
#define     SFR_UTXH0       (VPlong(SFR_BASE + 0x100020))//发送保持
#define     SFR_URXH0       (VPlong(SFR_BASE + 0x100024))//接收保持
#define     SFR_UBRDIV0     (VPlong(SFR_BASE + 0x100028))//bsp 因子
//UART 1
⋮

//定时器寄存器
#define     SFR_TCFG0       (VPlong(SFR_BASE + 0x150000))//配置
#define     SFR_TCFG1       (VPlong(SFR_BASE + 0x150004))//配置
#define     SFR_TCON        (VPlong(SFR_BASE + 0x150008))//控制
#define     SFR_TCNTB0      (VPlong(SFR_BASE + 0x15000C))//计数缓冲
#define     SFR_TCMPB0      (VPlong(SFR_BASE + 0x150010))//比较缓冲
#define     SFR_TCNTO0      (VPlong(SFR_BASE + 0x150014))//观察
⋮

//ISR 定义
//起始位置在汇编中定义,注意参照对比
#define     _ISR_STARTADDRESS   (HEAPHEAD - 0x1000)
#define     pISR_IRQ            _ISR_STARTADDRESS + 0x00
//中断编号定义
#define     NINT_EINT0      0
#define     NINT_EINT1      1
#define     NINT_EINT2      2
#define     NINT_EINT3      3
#define     NINT_EINT4      4
```

```c
#define    NINT_TICK          5
#define    NINT_ZDMA0         6
#define    NINT_ZDMA1         7
#define    NINT_BDMA0         8
#define    NINT_BDMA1         9
#define    NINT_WDT           10
#define    NINT_UERR0         11
#define    NINT_TIMER0        12
#define    NINT_TIMER1        13
#define    NINT_TIMER2        14
#define    NINT_TIMER3        15
#define    NINT_TIMER4        16
#define    NINT_TIMER5        17
#define    NINT_URXD0         18
#define    NINT_URXD1         19
#define    NINT_IIC           20
#define    NINT_SIO           21
#define    NINT_UTXD0         22
#define    NINT_UTXD1         23
#define    NINT_ITC           24
#define    NINT_ADC           25
#define    NINT_GLOBAL        26
#define    NINT_NUMBERS       26        //必须定义,设备中断数量
//中断位定义
#define    BIT_EINT0          (0x1)
#define    BIT_EINT1          (0x1<<1)
#define    BIT_EINT2          (0x1<<2)
#define    BIT_EINT3          (0x1<<3)
    :                                   //此处省略
#define    BIT_GLOBAL         (0x1<<26)
//中断操作
#define    Enable_Int(n)         SFR_INTMSK &= ~(1<<(n))   //使能
#define    Disable_Int(n)        SFR_INTMSK |= (1<<(n))    //屏蔽
#define    Clear_PendingBit(n)   SFR_INTPND = (1<<(n))     //清除


#ifdef _cplusplus
}
#endif
#endif
```

## 2.1.3 LPC2214 微处理器定义

**代码 2-5** LPC2214 微处理器的汇编语言定义 os_cpu_2214.s

```
    GET             os_cpu.s                    ;汇编包含文件
    SRAM_BASE       EQU     0x40000000
;外部中断
    SFR_EXTINT      EQU     0xE01FC140
    SFR_EXTWAKE     EQU     0xE01FC144
    SFR_EXTMODE     EQU     0xE01FC148
    SFR_EXTPOLAR    EQU     0xE01FC14C
;内存映射
    SFR_MEMMAP      EQU     0xE01FC040
;锁相环
    SFR_PLLCON      EQU     0xE01FC080
    SFR_PLLCFG      EQU     0xE01FC084
    SFR_PLLSTAT     EQU     0xE01FC088
    SFR_PLLFEED     EQU     0xE01FC08C
;电源控制
    SFR_PCON        EQU     0xE01FC0C0
    SFR_PCONP       EQU     0xE01FC0C4
;VPB 除法因子
    SFR_VPBDIV      EQU     0xE01FC100
;Reset
    SFR_RSID        EQU     0xE01FC180
;Code Security/Debugging
;SFR_CPSR          EQU
;定时器
    SFR_TIMER0IR    EQU     0xE0004000
;矢量化中断控制寄存器
    SFR_VICIRQStatus    EQU     0xFFFFF000
    SFR_VICFIQStatus    EQU     0xFFFFF004
    SFR_VICRawIntr      EQU     0xFFFFF008
    SFR_VICIntSelect    EQU     0xFFFFF00C
    SFR_VICIntEnable    EQU     0xFFFFF010
    SFR_VICIntEnClr     EQU     0xFFFFF014
    SFR_VICSoftInt      EQU     0xFFFFF018
    SFR_VICSoftIntClear EQU     0xFFFFF01C
    SFR_VICProtection   EQU     0xFFFFF020
    SFR_VICVectAddr     EQU     0xFFFFF030
    SFR_VICDefVectAddr  EQU     0xFFFFF034
    SFR_VICVectAddr0    EQU     0xFFFFF100
    SFR_VICVectAddr1    EQU     0xFFFFF104
```

```
SFR_VICVectAddr2      EQU      0xFFFFF108
SFR_VICVectAddr3      EQU      0xFFFFF10C
SFR_VICVectAddr4      EQU      0xFFFFF110
SFR_VICVectAddr5      EQU      0xFFFFF114
SFR_VICVectAddr6      EQU      0xFFFFF118

SFR_VICVectCntl0      EQU      0xFFFFF200
SFR_VICVectCntl1      EQU      0xFFFFF204
SFR_VICVectCntl2      EQU      0xFFFFF208
SFR_VICVectCntl3      EQU      0xFFFFF20C
SFR_VICVectCntl4      EQU      0xFFFFF210
SFR_VICVectCntl5      EQU      0xFFFFF214
SFR_VICVectCntl6      EQU      0xFFFFF218
;interrupt
BIT_UART0             EQU      0x06
BIT_UART1             EQU      0x07
BIT_I2C0              EQU      0x09
;uart0
SFR_U0THR             EQU      0xE000C000
END
```

以上仅列出编写汇编代码需要的部分,读者应该根据自己产品要求补充全部需要操作的 SFR 的定义。

**代码 2-6  LPC2214 微处理器的 C 语言定义 os_cpu_2214.h**

```
#define      SRAM_BASE           0x40000000
//外部中断
#define      SFR_EXTINT          (VPlong(0xE01FC140))
#define      SFR_EXTWAKE         (VPlong(0xE01FC144))
#define      SFR_EXTMODE         (VPlong(0xE01FC148))
#define      SFR_EXTPOLAR        (VPlong(0xE01FC14C))
//内存映射
#define      SFR_MEMMAP          (VPlong(0xE01FC040))
//锁相环
#define      SFR_PLLCON          (VPlong(0xE01FC080))
#define      SFR_PLLCFG          (VPlong(0xE01FC084))
#define      SFR_PLLSTAT         (VPlong(0xE01FC088))
#define      SFR_PLLFEED         (VPlong(0xE01FC08C))
//电源控制
#define      SFR_PCON            (VPlong(0xE01FC0C0))
#define      SFR_PCONP           (VPlong(0xE01FC0C4))
//VPB 除法因子
#define      SFR_VPBDIV          (VPlong(0xE01FC100))
```

```
//Reset
#define         SFR_RSID            (VPlong(0xE01FC180))
//Code Security/Debugging
//#define       SFR_CPSR
//矢量化中断控制寄存器
#define         SFR_VICIRQStatus    (VPlong(0xFFFFF000))
#define         SFR_VICFIQStatus    (VPlong(0xFFFFF004))
#define         SFR_VICRawIntr      (VPlong(0xFFFFF008))
#define         SFR_VICIntSelect    (VPlong(0xFFFFF00C))
#define         SFR_VICIntEnable    (VPlong(0xFFFFF010))
#define         SFR_VICIntEnClr     (VPlong(0xFFFFF014))
#define         SFR_VICSoftInt      (VPlong(0xFFFFF018))
#define         SFR_VICSoftIntClear (VPlong(0xFFFFF01C))
#define         SFR_VICProtection   (VPlong(0xFFFFF020))
#define         SFR_VICVectAddr     (VPlong(0xFFFFF030))
#define         SFR_VICDefVectAddr  (VPlong(0xFFFFF034))

#define         SFR_VICVectAddr0    (VPlong(0xFFFFF100))
#define         SFR_VICVectAddr1    (VPlong(0xFFFFF104))
⋮
#define         SFR_VICVectCntl0    (VPlong(0xFFFFF200))
#define         SFR_VICVectCntl1    (VPlong(0xFFFFF204))
⋮
//定时器0
#define         SFR_TIMER0IR        (VPlong(0xE0004000))
#define         SFR_TIMER0TCR       (VPlong(0xE0004004))
#define         SFR_TIMER0TC        (VPlong(0xE0004008))
#define         SFR_TIMER0PR        (VPlong(0xE000400C))
#define         SFR_TIMER0PC        (VPlong(0xE0004010))
#define         SFR_TIMER0MCR       (VPlong(0xE0004014))
#define         SFR_TIMER0MR0       (VPlong(0xE0004018))
⋮
#define         SFR_TIMER0CCR       (VPlong(0xE0004028))
#define         SFR_TIMER0CR0       (VPlong(0xE000402C))
⋮
#define         SFR_TIMER0EMR       (VPlong(0xE000403C))
//定时器1
#define         SFR_TIMER1IR        (VPlong(0xE0008000))
#define         SFR_TIMER1TCR       (VPlong(0xE0008004))
#define         SFR_TIMER1TC        (VPlong(0xE0008008))
#define         SFR_TIMER1PR        (VPlong(0xE000800C))
#define         SFR_TIMER1PC        (VPlong(0xE0008010))
#define         SFR_TIMER1MCR       (VPlong(0xE0008014))
```

```c
#define     SFR_TIMER1MR0       (VPlong(0xE0008018))
...
#define     SFR_TIMER1CCR       (VPlong(0xE0008028))
#define     SFR_TIMER1CR0       (VPlong(0xE000802C))
...
#define     SFR_TIMER1EMR       (VPlong(0xE000803C))
//看门狗
#define     SFR_WDMOD           (VPlong(0xE0000000))
#define     SFR_WDTC            (VPlong(0xE0000004))
#define     SFR_WDFEED          (VPchar(0xE0000008))
#define     SFR_WDTV            (VPlong(0xE000000C))
//串口 UART0
#define     SFR_U0RBR           (VPchar(0xE000C000))
#define     SFR_U0THR           (VPchar(0xE000C000))
#define     SFR_U0IER           (VPchar(0xE000C004))
#define     SFR_U0IIR           (VPchar(0xE000C008))
#define     SFR_U0FCR           (VPchar(0xE000C008))
#define     SFR_U0LCR           (VPchar(0xE000C00C))
#define     SFR_U0LSR           (VPchar(0xE000C014))
#define     SFR_U0SCR           (VPchar(0xE000C01C))
#define     SFR_U0DLL           (VPchar(0xE000C000))
#define     SFR_U0DLM           (VPchar(0xE000C004))
//串口 UART1
...
//I2C0
#define     SFR_I2C0CONSET      (VPchar(0xE001C000))
#define     SFR_I2C0STAT        (VPchar(0xE001C004))
#define     SFR_I2C0DAT         (VPchar(0xE001C008))
#define     SFR_I2C0SLA         (VPchar(0xE001C00C))
#define     SFR_I2C0SCLH        (VPshort(0xE001C010))
#define     SFR_I2C0SCLL        (VPshort(0xE001C014))
#define     SFR_I2C0CONCLR      (VPchar(0xE001C018))
//I2C1
...
//引脚连接控制
#define     SFR_IO0PIN          (VPlong(0xE0028000))
#define     SFR_IO0SET          (VPlong(0xE0028004))
#define     SFR_IO0DIR          (VPlong(0xE0028008))
#define     SFR_IO0CLR          (VPlong(0xE002800C))
#define     SFR_IO1PIN          (VPlong(0xE0028010))
#define     SFR_IO1SET          (VPlong(0xE0028014))
#define     SFR_IO1DIR          (VPlong(0xE0028018))
#define     SFR_IO1CLR          (VPlong(0xE002801C))
```

```
#define     SFR_PINSEL0          (VPlong(0xE002C000))
#define     SFR_PINSEL1          (VPlong(0xE002C004))
#define     SFR_PINSEL2          (VPlong(0xE002C014))
//中断源位置
#define     BIT_WATCHDOG         0x00
#define     BIT_SOFTINT          0x01
#define     BIT_TIMER0           0x04
#define     BIT_TIMER1           0x05
#define     BIT_UART0            0x06
#define     BIT_UART1            0x07
#define     BIT_I2C0             0x09
#define     BIT_EINT0            0x0E
            ⋮
#define     EnDevIntr(n)         SFR_VICIntEnable = (1 << n)
#define     DisDevIntr(n)        SFR_VICIntEnClr = (1 << n)
```

## 2.1.4 产品板定义

当产品板设计定义时,一个很重要的工作就是安排内存空间。通常可用于应用的内存包括片内 Flash ROM 内存、片内 SRAM 内存、片外 Flash ROM 内存和片外 DRAM 内存。有简单的安排布局方法,也有复杂的布局方法。在此仅讨论 3 种方式:最简单的方式、常见普通方式和复杂的方式。图 2-2 为简单产品板内存空间安排,图 2-3 为普通产品板内存空间安排。

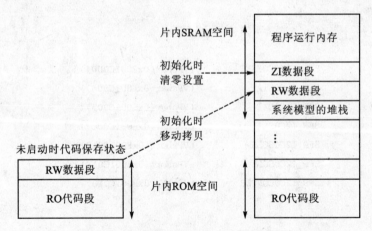

图 2-2 简单产品板内存空间安排

复杂产品内存安排实际上是图 2-2 和 2-3 所示两种内存布局的结合。也就是片内烧写有一个要保护的内核,有的产品中称为 BIOS;片外保存的是应用代码。这种布局开机运行起来之后,内存空间中 RO、RW 和 ZI 段都各有两个。

**注意**:上面内存布局中,都把系统模式的堆栈放在 RAM 内存的最低端。所谓"系统模式"就是指 UND、SYS 和 ABT 等模式,任务堆栈通常放在程序运行堆中。系统模式的运行特别关键,采用这种布局,如果系统模式堆栈超出范围,就会产生 DABT 异常,因为通常 RAM 和 ROM 之间会有无效的内存空间范围。布局安排确定后,才能编写移植代码。

# 第 2 章 μC/OS-II 移植过程

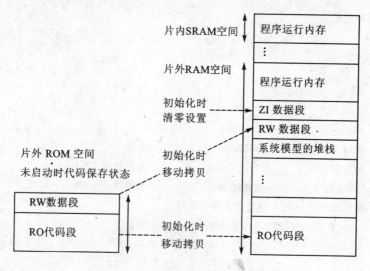

图 2-3 普通产品板内存空间安排

代码 2-7 产品板的汇编语言定义 os_board.s

```
GET             os_cpu_44b0.s                   ;汇编包含文件
;系统时钟
MHz             EQU             1000000
fMCLK_Hz        EQU             66000000        ;主频
fMCLK           EQU             66              ;fMCLK_Hz/MHz
;******************************************************************
;分配给堆栈使用的内存空间布局
;OS 在 SVC 模式下运行，但是任务有自己的堆栈，因此 SVC 模式堆栈可以很小
;本应该用 SYS 作为嵌套中断的工作模式，用 Und 模式替代，参见 1.1.1 小节
;UND 模式作为嵌套中断的工作模式要考虑
;较大的堆栈空间。操作系统并不进入用户模式。全部堆栈共 64 KB，工程师需要根据
;应用需求自行设定
;******************************************************************
Len_FIQ_Stack   EQU             0
Len_IRQ_Stack   EQU             256
Len_USR_Stack   EQU             0
Len_SVC_Stack   EQU             256
Len_ABT_Stack   EQU             256
Len_UND_Stack   EQU             64512
Len_SYS_Stack   EQU             256
    ⋮
END
```

代码 2-8 产品板的 C 语言定义 os_board.h

```
#ifndef _OS_BOARD_H_
#define _OS_BOARD_H_
```

```
#ifdef _cplusplus
extern "C" {
#endif

#include      "os_cpu_44B0.h"

#define   MHz              1000000
#define   MCLK             66000000          //主频
#define   HEAPHEAD         0x0100000         //内存管理 1 MB
#define   HEAPEND          0x07E0000         //到约等于 8 MB
//_ISR_STARTADDRESS 在 init.s 中定义了映射地址
#define   _ISR_STARTADDRESS 0x07FFF00
#define   HandleIRQ        _ISR_STARTADDRESS + 0x00


#ifdef _cplusplus
}
#endif
#endif
```

## 2.2 移植代码实现

参照表 2-3,将详细的移植代码列出,并附带注释解说。如果有前面章节已经列出的代码,则在此处省略。在作者提供的网站 http://www.μRtos.net 中,有一个完整的 μC/OS-II 移植代码。其中不包括 μC/OS-II 的代码文件。读者下载之后,只需把 μC/OS-II 原书附赠的标准 μC/OS-II V2.52 代码放到其中的 μC/OS-II 目录中,即可顺利编译成功。其中包含了 S3C44B0、LPC2214 和 ARMulator 三种微处理器移植代码。

### 2.2.1 入口代码

复位入口代码的主要功能就是设置好 PLL,然后搬迁代码。此处列出的是标准写法,根据编译链接参数不同,还有其他一些优化写法。例如在编译调试工具中(SDT V2.51 或 ADS V1.2),如果只配置 RO-BASE 参数,不配置 RW-BASE 参数,RO 和 RW 段是自然衔接的,则代码的拷贝搬迁工作可以简化。

另外要注意的是,这部分代码要仔细检查和调试实际的执行结果,例如在搬迁后,应该检查初始化的全局变量是否正确初始化。在 SDT V2.51 下,如果用 JTAG 调试,RW-BASE 配置了参数,则直接下载代码到 RAM 中。因为没有自己控制内存搬迁和拷贝初始化数据段的代码,就存在全局变量没有正确初始化的问题。

当工程师编写代码时,不可能不考虑调试状态,因此,这种调试状态下代码段搬迁的初始化问题同样要仔细考虑。比较好的方式是在模块的初始化函数中进行所有处于 RW 段和 ZI 段的全局变量的详细初始化。这种初始化过程不影响主体代码,仅仅在开始阶段执行一次,完全不会影响主体程序的执行效率,却能够保障代码在任何情况下的稳定运行。

## 代码2-9  2214复位及中断入口代码 init.s

```
    GET     cpu_2214.s                    ;汇编包含文件
    GET     boarda.s                      ;汇编包含文件
    IMPORT  i_pCurTcb
    IMPORT  IrqFinish
    IMPORT  PreISR
    IMPORT  IntrNested
    IMPORT  I2C0Vect
    IMPORT  IsrHandler

    IMPORT  |Image$$RO$$Limit|
    IMPORT  |Image$$RW$$Base|
    IMPORT  |Image$$ZI$$Base|
    IMPORT  |Image$$ZI$$Limit|

    EXPORT  ENTER_U0
    EXPORT  ENTER_U1
    EXPORT  ENTER_I2C0
    EXPORT  ENTER_DEF

    AREA    Init, CODE, READONLY
    CODE32
    ENTRY                                 ;入口
;/******************************************************************************/
;/异常矢量,接到异常跳转                                                          */
;/有顺序问题必须按照异常顺序                                                     */
;/******************************************************************************/
    b       HandlerRST                    ;实际启动点,非再次跳转的例程
    b       HandleFIQ                     ;此下之后均为再次跳转例程
    b       HandleFIQ
    b       HandleFIQ
    b       HandleFIQ                     ;不适合跳转处理
    DCD     0xA73FFFC6
    LDR     PC,[PC,#-0xff0]               ;分发例程可以 C 安装设备中断
HandleFIQ                                 ;不处理 FIQ,所有异常进入此处死循环
    nop                                   ;并通过看门狗完成复位
    b       HandleFIQ
    LTORG
;/******************************************************************************/
;/* IRQ 中断预处理例程                                                          */
;/* 入口条件:IRQ 中断屏蔽,LR 是被中断任务或 ISR 的 PC 值,                         */
;/*          SPSR 是被中断任务或 ISR 的当前处理器状态值,                          */
```

;/*             SP 是 IRQ 模式当前堆栈指针值                                      */
;/***************************************************************************/
HandlerIRQ
;/***************************************************************************/
;1-4 SPSR 保存到 R0
;1-5 压栈 R0,是 IRQ 模式的 SPSR,也是被中断模式的 CPSR(请参考代码 1-6)
;/***************************************************************************/
    mrs     r4,     spsr
    stmfd   sp!,    {r4}
    mov     r0,     r6
    bl      PreISR                              ;r0 中返回处理结果
    cmp     r0,     #0
    beq     keepirq
;/***************************************************************************/
;结束应急处理并结束中断处理,已处理完
;/***************************************************************************/
    ldr     r0,     = SFR_VICVectAddr
    ldr     r1,     = 0
    str     r1,     [r0]
    ldmfd   sp!,    {r0}
    msr     spsr_cxsf, r0
    ldmfd   sp!,    {r0 - r12, lr, pc}^
    LTORG
keepirq
;/***************************************************************************/
;1-6 恢复堆栈指针的原值,并保存到 R3
;方便后面算法使用,此后不再用到 IRQ 堆栈
;/***************************************************************************/
    add     r3,     sp,     #64
    mov     sp,     r3
;/***************************************************************************/
;(2) 判断是否第一层中断,如果不是第一层,进入(3)
;2-1 嵌套中断数变量地址到 R0,变量值读入到 R1
;/***************************************************************************/
    ldr     r0,     = IntrNested
    ldr     r1,     [r0]
    cmp     r1,     #0
;/***************************************************************************/
;2-2 如果不是第一次,跳到第(3)步
;/***************************************************************************/
    bne     IRQNESTMODE
;/***************************************************************************/
;(3) 设置嵌套层数为 1。R1 = 1,保存 R1 值到 R0 地址(见 2-1)

```
;/*****************************************************************/
    ldr         r1,         =1
    str         r1,         [r0]
;/*****************************************************************/
;不是嵌套中断切换到 svc 模式处理任务
;3-1 切换到 SVC 模式,第一层中断,一定是中断运行在 SVC 模式下的任务
;/*****************************************************************/
    msr         cpsr_cxsf,  #ARM7_SVC_MOD | ARM7_I_BIT
;/*****************************************************************/
;3-2 将保存在 IRQ 模式下的任务环境拷贝到任务的堆栈(SP),
;其中 LR 无法拷贝,需要在本模式获取
;/*****************************************************************/
    ldmdb       r3!,        {r0}                    ;拷贝 PC
    stmfd       sp!,        {r0}
    ldmdb       r3!,        {r0}                    ;压栈真正 LR
    stmfd       sp!,        {lr}
    ldr         r1,         =56                     ;准备要拷贝字节数,与硬件相关
IRQSTACKSVCCOPY
    ldmdb       r3!,        {r0}                    ;反向 pop
    stmfd       sp!,        {r0}                    ;push
    subs.       r1,         r1,         #4          ;递减计数
    bne         IRQSTACKSVCCOPY
;/*****************************************************************/
;3-3 当前 SP 指针(这是 SVC 模式下任务当前的堆栈指针)保存到任务控制
;块结构的第 1 个字段.保存 sp 到 tcb,便于任务切换 */
;因为任务被中断时,堆栈尚未与环境同步
;/*****************************************************************/
    ldr         r0,         =i_pCurTcb
    ldr         r1,         [r0]
    str         sp,         [r1]
;/*****************************************************************/
;3-4 完成了 SVC 模式下的处理,切换到 SYS/UND,跳转到(5)
;/*****************************************************************/
    msr         cpsr_cxsf,  #ARM7_UND_MOD | ARM7_I_BIT
    b           IRQPREOVER
LTORG
IRQNESTMODE
;/*****************************************************************/
;/(4) 嵌套数加 1.R1 += 1,保存 R1 值到 R0 地址(见 2-1)
;/*****************************************************************/
    add         r1,         r1,         #1
    str         r1,         [r0]
;/*****************************************************************/
```

```
;是嵌套中断切换到 sys 模式处理 ISR
;4-1 切换到 SYS 模式,UND 替代
;/***************************************************************************/
    msr         cpsr_cxsf,          #ARM7_UND_MOD | ARM7_I_BIT
;/***************************************************************************/
;4-2 将保存在 IRQ 模式下的 ISR 环境拷贝到 ISR 的堆栈(SP),
;其中 LR 无法拷贝,需要在本模式获取
;/***************************************************************************/
    ldmdb       r3!,                {r0}                ;拷贝 PC
    stmfd       sp!,                {r0}
    ldmdb       r3!,                {r0}                ;压栈真正 LR
    stmfd       sp!,                {lr}
    ldr         r1,                 = 56                ;准备要拷贝字节数,与硬件相关
NESTSTACKSVCCOPY
    ldmdb       r3!,                {r0}                ;反向 pop
    stmfd       sp!,                {r0}                ;push
    subs        r1,                 r1,     #4          ;递减计数
    bne         NESTSTACKSVCCOPY
;/***************************************************************************/
;因为 SYS 模式一旦运行就不会被切换掉,只能被中断或退出
;因此不存在 3-3 的对应步骤
;同时已经是 SYS 模式下,也不存在 3-4 的对应步骤
;/***************************************************************************/
IRQPREOVER
;/***************************************************************************/
;;(5) 调用 IRQ 处理函数,也就是 HandleIRQ 位置的函数指针
;实际上是 os_isr.c 文件中的 void IsrHandler(void)函数
;注意该函数中可能打开了中断,因此才存在嵌套中断的可能
;如果不需要嵌套中断,只需在该函数中保持中断屏蔽即可
;返回后中断是屏蔽的,即该函数结尾时再次打开了中断
;并且是在中断屏蔽后才退出设备保护,这样处理
;即能保持系统的嵌套中断能力,又能防止同一设备的嵌套中断
;/***************************************************************************/
    mov         r0,                 r6                  ;r6 中中断偏移
    bl          IsrHandler
    ldr         r0,                 = SFR_VICVectAddr
    ldr         r1,                 = 0
    str         r1,                 [r0]
;/***************************************************************************/
;(6) 中断结束处理,IrqFinish,SYS 模式的原有堆栈指针作为参数
;6-1 屏蔽中断
;6-2 递减中断嵌套计数
;6-3 判断是否最后一层,如果不是则函数返回进入(7)
```

```
;6-4(最后一层)调中断调度器,恢复SYS模式的原始堆栈指针,调度到被中断任务,不再返回。
;从这里可以看出,中断结束时,没有回来恢复IRQ模式的堆栈,因此才有前面第1-6步的预先
;恢复IRQ模式的SP指针。同时在这一步处理中还要恢复SYS模式的堆栈指针,道理相同。
;如果IrqFinish和HandleIRQ中的函数指针
;没有定义为_irq,函数会破坏寄存器
;/*******************************************************************************/
bl              IrqFinish                           ;仅仅是嵌套数减1
;/*******************************************************************************/
;(7)恢复SYS模式的环境回到上一层被中断的中断
;第1个位置应该存放的是被中断模式的CPSR也就是irq的SPSR
;/*******************************************************************************/
ldmfd           sp!,            {r0}
msr             spsr_cxsf,  r0
ldmfd           sp!,            {r0-r12, lr, pc}^
LTORG
;/*******************************************************************************/
;/* 开始                                                                        */
;/* 复位初始化完成后CSPR中的I/F是打开的                                          */
;/* 因此不应该在此过程中打开具体设备(参照代码1-4)                                */
;/*******************************************************************************/
HandlerRST
mrs             r0,             cpsr
bic             r0,             r0,             #ARM7_TMOD_MASK
orr             r1,             r0,             #ARM7_SVC_MOD | ARM7_NOINTR
msr             cpsr_cxsf,  r1
;屏蔽中断控制器中各个中断
ldr             r0,             = SFR_VICIntEnClr
ldr             r1,             = 0xFFFFFFFF
str             r1,             [r0]
ldr             r0,             = SFR_VICSoftIntClear
str             r1,             [r0]
ldr             r0,             = SFR_VICVectAddr
ldr             r1,             = 0
str             r1,             [r0]
;********************************************************************************
;* 设置PLL时钟控制器寄存器            ********************************************
;********************************************************************************
ldr             r0,             = SFR_PLLCFG
ldr             r1,             = 0x22                  ;0x43 = 0010 0010 = 0 01(P=2) 00010(M=3)
str             r1,             [r0]
ldr             r0,             = SFR_PLLCON
ldr             r1,             = 0x3                   ;使能并连接
str             r1,             [r0]
```

```
        ldr         r0,         = SFR_PLLFEED
        ldr         r1,         = 0xAA
        ldr         r2,         = 0x55
        str         r1,         [r0]
        str         r2,         [r0]
        ldr         r0,         = SFR_PLLSTAT
        ldr         r0,         = SFR_VPBDIV              ;外设时钟除数
        ldr         r1,         = 0x00                    ;1/4 时钟
        str         r1,         [r0]
checkpll
        ldr         r1,         [r0]
        orr         r2,         r1,         #0x0400       ;检查 PLOCK
        cmp         r2,         #0
        beq         checkpll
;拷贝准备
        ldr         r1,         =|Image$$RO$$Limit|       ;也是 RW 在 FLASH 中起始位置
        ldr         r2,         =|Image$$RW$$Base|        ;从 r1 位置拷贝到 r2 位置
        ldr         r3,         =|Image$$ZI$$Base|
        subs        r3,         r3,         r2            ;r3 = RW 大小
        beq         RW2SRAM_OK
RW2SRAM_COPY_LOOP                                         ;拷贝 rw
        ldr         r0,         [r1],       #4
        str         r0,         [r2],       #4
        subs        r3,         r3,         #4            ;递减计数
        bne         RW2SRAM_COPY_LOOP
RW2SRAM_OK
        ldr         r1,         =|Image$$ZI$$Base|
        ldr         r2,         =|Image$$ZI$$Limit|
        subs        r2,         r2,         r1            ;r2 = zi 大小
        beq         CLEARZI_OK
        mov         r0,         #0
CLEARZI_LOOP                                              ;zi 清零
        str         r0,         [r1],       #4
        subs        r2,         r2,         #4            ;递减计数
        bne         CLEARZI_LOOP
CLEARZI_OK
;****************************************************************
;* 初始化堆栈函数                                       *************************************
;* 初始化完成后 cpsr 中的 I/F 位保持打开                ************************************
;* 因此在操作系统中已开始就要屏蔽中断                   ************************************
;****************************************************************
InitStacks
        msr         cpsr_cf, #ARM7_UND_MOD | ARM7_NOINTR  ;未定义模式,屏蔽中断
```

```
        ldr         sp,         = UNDStack

        msr         cpsr_cf, # ARM7_ABT_MOD | ARM7_NOINTR    ;AbortMode
        ldr         sp,         = ABTStack

        msr         cpsr_cf, # ARM7_IRQ_MOD | ARM7_NOINTR    ;IRQMode
        ldr         sp,         = IRQStack

        msr         cpsr_cf, # ARM7_SVC_MOD | ARM7_NOINTR    ;回到 SVC 模式
        ldr         sp,         = SVCStack
        b           ENTERMAIN
;加密定义
CrpData
        WHILE       . < 0x1fc
        NOP
        WEND
CrpData1
        DCD         0x12345678              ;当此数为 0x87654321 时,用户程序被保护
        ;DCD        0x87654321
LTORG
;************************************
ENTERMAIN
        IMPORT      MAIN
        ldr         r0,         = |Image $ $ ZI $ $ Limit|
        b           MAIN                                    ;跳到应用代码入口
LTORG
ENTER_U0                                                    ;矢量化中断进入同一接口前准备
        subs        lr,         lr,         #4              ;对应代码 1-6 中的 1-1~1-3 等步骤
        stmfd       sp!,        {lr}
        add         lr,         lr,         #4
        stmfd       sp!,        {lr}
        stmfd       sp!,        {r0 - r12}
        mov         r6,         #6
        b           HandlerIRQ
LTORG
ENTER_U1
        subs        lr,         lr,         #4
        stmfd       sp!,        {lr}
        add         lr,         lr,         #4
        stmfd       sp!,        {lr}
        stmfd       sp!,        {r0 - r12}
        mov         r6,         #7
        b           HandlerIRQ
```

```
        LTORG
ENTER_I2C0
        subs        lr,         lr,         #4
        stmfd       sp!,        {lr}
        add         lr,         lr,         #4
        stmfd       sp!,        {lr}
        stmfd       sp!,        {r0-r12}
        bl          I2C0Vect
        mov         r6,         #0x20
        b           HandlerIRQ
        LTORG
ENTER_DEF
        subs        lr,         lr,         #4
        stmfd       sp!,        {lr}
        add         lr,         lr,         #4
        stmfd       sp!,        {lr}
        stmfd       sp!,        {r0-r12}
        mov         r6,         #0x20
        b           HandlerIRQ
        LTORG
        END
```

## 代码 2-10  44B0 复位及中断入口代码 init.s

```
        GET         os_board.s                          ;汇编包含文件
;μC/OS-II 原有代码中是 OSTCBCur,此处前缀的作用在讨论
;硬保护的章节有阐述
        IMPORT      i_pOSTCBCur
        IMPORT      IrqFinish                           ;中断结束处理
        IMPORT      OSIntNesting                        ;中断嵌套
        IMPORT      DAbortErr                           ;异常处理函数
        IMPORT      PAbortErr
        IMPORT      SWIErr
        IMPORT      UndefineErr
        IMPORT      __use_no_semihosting_swi            ;保证不使用 semihosting

        IMPORT      |Image$$RO$$Base|                   ;用于内存搬迁的变量
        IMPORT      |Image$$RO$$Limit|
        IMPORT      |Image$$RW$$Base|
        IMPORT      |Image$$RW$$Limit|
        IMPORT      |Image$$ZI$$Base|
        IMPORT      |Image$$ZI$$Limit|
;入口,需要在开发工具链接器中作为参数设置正确
        AREA        Init, CODE, READONLY
```

## 第2章 μC/OS-II 移植过程

```
                CODE32
                ENTRY
;异常矢量,接到异常跳转
    b       HandlerRST
    b       HandlerUND
    b       HandlerSWI
    b       HandlerPABT
    b       HandlerDABT
    b
    b       HandlerIRQ
TempFIQ         ;FIQ矢量位置,不作处理。需要FIQ的工程师,改写此处代码
0   mov     r0,     lr
    b       %B0
HandlerUND      ;简单异常处理方式,反复进入异常报告函数,lr为参数
    mov     r0,     lr
0   stmfd   sp!,    {r0}
    bl      UndefineErr
    ldmfd   sp!,    {r0}
    b       %B0
HandlerSWI      ;这样处理的优势是可以在SWIErr函数中打印各自不同的信息
    mov     r0,     lr
0   stmfd   sp!,    {r0}
    bl      SWIErr
    ldmfd   sp!,    {r0}
    b       %B0
HandlerDABT     ;这种反复循环的方式,方便调试器暂停,并用反汇编
;工具察看lr位置的代码,找到出现错误的位置。甚至可以将此处的DAborErr
;等函数扩充称为更复杂的错误检查代码,例如打印出全部寄存器和SFR值,和当前
;任务堆栈中值对于查找难以DEBUG的隐藏问题很有帮助
    mov     r0,     lr
0   stmfd   sp!,    {r0}
    bl      DAbortErr
    ldmfd   sp!,    {r0}
    b       %B0
HandlerPABT
    mov     r0,     lr
0   stmfd   sp!,    {r0}
    bl      PAbortErr
    ldmfd   sp!,    {r0}
    b       %B0
;/***************************************************************/
;/* 复位入口                                                    */
;/* 入口条件:IRQ、FIQ中断屏蔽                                   */
```

;/ ******************************************************************/
HandlerRST
;这一段代码的作用是为了保证软复位方式能够正常工作
    mrs     r0,     cpsr
    bic     r0,     r0,     #MASK_MODE
    orr     r1,     r0,     #Mode_SVC | NOINT           ;SVC 模式,屏蔽中断
    msr     cpsr_cxsfl,
;屏蔽中断控制器中各个中断
    ldr     r0,     = SFR_INTMSK
    ldr     r1,     = 0xFFFFFFFF
    str     r1,     [r0]
;清除悬挂,1 代表悬挂,但是清理也是写入 1
    ldr     r0,     = SFR_INTPND
    ldr     r1,     = 0xFFFFFFFF
    str     r1,     [r0]
;全部设置为 IRQ 模式
    ldr     r0,     = SFR_INTMOD
    ldr     r1,     = 0x0
    str     r1,     [r0]
;设置 PLL 时钟控制器寄存器
    ldr     r0,     = SFR_LOCKTIME
    ldr     r1,     = 800    ;count = t_lock * Fin (t_lock = 200us, Fin = 4MHz) = 800
    str     r1,     [r0]
    ldr     r0,     = SFR_PLLCON                        ;临时设置 PLL
    ldr     r1,     = ((M_DIV<<12) + (P_DIV<<4) + S_DIV)   ;Fin = 10 MHz, Fout = 40 MHz
    str     r1,     [r0]
    ldr     r0,     = CLKCON
    ldr     r1,     = 0x7ff8                            ;使能全部单元模块 CLK
    str     r1,     [r0]                                ;内存配置,配置参数不合理对性能影响很大
SYNC_DRAM
    ldr     r0,     = SFR_SYSCFG
    ldr     r1,     = 0x0                               ;配置 syscofig 寄存器
    str     r1,     [r0]                                ;Cache,WB(写缓冲)屏蔽
    ldr     r13,    = 0x3FE1000                         ;SRAM 中间部位作为临时堆栈
;准备拷贝
    LDR     r0,     = |Image$$RO$$Base|
    LDR     r1,     = |Image$$RO$$Limit|
    LDR     r2,     = |Image$$RW$$Base|
    LDR     r3,     = |Image$$RW$$Limit|

    SUB     r1,     r1,     r0                          ;r1 = RO 大小
    SUB     r3,     r3,     r2                          ;r3 = RW 大小
    ADD     r1,     r1,     r3                          ;全部代码大小

```
        LDR     r2,         = 0x200000
ROM2DRAM_COPY_LOOP
        LDR     r3,     [r0],       #4
        STR     r3,     [r2],       #4
        SUBS    r1,     r1,         #4              ;递减计数
        bne     ROM2DRAM_COPY_LOOP
;拷贝 rw 和 zi 到目的地
        LDR     r0,         = |Image $ $ RO $ $ Limit|
        LDR     r1,         = |Image $ $ RW $ $ Base|
        LDR     r3,         = |Image $ $ ZI $ $ Base|

        CMP     r0,     r1
        BEQ     %1
0       CMP     r1,     r3                          ;拷贝初始化数据
        LDRCC   r2,     [r0],       #4
        STRCC   r2,     [r1],       #4
        BCC     %0
1       LDR     r1,         = |Image $ $ ZI $ $ Limit|   ;zi 段的顶部
        MOV     r2,     #0
2       CMP     r3,     r1                          ;zi
        STRCC   r2,     [r3],       #4
        BCC     %2
ENTERMAIN
        bl      InitStacks                          ;初始化各个堆栈
        mov     fp,     #0                          ;堆栈框架指针清零
        IMPORT  MAIN
        b       CMain                               ;跳到应用代码入口
        ltorg
;/**************************************************************************/
;/* 初始化堆栈函数                                                         */
;/* 初始化完成后 cpsr 中的 I/F 位保持中断屏蔽                              */
;/* 因此在操作系统中已开始就要屏蔽中断                                    */
;/* 其中 USR、SYS 模式不必处理,用 UND 替代 SYS。参见 1.1.1 小节            */
;/* 未使用 FIQ 模式                                                        */
;/**************************************************************************/
InitStacks
        msr     cpsr_cf, #Mode_UND | NOINT          ;未定义模式
        ldr     sp,     = UNDStack

        msr     cpsr_cf, #Mode_ABT | NOINT          ;Abort 模式
        ldr     sp,     = ABTStack

        msr     cpsr_cf, #Mode_IRQ | NOINT          ;IRQ 模式
```

```
        ldr     sp,     = IRQStack

        msr     cpsr_cf,#Mode_SVC | NOINT       ;回到 SVC 模式
        ldr     sp,     = SVCStack

        mov     pc,     lr                      ;返回
        ltorg
```
;/*****************************************************************************/
;/* 堆栈空间                                                                  */
;/*****************************************************************************/
```
        MAP         0x0C000000
        StackBottom     #               Len_FIQ_Stack
        FIQStack        #               Len_IRQ_Stack
        IRQStack        #               Len_USR_Stack
        USRStack        #               Len_SVC_Stack
        SVCStack        #               Len_ABT_Stack
        ABTStack        #               Len_UND_Stack
        UNDStack        #               Len_SYS_Stack
        SYSStack        #               0
```
;/*****************************************************************************/
;/* ISR 入口指针                                                              */
;/*****************************************************************************/
```
        MAP         0x0C00FF00
        HandleIRQ       #               4
```
;/*****************************************************************************/
;/* IRQ 中断入口                                                              */
;/* 入口条件：IRQ 中断屏蔽,LR 是被中断任务或 ISR 的 PC 值,                    */
;/*           SPSR 是被中断任务或 ISR 的当前处理器状态值,                     */
;/*           SP 是 IRQ 模式当前堆栈指针值                                    */
;/*****************************************************************************/
HandlerIRQ
;/*****************************************************************************/
;/*(1) 保存环境                                                               */
;/* 1-1 LR-4 压栈,LR-4 才是被中断模式的应该的 PC                              */
;/*****************************************************************************/
```
        subs    lr,     lr,             #4
        stmfd   sp!,    {lr}
```
;/*****************************************************************************/
;/* 1-2 再压入 LR,仅作占位,该值在被中断模式的 LR 寄存器中 */
;/*****************************************************************************/
```
        stmfd   sp!,    {lr}
```
;/*****************************************************************************/
;/* 1-3 压入 R12~R0 寄存器,此后因 R0~R12 已经保存,                            */

```
;/* 可以在设计算时使用,只要保证退出时恢复即可                                    */
;/******************************************************************************/
    stmfd    sp!,      {r0 - r12}
;/******************************************************************************/
;/* 1-4 SPSR 保存到 R0,压栈 R0,是 IRQ 模式的 SPSR,                                */
;/* 也是被中断模式的 CPSR                                                        */
;/******************************************************************************/
    mrs      r0,       spsr
    stmfd    sp!,      {r0}
;/******************************************************************************/
;/* 1-5 恢复堆栈指针的原值,并保存到 R3                                           */
;/* 方便后面算法使用,此后不再用到 IRQ 堆栈                                       */
;/******************************************************************************/
    add      r3,       sp,        #64
    mov      sp,       r3
;/******************************************************************************/
;/* (2) 判断是否第一层中断,如果不是第 1 层,进入(3)                               */
;/* 2-1 嵌套中断数变量地址到 R0,变量值读入到 R1                                  */
;/******************************************************************************/
    ldr      r0,       = OSIntNesting
    ldr      r1,       [r0]
    cmp      r1,       #0
;/******************************************************************************/
;*/2-2 如果不是第 1 次,跳到第(3)步                                              */
;/******************************************************************************/
    bne      IRQNESTMODE
;/******************************************************************************/
;/* (3) 设置嵌套层数为 1。R1 = 1,保存 R1 值到 R0 地址(前面 2-1)                  */
;/******************************************************************************/
    ldr      r1,       = 1
    str      r1,       [r0]
;/******************************************************************************/
;/* 如果不是嵌套中断切换到 svc 模式处理任务                                      */
;/* 3-1 切换到 SVC 模式,第 1 层中断,一定是中断运行在                             */
;/* SVC 模式下的任务                                                             */
;/******************************************************************************/
    msr      cpsr_cxsf,    #Mode_SVC | I_BIT
;/******************************************************************************/
;/* 3-2 将保存在 IRQ 模式下的任务环境拷贝到任务的堆栈(SP),                       */
;/* 其中 LR 无法拷贝,需要在本模式获取                                            */
;/******************************************************************************/
    ldmdb    r3!,      {r0}                      ;拷贝 PC
    stmfd    sp!,      {r0}
```

```
            ldmdb       r3!,        {r0}
            stmfd       sp!,        {lr}                    ;压栈真正 LR
            ldr         r1,         =56                     ;准备要拷贝字节数
IRQSTACKSVCCOPY
            ldmdb       r3!,        {r0}                    ;反向 pop
            stmfd       sp!,        {r0}                    ;push
            subs        r1,         r1,         #4          ;递减计数
            bne         IRQSTACKSVCCOPY
```

;/****************************************************************************/
;/* (3) 当前 SP 指针(这是 SVC 模式下任务当前的堆栈指针)                          */
;/* 保存到任务控制块结构的第 1 个字段.保存 sp 到 tcb,                            */
;/* 便于任务切换因为任务被中断时,堆栈尚未与环境同步                              */

```
            ldr         r0,         =i_pOSTCBCur
            ldr         r1,         [r0]
            str         sp,         [r1]
```

;/****************************************************************************/
;/* 3-4 完成了 SVC 模式下的处理,切换到 SYS,跳转到 5                              */
;/* 用 UND 替代 SYS 模式,参见 1.1.1 小节的讨论                                   */
;/****************************************************************************/

```
            msr         cpsr_cxsf,  #Mode_UND | I_BIT
            b           IRQPREOVER
IRQNESTMODE
```

;/****************************************************************************/
;/* (4) 嵌套数加 1.R1 + =1,保存 R1 值到 R0 地址(前面 2-1)                        */
;/****************************************************************************/

```
            add         r1,         r1,         #1
            str         r1,         [r0]
```

;/****************************************************************************/
;/* 是嵌套中断切换到 sys 模式处理 ISR                                            */
;/* 4-1 切换到 SYS 模式。用 UND 替代                                             */
;/****************************************************************************/

```
            msr         cpsr_cxsf,  #Mode_UND | I_BIT
```

;/****************************************************************************/
;/* 4-2 将保存在 IRQ 模式下的 ISR 环境拷贝到 ISR 的堆栈(SP),                     */
;/* 其中 LR 无法拷贝,需要在本模式获取                                            */
;/****************************************************************************/

```
            ldmdb       r3!,        {r0}                    ;拷贝 PC
            stmfd       sp!,        {r0}
            ldmdb       r3!,        {r0}
            stmfd       sp!,        {lr}                    ;压栈真正 LR
            ldr         r1,         =56                     ;准备要拷贝字节数
NESTSTACKSVCCOPY
```

```
        ldmdb       r3!,        {r0}                        ;反向 pop
        stmfd       sp!,        {r0}                        ;push
        subs        r1,         r1,         #4              ;递减计数
        bne         NESTSTACKSVCCOPY
```
;/******************************************************************************/
;/* 因为 SYS 模式一旦运行就不会被切换掉,只能被中断或                              */
;/* 退出因此不存在 3-3 的对应步骤                                                */
;/* 同时已经是 SYS 模式下,也不存在 3-4 的对应步骤                                */
;/******************************************************************************/
IRQPREOVER
;/******************************************************************************/
;/*(5)调用 IRQ 处理函数,也就是 HandleIRQ 位置的函数指针,                         */
;/* 也就是 os_cpu_c.c 文件中的 void IRQISR(void)函数。                           */
;/* 注意该函数中可能打开了中断,才存在嵌套中断的可能。                            */
;/* 如果不需要嵌套中断,在该函数中,保持中断屏蔽即可。                             */
;/* 返回后中断是屏蔽的,即该函数结尾时再次屏蔽了中断,                             */
;/* 并且是在中断屏蔽后才退出设备保护,这样处理                                    */
;/* 即能保持系统的嵌套中断,又能防止同一设备的嵌套中断                            */
;/* 称为半嵌套中断方式                                                           */
;/******************************************************************************/
```
        ldr         r0,         = HandleIRQ
        ldr         r1,         [r0]
        mov         lr,         pc
        mov         pc,         r1
```
;/******************************************************************************/
;/*(6)中断结束处理,IrqFinish,其内部逻辑如下:                                    */
;/* 6-1 屏蔽中断                                                                 */
;/* 6-2 递减中断嵌套计数                                                         */
;/* 6-3 判断是否最后一层,如果不是则函数返回进入 7                                */
;/* 6-4(最后一层)调中断调度器,恢复 SYS 模式的                                    */
;/* 原始堆栈指针,调度到被中断任务,不再返回。从                                   */
;/* 这里可以看出,中断结束时,没有回来恢复 IRQ 模式                                */
;/* 的堆栈,因此才有前面第 1-6 步的预先                                           */
;/* 恢复 IRQ 模式的 SP 指针。同时在这一步处理中                                   */
;/* 还要恢复 SYS 模式的堆栈指针,道理相同。                                       */
;/******************************************************************************/
```
        bl          IrqFinish
```
;/******************************************************************************/
;/*(7)恢复 SYS 模式的环境回到上一层被中断的中断                                  */
;/* 第一个位置应该存放的是被中断模式的 CPSR 也就是                                */
;/* irq 的 SPSR                                                                  */
;/******************************************************************************/
```
        ldmfd       sp!,        {r0}
```

```
        msr         spsr_cxsf,r0
        ldmfd       sp!,        {r0 - r12, lr, pc}^
        ltorg
        END
```

此处中断入口代码是标准写法,但不是优化写法,参见 1.3.3 小节伪代码后的讨论。

## 2.2.2 C 运行环境代码

### 代码 2-11 C 运行环境代码 os_cpu_c.c

```c
#include "os_board.h"
static void * IsrHandler[NINT_NUMBERS];
extern void TimerInit(void);
extern void UartInit(void);
void CMain(void)
{
        //(1) 硬件初始化
        //(2) 杂项初始化
        //(3) 内存管理模块初始化
        OSMemInit();
        //(4) C库初始化,需要根据具体情况选择不同的初始化方式
        _init_alloc(HEAPHEAD, HEAPEND);
        _rt_stackheap_init();
        setlocale(LC_ALL, "");
        _fp_init();//初始化浮点
        srand();//使用 rand()要求
        //(5) 调度器初始化
        //(6) 各种 ITC 模块需要的初始化
        //(7) 其他内核模块初始化
        //(8) 各设备驱动模块的初始化
        TimerInit();                                //定时器初始化
        UartInit();                                 //串口初始化
        //(9) 应用的初始化
        /* 以上初始化工作与具体产品关系密切,读者根据自己产品要求进行初始化
        工作。可以参考 1.3.1 小节的初始化伪代码 */
        //设置中断分配函数
        outl(HandleIRQ, IrqIsr);
        //启动就绪状态的最高优先级任务
        OSStartHighRdy();
        return;
}
OS_STK * OSTaskStkInit(void ( * task)(void * pd), void * pdata,
        OS_STK * ptos, int opt)
{
```

```c
        OS_STK * stk;
        stk = (OS_STK *)ptos;                    /*加载堆栈指针*/
        /*为新任务构造一个环境*/
        * --stk = (OS_STK)task;                  /*pc*/
        * --stk = (OS_STK)task;                  /*lr*/
        //寄存器初始化 R12 到 R1
        * --stk = 0;
        ⋮
        * --stk = 0;
        * --stk = (OS_STK)pdata;                 /*r0,参数*/
        * --stk = (SVC32MODE);                   /*cpsr,中断打开*/
        return (stk);
}
void IrqIsr(void)//在 CMain 第(9)步,将此函数指针设置到 HandleIRQ 位置
{
        int nInt;
        int (*pIsr)(int nInt);
        nInt = SFR_INTOSET_IRQ>>2;               //中断编号
        pIsr = (int(*)(int))[nInt];              //查找中断处理函数
        //从效率考虑,确保安全时可以不判断,直接调用
        if (pIsr)
            (*pIsr)(nInt);                       //中断分发
        else
        {
            Clear_PendingBit(nInt);              //清除中断
        }
}
int OSInstallIsr(int nInt, void * pIsr)
{
        if (nInt > NINT_NUMBERS                  //检查参数
           || nInt < 0 || ! pIsr)
               return 0;
        IsrHandler[nInt] = pIsr;                 //安装中断服务例程
        return 1;
}
```

从这个文件中的代码可以看出,这种移植方式将中断分发代码放到 C 语言中,因此不必像通常的移植那样在汇编语言代码中定义处理很多 ISR 入口和处理宏。这个中断分发函数需要在 CMain 尚未启动中断之前进行设置,即在函数 OSStartHighRdy 之前。中断分发函数放到 C 语言中实现有很多好处,可以扩展出多种功能,例如为统一构造设备驱动框架的一些准备工作。

OSInstallIsr 用于安装中断服务例程,通常是在各种设备模块的初始化函数中调用。

## 2.2.3 环境切换代码

### 代码 2-12 环境切换代码

```
GET  cpu_h.s                        ;汇编包含文件
AREA    subr,    CODE,    READONLY
;需要的外部符号
IMPORT          i_pOSTCBCur
IMPORT          g_pOSTCBHighRdy
;*******************************************************************************
;函数:IrqContextSwap()
;目标:从中断中执行环境退出
;入口条件:中断被屏蔽,在 IRQfinish 中,最后一层中断退出时调用
;*******************************************************************************/
EXPORT          IrqContextSwap
IrqContextSwap
;/******************************************************************************/
;;(1)恢复 SYS 模式的堆栈指针,因为中断退出时没有回到 IRQ 及 SYS 模式
;去回复堆栈。用 UND 替代 sys,参见 1.1.1 小节的讨论
;/******************************************************************************/
ldr     sp,         = UNDStack
;/******************************************************************************/
;;(2)获取当前任务的 TCB 指针地址,
;    获取任务堆栈指针
;/******************************************************************************/
ldr     r0,         = i_pOSTCBCur
ldr     r1,         [r0]
ldr     r0,         [r1]
;/******************************************************************************/
;;(3)切换到 svc 模式
;/******************************************************************************/
msr     cpsr_cxsf,  #Mode_SVC | NOINT
mov     sp,         r0
;/******************************************************************************/
;;(4)恢复任务环境
;/******************************************************************************/
ldmfd   sp!,        {r0}
msr     spsr_cxsf,  r0
ldmfd   sp!,        {r0 - r12}
ldmfd   sp!,        {lr}
ldmfd   sp!,        {pc}^
```
;*******************************************************************************
;函数:ARMDisableInt ARMEnableInt ARMGetIntStatus 在 1.4.1 小节已经介绍,

```
;在此省略
;*****************************************************************************/
        EXPORT          ARMDisInt
        EXPORT          ARMEnInt
        EXPORT          ARMQryIntDis
        ⋮                                                           ;省略代码
        EXPORT          OS_TASK_SW
OS_TASK_SW
;这段代码前面 1.1.2 小节已有说明,在此省略
;/****************************************************************************/
;void OSStartHighRdy(void)
;启动最高优先级任务,系统在此处结束初始化阶段,开始进入多任务运行阶段
;入口条件:中断屏蔽,任务堆栈设置正确,当前任务设置正确
;/****************************************************************************/
        EXPORT          OSStartHighRdy
OSStartHighRdy
;/****************************************************************************/
;获取当前任务 TCB 地址,地址在 r0
;获取当前任务 SP 地址
;/****************************************************************************/
        ldr     r0,         = i_pOSTCBCur
        ldr     r1,         [r0]
        ldr     sp,         [r1]
;/****************************************************************************/
;恢复任务环境
;/****************************************************************************/
        ldmfd   sp!,        {r0}
        msr     spsr_cxsf,  r0
        ldmfd   sp!,        {r0 - r12}
        ldmfd   sp!,        {lr}
        ldmfd   sp!,        {pc}^
        END
```

# 第3章 代码组织及功能设计

正像读者在第 2 章看到的那样,仅仅移植 μC/OS-II 系统并不难,但是还需要考虑更多的问题。1.2 节谈到了 μC/OS-II 存在的一些问题,以及在体系结构方面的解决方案,但是基本上停留在解决方案的概念性描述阶段,还需要更多具体的设计来加以实现。另外,设备驱动的统一框架也还没有完整展现,还需要进一步完善,以便为后续更多的移植(例如网络协议栈)做好基础性的准备。这些问题都在本书设计的体系结构中给出了完整的解决方案。本章为帮助读者在 μC/OS-II 基础上自行解决这些问题,对相关的设计方案进行一些更详细的讨论。这些讨论对各种嵌入式开发具有普遍意义,虽然举例时多以 μRtos V1.0 为主,但是对 μC/OS-II 同样是适合的。只是用 μC/OS-II 来适应本章的讨论,需要编写和修改的代码比较多一些。

在讨论这些详细功能设计之前,为打好基础,下面探讨一种代码组织管理的方法。

## 3.1 代码组件化技术

μC/OS-II 原系统中的代码文件组织采用了比较简单的方式,将内核全部的数据结构和函数接口集中到一个 ucos_ii.h 文件中。另外两个头文件 includes.h 和 os_cfg.h 给出了配置范例,主要是对编译控制进行调整的参数。应用代码维护的主要任务由读者完成,μC/OS-II 的其他 C 代码等集中在一个文件夹下。μC/OS-II 原系统对 C 代码文件大致按照模块进行了划分,其中 ITC 各个模块的模块化程度较高,文件划分组织合理。涉及到中断、内核调度部分的文件组织基本上归入 os_core.c 和 os_cpu_c.c 文件中,这一部分的组织不是很恰当。

这种处理方式对简单的单项目移植没有问题,要想在此基础上进行长期开发就很不方便。在不对系统进行结构性的调整时,这种文件组织结构一般没有什么妨碍。在引入其他系统建立完整的应用时,例如移植 LWIP 协议栈、GUI、文件系统等,编码组织风格引出的差别较大。在考虑这些极可能在嵌入式领域采用的代码时,可以预见代码组织管理的任务要复杂得多。特别是很多从开源社区学习获取知识用于产品开发的工程师,暂时的移植改造虽然在短时间内可以应付,但很难作为长久的办法系统化地采用。

进一步的方案是规划一个更合理的文件目录结构,但是这样做还是不太充分。解决这个问题的办法是:对系统进行合理的模块划分,规划出中断处理框架、引导接口等,为必要的环节制定规范。另外,在此尝试引入一种代码组件化技术作为划分、配置和管理代码产品的基础,如果这种技术同时能够达到抽象组件化的目的,则更为理想。本节分两部分介绍普通代码组件化技术和具备类似于微软 COM 组件抽象能力能更好完成抽象封装、继承、多态等面向对象特征的抽象组件化技术。

PC 编程环境下的微软 COM 组件技术的使用非常简单,每种组件各自开发,之后组合引用,简洁、规范。如果在嵌入式环境能够在源代码级引入类似功能的技术,则对嵌入式环境的开发、移植工作是有很大帮助的。可以预见到,源代码级的组件技术与二进制模块级的组件技术相比,其显著优势是基本上没有明显的资源消耗,毕竟它只是一种编写代码的技术。如果工程师想要达到类似这种源代码级组件的功能目标,即便不采用这种技术也会消耗基本相同的资源;而采用之后,却能够达到接近微软 COM 组件的效果。

源代码组件化之后,可以进一步推想到的是为主要以 C 语言进行开发的嵌入式环境引入一种方便、实用的具备 OO(Object Oriented,面向对象)能力的工具。

### 3.1.1 普通组件化

代码级的组件化技术比模块级的组件化技术(COM、CORBA 等)简单,主要功能是统一代码组织接口的规范,其他功能是附带的。这种技术需要引入一个很小的(约 250 行代码,编译后约 1 KB)运行支撑环境,并没有像 COM 或 CORBA 那样引入一套复杂的运行环境,实际上仅仅是一种编写代码的方法。类比微软的 COM(Component Of Moduler),本书称这种技术为 COS(Componet Of Source code)。采用这种技术,当移植来自不同来源且风格差距很大的代码时,只须统一移植到 COS 描述的接口组件即可长期方便使用。

图 3-1 是一个这种组件运行的一个原理图。

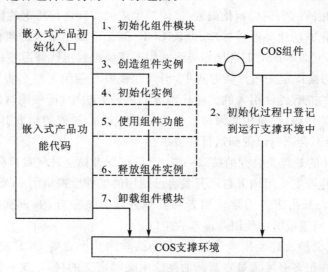

图 3-1 普通 COS 组件运行原理

图 3-1 中标号 1~7 的步骤说明的是 COS 组件在嵌入式环境中注册到使用的过程,这个过程与 COM 组件有相似之处,也有相当的区别。其中,第 7 步卸载组件模块在通常的简单嵌入式环境中并不具备,需要有可以动态加载、卸载模块的操作系统的支持才能完成。而其中第 1 步初始化模块,在具有动态加载、卸载模块的操作系统支持时,可以是一个动态加载模块的过程;而在不具备动态这种条件的环境中,仅仅是简单的初始化过程。

即便在不具备动态加载、卸载模块的简单嵌入式环境中,同样可以流畅地使用这种组件化技术。因为在小型的特别强调代码尺寸和效率的嵌入式环境中,通常产品板上烧写的代码都是运行时需要使用的模块,很少有在运行时卸载的需求,至少主要功能代码部分一般都不会有这种要求。

COS 主要针对嵌入式 C 开发环境最简单的方式就是用.h 头文件统一定义一种格式的接

口函数。当然,如果仅止于此也没有必要作为一种专门的方法提出,同时对读者的帮助也并不大。通过统一的接口定义方式,达到用很小的代价完成代码的高效组织,并能够处理多态等高级的应用,才能为读者提供更好的基础。

首先,这里考察一下什么是接口。最简单的接口,在嵌入式开发领域其实就是头文件中函数和数据的定义。但是数据定义具有暴露模块内部实现的特征并不是一种好的接口方式,特别是这种定义在头文件中的数据(可能是 extern 类型的)代表的是全局变量。全局变量作为模块间交流的接口组成部分之一有很多缺陷,模块内部更难实现更新。通常,开发人员认为引入全局变量之后模块间传递数据比较简便、高效,但是实际上并不比用参数在模块间传递数据简便、高效。因此,本书倾向于把数据定义排除在接口定义之外。这也是微软 COM 组件的接口定义都是采用函数组成的原因之一。作为一种源代码级别的组件技术,要完全将实现细节封装起来并不容易,也就是数据成员的定义可能无法完全排除,但是还有一些其他办法封装这种内部数据结构。例如用一个统一的指针数据成员封装全部内部数据,该数据指针由组件内部分配和管理。这种手法在 Windows 的多媒体 SDK API 接口中的结构定义中经常可以见到,也是在 C 语言环境中常用的封装手法之一。当采用这种手法时,组件中通常需要定义一个释放函数接口,以便在释放组件时释放组件内部管理的数据结构。组件通常还会定义一个针对不同接口各不相同的实例初始化函数,以便对生成的实例进行特定的初始化。

代码级的组件化方法比动态链接库、微软 COM 等二进制模块级的组件化方法少很多负担,特别是不存在不同版本的动态链接库导致的用不正确函数指针调用导致程序异常的问题。在微软 COM 组件的接口定义和封装方式中,引入的很多复杂因素都是为了保持实现同一接口不同版本的组件的兼容性而引入的。在代码级的组件方法中,即使编写组件的工程师提供给客户使用的不是源代码,而是中间编译结果的 object 文件,错误的函数引用也会在链接这个环节就报告错误,而不会把错误带到运行环境中。

就像微软 COM 的基础是公开的接口一样,COS 同样遵循这种将接口公开的方式,以便组件用户使用。即使是开发小组内部自己开发自己使用的组件所提供的 COS 接口,从技术上来说也应该是对内部公开出来并需要使用者和其他开发人员遵守的,例如微软的 OLEDocument 接口就是在文档领域统一使用并遵守的接口。

当然,接口的定义涉及到使用者认同的问题,微软的几个重要 OLE 技术是大家认同的。但是开发领域也存在很多开发人员在自己的系统中临时定义的接口,这种接口没有多少生命力,很可能在行业中存在很多针对同样目的,定义却完全不同的接口。无论如何,大家都在使用统一的微软 COM 方式定义这些接口,使用者在需要时自然会去了解开发者定义的接口,并按照标准的微软 COM 方式来使用。

COS 同样也是尝试提供这样一种基础,并在 μRtos V1.0 中用这种方式组织自己的代码和移植来的 LWIP 等代码,以及将来可能通过移植、开发合并到 μRtos V1.0 中的代码。

考察微软 COM 组件的使用过程,再与源代码级的组件可能的使用方式比较,就能了解在 COS 中需要提供哪些基础环节功能和规范。

在使用微软 COM 组件的实践中,使用者获得组件实现的接口定义即可开始编写组件的客户端代码。在这个组件接口的发现过程中,虽然微软或其他软件开发商提供了很多工具使开发人员感觉不到这个步骤,但是这个步骤是确实存在的。其中的含义是,知道接口之后,实际实现接口的组件完全可以是不同的组件,只要它实现这些接口即可。当然,情况没有这么完美,为了保证同一接口的不同实现能够在一个系统中同时存在,由于源代码级组件工作环境的不同,具体实现需要提供一个各自不同名的初始化函数。这也提供了另外一种方便,即初始化函数的定义格式和送入的参数可以不同,以便更好地配合各组件各自的特点。尽量采用统一的初始化格式,是一种应该尽量遵守的代码编写方法。

COS 接口以及按照接口进行实现的代码模块具有与上述 COM 组件类似的功能。例如以太网卡驱动,无论代码实现的是哪一种网卡芯片的驱动,都应该让客户程序能够在统一的接口上工作。也有可能不同的代码实现的是同一种网卡的驱动,只是实现方式不同,也应该能够工作。也就是说,代码提供的头文件应该是独立于代码实现的,如果是一个公众都认可并且随处可获得的接口头文件定义,实现代码甚至不必提供头文件。移植一个不遵守该接口的代码,就是一个按照此标准接口修改、移植代码的工作。这样,移植工作必然更标准化,也更简单。

这种情况有很多种组合,在此以网卡为例一一说明。

① 不同性质网络接口,例如系统中有以太网口,还有 PPP 网口,客户应用程序应该能够使用统一的接口对其进行操作。

② 同性质、不同种类的网络接口,例如在 S3C4510B 自带以太网口之外扩充一个 RE-ALTEK 以太网络接口芯片。

③ 同性质、同种类、不同参数的网络接口,例如在某个系统中有两块 REALTEK 网络接口芯片,但是一个接在 100 MB 网上,一个接在 10 MB 网上。

从上面列举的几种情况来看,这种接口就应该具有多态的能力。用 C 语言在源代码级实现多态有一个障碍,即源代码级不能有多个模块定义同名的函数或变量。因此,这种方式需要一些折中。这种方法的主要目的是源代码的有效组织,并不需要像微软 COM 那样完整。下面通过代码举例来说明如何解决这个问题,虽然不是一个像微软 COM 技术那样完整的方法,但也是简便、可行,即各自需要提供一个不同函数名的初始化函数,此外的开发工作都是按照统一接口定义方式进行的。

从上面一段也可以看出,COS 组件接口方式很实用的一个方面就是解决这类有多态倾向的接口组件定义。如果用普通头文件方式定义函数接口,就存在各个组件必须采用不同的函数名的问题,彼此之间也就没有了保持接口一致的强制性约束。没有了这种约束,组件产品在演化和修改多个版本之后经常出现的情况时连基本的接口一致性都无法保障。也正是从这个特点出发,当那种系统中只可能存在一个实例组件(例如内核中的许多模块只有一个实例),不同的实现方法是完全替代关系时,推荐采用传统的头文件定义方式(但是要注意尽量采用统一标准的方式进行定义);而在具有多态倾向的部件中,建议采用 COS 组件的方式定义接口。上面描述的第 3 种多态方式并不一定需要采用 COS 组件技术,这种状况属于同一组件的多个不同特性的实例,也是多态的一种。这种多态可以用普通组件模块管理一个特定的数据结构的方式处理,但是如果内部实现设计到的数据结构趋于复杂,采用传统技术外部封装特性表现会较差,因此这种情况下也同样推荐采用 COS 技术进行组件设计。

从上面这个网卡的例子应该很容易联想到,嵌入式环境中多态的情况实际上非常丰富,基本上不同系列的微处理器各种自带的设备都不同。例如,同样是 UART 串行接口,在三星的 S3C4510B 中和在飞利浦的 LPC2214 中的控制方式就完全不同。如果采用 COS 组件方式设计 UART 串口驱动组件,则不仅串口驱动组件本身非常方便移植,而且在此驱动基础上编写的上层应用程序中与 UART 串口相关部分(C/C++代码)无需任何改变,只须重新编译一次即可。

另外要讨论的是效率问题。要支持多态,很容易想到需要一个包含多个函数指针结构的封装。这样,当客户端调用组件时,原本简单的调用函数的代码写法就需要编写成通过一个结构的实例调用结构成员函数指针的方式。调用函数指针和直接调用函数在效率上没有差别,但是调用结构成员的函数指针就比直接调用函数效率低一些。

如此看来,这种技术好像会影响效率,其实要从两个环节来考虑这个问题。在需要多态情况下,即使没有使用 COS 技术,也肯定会需要类似的处理方式,如需要结构成员、函数指针、间接调用等。仅仅在本来不需要多态的情况下,这种方式才比通常的函数直接调用低效一点。在确定不需要多态的情况下,采用 COS 也可以有更高效的代码编写方式。因为既然不需要多态,那么在获得这个包含一些函数指针的 COS 组件结构实例之后,可以把函数指针保存在结构之外的函数指针定义中,之后的调用就可以采用函数指针调用,而不必是对某个结构成员的函数指针调用。函数指针调用和直接的函数调用效率是一样的,只有对结构内的函数指针调用,才会比直接函数调用效率略低。

在并没有普遍使用时,很难获得 COS 格式定义的统一接口。即使在这种情况下,就像微软 COM 刚刚开始在行业中使用一样,至少还是能够作为开发组织内部的一种统一定义接口的方式,以便为开发组织内部带来统一的接口定义标准。

这种统一接口的头文件的一些基本项目设计如下。

**代码 3-1　COS 接口 IFoo.H**

```
#ifndef _IFOO_H_
#define _IFOO_H_
/////////////////////////////////////////////////////
#define      IID_IFoo       0x0001      //接口的惟一编号
//用于支持多态的接口结构
typedef struct IFoo
{
int( * pFunc1)(void);
int( * pFunc2)(int);
int( * InstInit)(IFoo * pMe);
void( * pRelease)(IFoo * pMe);
}IFoo;
//帮助代码编写的类型定义
typedef int( * pIFoo_Func1)(void);
typedef int( * pIFoo_Func2)(int);
typedef int( * pIFoo_InstInit)(IFoo * pMe);
typedef void( * pIFoo_Release)(IFoo * pMe);
//初始化组件函数
int InitIFoo();
//卸载组件函数
int UnloadIFoo();
//获取接口实例函数
```

```
int CreateIFoo(IFoo * * ppIFoo);
#endif
```

接口定义由两部分组成,一部分是具体的接口结构定义,另一部分是 3 个用于初始化及获取接口实例的函数。InitXXXX 用于初始化组件,CreateXXXX 用于获取接口实例。用 CreateXXXX 函数生成的接口实列使用完后,应该调用接口中的 Release 函数释放;在组件使用完之后,用 UnloadIFoo 进行卸载(通常不支持)。

这 3 个函数的问题是,源代码级的组件不能在系统中存在同名函数。要解决这个问题,需要对 3 个函数分别讨论。其中初始化函数比较好处理,通常在嵌入式开发环境中,会在统一的入口处对系统中使用到的模块逐个调用其初始化函数。也就是说,对 S3C4510B 的以太网卡调用一次初始化函数,对 Realtek 以太网卡调用一次初始化函数,对 PPP 网络端口调用一次初始化函数。因此,各个组件提供一个不同名字的初始化函数的方式并不会造成困扰。这样处理之后,在头文件中就没有必要保留初始化函数的定义,读者只要理解 COS 特性并牢记需要一个这种格式的初始化函数即可。

但是对于网卡的不同实现,应该有一个表示其不同的编号。这个编号就应该由这些初始化函数使用,以便生成不同的组件。这个编号如果能全世界范围统一当然最好,但其实只要在系统内,同一种接口组件的不同实现之间保持编号不同即可。即使不使用 COS,为了表示网卡的不同类型,也需要这种编号区别方式。例如,在 Linux 中检查网络接口配置时,经常能看到 ne0、ne1 等编号的命名方式,说明系统中在某处一定处在一个网卡的编号。那么在网络口还没有获得 IP 时,一定是通过这些编号来设置其 IP 地址的。之后,就可以通过各自不同的 IP 地址访问不同的网络接口。COS 技术只是将这些处理方法更规范化而已。

前面讨论的是初始化函数和组件标号问题,下面讨论另外两个函数。另外的这两个函数其实最好能够不必再像初始化函数那样,每个组件处理函数名字问题。如果有一个机制统一执行接口实例的生成和组件的卸载,则 COS 技术的使用会更加方便。为此,COS 组件化技术提供 4 个 API 函数:

```
int COSUnload(int nIID, int nType);
int COSCreate(int nIID, int nType,void * * ppCos,
    void * pMem, int nMemLen,int * pnMemNeeded);
int COSGetSize(int nIID, int nType,int * pnSize);
int COSReg(int nIID, int nType,
    int ( * fUnload)(void),
    int ( * fCreate)(void * * ppCos, void * pMem,
    int nMemLen, int * pnMemNeeded),
    int ( * fGetSize)(int * pnSize));
```

参考微软 COM 技术资料可知,微软 COM 的基础结构需要多个这种系统 API 函数(200 个左右)的帮助来让微软 COM 可以运作。此处 COS 需要的 4 个 API 很简单,就是通过 COSReg 为每种组件登记 3 个函数指针,之后在 COSCreate、COSGetSize 和 COSUnload 中通过登记的信息,调用对应的函数即可。COSReg 函数,应该是在每个组件各自不同的初始化函数中调用的。以上 3 个函数中的 nType 参数就是组件的子类型编号。

上述 COSCreate 函数定义和前面初步讨论的定义有一些差别,增加了 pMem、nMemLen、

pnMemNeeded 三个参数。这是为了便于客户方控制内存分配的情况下使用,因为嵌入式环境下,经常会出现客户编制应用产品时希望完全控制内存管理和分配的情况。如果客户方不希望控制内存管理,用参数 0 送进前两个参数既可。如果组件的实现要求一定要有客户方事先分配好内存,这种情况下自然会返回错误,并在 pnMemNeeded 中返回需要的内存空间字节数。用这种方式间接了解组件实例化需要的内存空间并不方便,所以统一定义了一个 GetSize 函数。最终生成的组件在 ppCos 中输出,必须以该参数中的输出为准,即使是由客户方提供内存的情况下也是如此。

提供给组件使用的内存,应该保证能够用内核提供内存管理释放函数可以释放。这样,组件的客户端提供好内存后,不必再管理内存的释放问题。当释放组件实例时,组件会自动释放实例内存;当卸载组件时,组件会自动释放组件内存。

通过上述讨论之后,进一步修订的接口头文件见代码 3-2。

**代码 3-2  修订后 COS 接口 IFoo.H**

```
#ifndef _IFOO_H_
#define _IFOO_H_
#ifdef _cplusplus
extern "C" {
#endif
/////////////////////////////////////////////////////////////
#define    IID_IFOO         0x0001          //接口的惟一编号
//用于支持多态的接口结构
typedef struct IFoo
{
int( * pFunc1)(void);
int( * pFunc2)(int);
int( * InstInit)(IFoo * pMe);
void( * pRelease)(IFoo * pMe);
void * pData;
}IFoo;
//帮助代码编写的类型定义
typedef int( * pIFoo_Func1)(void);
typedef int( * pIFoo_Func2)(int);
typedef int( * pIFoo_InstInit)(IFoo * pMe);
typedef void( * pIFoo_Release)(IFoo * pMe);
/////////////////////////////////////////////////////////////
#ifdef _cplusplus
}
#endif
#endif
```

可以看到,这个接口定义相当简单,与代码 3-1 不同之处在于接口之外的辅助函数不再需要在接口定义文件中定义,但这并不意味着不用编写此类代码,而是作为一种规则固定下来。需要与如下代码编写规则配合：

① 初始化组件函数。每种组件的实现代码（就是 C 文件）中实现一个不同名字的初始化函数，定义格式为：

```
int Init(void * pMem, int nMemLen, int * pnMemNeed);
```

成功时，返回值 COS_OK，否则返回 COS_ERR 等错误编码。应该在用于初始化整个系统的 CMain 函数中调用，以便完成初始化。该初始化函数中，应该调用

```
int COSReg(int nIID, int nType,
    int ( * fUnload)(void),
    int ( * fCreate)(void * * ppCos, void * pMem,
    int nMemLen,int * pnMemNeeded),
    int ( * fGetSize)(int * pnSize));
```

函数以便登记用于生成接口实例、卸载组件、检查内存需求的函数指针。

② 卸载组件函数。每个组件中实现一个 static 类型的卸载函数，不同组件间同名或不同名均可（因为定义为 static 类型）。通过初始化时调用 COSReg 进行登记。建议保持 Unload 函数名不变，以免出现理解错误。格式如下：

```
int Unload(void);
```

另外，接口结构的成员函数 Release 也是大部分组件应该实现的，当有些组件不存在释放问题，但是该函数接口仍然要实现。

③ 获取实例化所需内存字节数函数 GetSize。每个组件实现一个 static 类型的获取实例化所需内存字节数函数，以便客户知道需要为实例化提供多大的内存。

④ 获取接口实例函数。每个组件中实现一个 static 类型的获取接口实例函数，并通过初始化时调用 COSReg 进行登记。格式如下：

```
int Create(void * * ppCos,void * pMem, int nMemLen, int * pnMemNeeded);
```

其功能是在客户提供的一块内存中返回生成的接口实例，nMemLen 是客户提供的内存块大小。如果成功，则返回 COS_OK；否则，返回其他错误值。如果是内存不够，则 pnMemNeeded 中返回需要的内存大小。

⑤ 为进一步提高接口效率，struct 中可以根据情况定义数据成员，但作者不推荐使用。

3.3.5 小节有一个实际的完整组件供读者参考。此处 Init 和 Create 的设计方式都是为了让使用组件的客户代码掌握内存的分配。

组件化的模块并非不能提供自己的头文件，可以通过头文件将每个模块不同名字的初始化函数提供给用户使用，同时还可以通过头文件提供设备专用的一些结构定义、常数定义等。甚至还可以通过头文件提供一些除接口定义之外的其他函数，以方便用户使用。这种头文件对于帮助客户了解接口定义之外的详细使用方法有非常大的作用。这也正是源代码级组件技术比模块级组件技术方便的原因。特别是对嵌入式环境中的产品开发，工程师除了希望能够有统一和标准的开发模式之外，经常会有因为对性能的要求而暴露更多内部实现给用户，此时在提供一个头文件同时将 COS 组件的初始化函数的定义在其中表达是非常方便的。

在 3.2.1 小节中，有一个用 COS 组件技术实现的完整串口驱动的例子。

根据本小节探讨的普通组件化技术,一个接口一旦定义好之后,只能简单扩展,也就是组件只能实现一种接口。对于有一定组件化要求,需要处理一些多态性,但是复杂度又不是很高的情况是很有帮助的。如果组件模块想要实现多种接口,用这种技术实际上只能定义多个彼此不相关的接口结构,就像是将互无关系的接口组件代码简单地放在一起一样,然后通过不同接口内部代码的功能进行交流。这种杂凑的方式必然使组件内部结构复杂化,不便于系统维持稳定的逻辑。

实际上,一个组件实现多个接口的需求是相当普遍的。例如,一个以太网卡驱动就应该同时是一个驱动组件同时又是一个网卡组件。分层的体系结构非常容易导致这种要求组件满足两个或以上接口功能的情况,其中一个接口用于衔接上/下层间关系,另外一个接口用于满足同一层内对不同部件的功能性需求。

因此,这种普通组件化技术虽然大大改善了嵌入式代码组件,满足了多态性环境的需求,但是无法实现多个接口,还不够方便,只能用于相对较小、较为简单的产品。如 1.3.6 小节在讨论嵌入式环境驱动的复杂性时谈到,驱动如果能够用管道接口方式实现,则对于将来的扩张会很有帮助,而且代价很低。另外,驱动本身也非常适合用组件接口来规范,这就需要驱动中实现"驱动接口"和"管道接口"两个接口。此时,就要用到 3.1.2 小节的"抽象组件化"技术。

## 3.1.2 抽象组件化

从上述讨论可以看到,组件的 Create 函数的用法很像微软 COM 技术中的查询接口。结构 IFoo 中定义两个函数指针的方法更像是微软 COM 的接口定义。确实,只要对这个结构进行一些进一步的规范就能够将 COS 扩充到更接近微软 COM 的功能,进而获得更多接口抽象封装、继承、更高级的多态等能力。这需要让这个类似微软 COM 接口的结构统一包含一个类似于微软 COM 中 IUnknown 的结构。这样处理之后,借助这个统一接口的"接口查询"能力,组件就可以同时实现多个接口,同时通过统一的抽象接口更加规范了组件的行为,因为组件都必须实现抽象接口中的函数。图 3-2 描述抽象组件的工作原理。

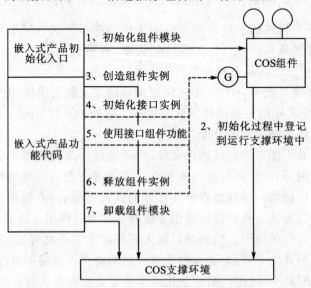

图 3-2 抽象 COS 组件运行原理

图 3-2 中标注 G 的接口，就是抽象接口的接口 IGet。图 3-2 中的表示方法仅仅是为了表达方便，实际上抽象 COS 组件并没有单独提供一个按照 IGet 组件完成的接口，而是所有功能组件接口都继承自 IGet。图 3-3 给出了准确的接口关系。

图 3-3 中把 G 单独表示，仅仅是为了图形描述的方便，实际上组件的任何功能接口都可以作为 IGet 接口使用，并且任何一个功能接口都可以通过接口编号查询到其他功能接口。

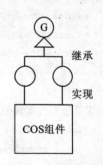

图 3-3 抽象 COS 组件接口关系

各种模块中实现两类接口的需求很普遍，通常其中一个是用于衔接模块间关系的接口，另一个是实现组件逻辑功能需要的接口（如果组件内部复杂性足够高，则需要接口来统一规范）。相当于很多模块都有水管中"三通接头"的性质，一方面要衔接上/下层关系，一方面要满足层内功能需求。

为此，需要将 COS 的基本定义进行一些小的修改。前面多处讨论的 COS 基本 API 仅仅是暂时性定义，如果与本小节 COS.H 文件中定义不一致，则以此处列举文件为准。完整的 COS 基本 API 定义（COS.H）和具体接口示例 IFoo.H 描述见代码 3-3 和代码 3-4。

**代码 3-3　COS API 头文件 COS.H**

```
#ifndef _COS_H_
#define _COS_H_
#ifdef _cplusplus
extern "C" {
#endif
////////////////////////////////////////////////////////////////////////////
/****************************************************************************
* 普通组件 API                                                              *
* 要求普通组件实现的基本函数包括：                                          *
*     int Init(void * pMem, int nMemLen,                                    *
*         int * pnMemNeed);                     //初始化,必须不同名         *
*     int Unload(void);                         //卸载                      *
*     int Create(void * * ppCos, void * pNull,                              *
*         void * pMem, int nMemLen);            //生成                      *
*     int GetSize(int * pnSize);                //大小                      *
****************************************************************************/
int KernInitCOS(int nCosNumber);
int KernCOSCheckReg(int nIID, int * pnReged);
int KernCOSUnload(int nIID, int nType);
int KernCOSGetSize(int nIID, int nType, int * pnSize);
int KernCOSCreate(int nIID, int nType, void * * ppCos, void * pNull,
    void * pMem, int nMemLen, int * pnType);
int KernCOSReg(int nIID, int nType,
```

```
int ( * Unload)(void),
int ( * Create)(void * * ppCos, void * pNull,void * pMem, int nMemLen),
int ( * GetSize)(int * pnSize));
/ *******************************************************************************
* 抽象组件 API                                                                    *
* 要求普通组件实现的基本函数包括:                                                  *
*     int Init(void * pMem, int nMemLen,                                         *
*         int * pnMemNeed);                    //初始化,必须不同名                *
*     int Unload(void);                        //卸载                            *
*     int Create(IGet * * ppCos, IGet * pOuter,                                  *
*        void * pMem, int nMemLen);            //生成                            *
*     int GetSize(int * pnSize);               //大小                            *
*******************************************************************************/
//抽象组件基类
#define    getif       _iget.GetIF           //帮助编写代码的宏
#define    release     _iget.Release         //帮助编写代码的宏
typedef struct IGet IGet;
struct IGet
{
int ( * GetIF)(IGet * pMe, const int nIID, IGet * * ppIF);
int ( * IsClass)(IGet * pMe, const int nIID);      //判断是否是一个接口类型
int ( * InstInit)(IGet * pMe,const void * pInitData);  //初始化实例
int ( * Release)(IGet * pMe);                      //用于组件释放内部结构
IGet * m_pOuter;
};
//抽象组件 API
int KernCOSCreateOO(int nIID, int nType, IGet * * ppCos, IGet * pOuter,
void * pMem, int nMemLen, int * pnType);
int KernCOSRegOO(int nIID, int nType,
int ( * Unload)(void),
int ( * CreateOO)(IGet * * ppCos,IGet * pOuter,void * pMem, int nMemLen),
int ( * GetSize)(int * pnSize));
//返回值错误定义
//通用
#define    COS_OK                      0x0
#define    COS_ERR                     0x1
#define    COS_PARAM_NOT_CORRECT       0x2
#define    COS_MEM_POINTER_NULL        0x3
#define    COS_MEM_LEN_NOT_ENOUGH      0x4
#define    COS_MEM_ALIGN_ERR           0x5
#define    COS_MEM_EMPTY               0x6
#define    COS_MEM_POINTER_OUTHEAP     0x7
#define    COS_CALL_IN_ISR             0x8
```

```c
//COS 常用
#define     COS_IID_NOT_CORRECT         0x13
#define     COS_IID_TYPE_NOT_SUPPORT    0x14
#define     COS_OUTER_POINTER_NULL      0x15
#define     COS_PPCOS_POINTER_NULL      0x16
#define     COS_ME_POINTER_NULL         0x17
#define     COS_NOT_INITIALIZED         0x18
#define     COS_CREATE_INST_FAILED      0x19
#define     COS_FAIL_UNLOAD_HAVEINST    0x1B
#define     COS_CAN_NOT_UNLOAD          0x1C
#define     COS_REGED_ALREADY           0x1D
#define     COS_INST_NOT_INITIALIZED    0x1E
#define     COS_MEMINIT_ALREADY         0x1F
#define     COS_POOL_FULL               0x20
//任务
#define     COS_TASK_PRIO_ALREADY       0x21
//软保护使用
#define     COS_CANT_ENTER_CRIT         0x31
#define     COS_CANT_DELETE_CRIT        0x32
#define     COS_CANT_EXIT_CRIT          0x33
#define     COS_CANT_EXIT_LOCK          0x34
#define     COS_SCHED_LOCKED            0x35
//itc 登记
#define     COS_SHOULD_SCHED            0x41
#define     COS_SHOULDNOT_SCHED         0x42
////////////////////////////////////////////////////////////////////////////////
#ifdef _cplusplus
}
#endif
#endif
```

其中，KernCOSCreate 的参数 nType 为 0，表示生成任何 nIID 组件；否则是生成指定组件。在 KernCOSCreateOO 中，该参数的用法一样。KernCOSUnload 卸载组件必须使用正确的 nIID 和 nType 参数，否则无法卸载。

### 代码 3-4 抽象 COS 接口实例 IFoo.H

```c
#ifndef _IFOO_H_
#define _IFOO_H_
#ifdef _cplusplus
extern "C" {
#endif
////////////////////////////////////////////////////////////////////////////////
#define     IID_IFOO        0x0001          //接口的惟一编号
```

```
//帮助代码编写的类型定义
typedef int ( * pIFoo_Func1)(IGet * pMe, void);
typedef int ( * pIFoo_Func2)(IGet * pMe, int);
//用于支持多态的接口结构
typedef struct IFoo
{
IGet      _iget;                      //用于增加组件化的接口成分
pIFoo_Func1      func1;
pIFoo_Func2      func2;
}IFoo;
```

这种设计实际上就是将各种接口抽象为 IGet 接口,IGet 是所有功能接口的"父类",功能接口都从 IGet 继承而来。这种方式更强调抽象,目的是以近似微软 COM 组件的工作方式,进而获得类似微软 COM 组件的面向对象方面的能力。

如果不想使用抽象组件,保持前面普通组件编写方式即可。为此 COS.H 定义了两套 API 函数。这样处理之后,用户不会被强迫使用具有抽象能力的 COS 组件。只要开发人员在自己编写的应用中保持逻辑正确性,这样处理并不会引起混乱。因为是源代码级的组件化技术,如果有错误编译和错误链接时,就会给出提示。而内核是否和应用采取同样的选择并不影响应用的开发,应用工程师只须保持自己编写代码的逻辑正确性即可。

如果是采用了抽象组件方式,编写的规则有一些变化。描述如下:

① 初始化组件函数。每种组件中实现一个不同名字的初始化函数,定义格式如下:

```
int Init(void * pMem, int nMemLen, int * pnMemNeed);
```

该函数成功时返回值是 COS_OK,否则返回 COS_ERR 等错误编号。应该安排在 CMain 函数中调用,以便完成初始化。该初始化函数中,应该调用

```
int COSRegOO(int nIID, int nType,
int ( * fUnload)(void),
int ( * fCreateOO)(IGet * * ppCos, IGet * pOuter,void * pMem,
int nMemLen, int * pnMemNeeded),
int ( * fGetSize)(int * pnSize));
```

函数以便登记用于生成接口实例、查询组件实例内存需求、卸载组件的函数指针。

② 卸载组件函数。每个组件中实现一个 static 类型的卸载函数,不同组件间同名或不同名均可(因为定义为 static 类型)。通过初始化时调用 COSRegOO 进行登记。
建议保持 Unload 函数名不变,以免出现误解。格式如下:

```
int COSUnload(void);
```

③ 获取实例化所需内存字节数函数 GetSize。每个组件实现一个 static 类型的获取实例化所需内存字节数函数,以便客户知道需要为实例化提供多大的内存。

④ 获取接口实例函数。每个组件中实现一个 static 类型的获取接口实例函数,不同组件间同名、不同名均可(因为定义为 static 类型),并通过初始化时调用 COSReg 进行登记。格式如下:

```
int COSCreateOO(int nIID, int nType,IGet ** ppCos,
void * pMem, int nMemLen, int * pMemNeed);
```

其功能是在客户提供的一块内存中返回生成的接口实例,nMemLen 是客户提供的内存块大小。如果成功,返回 COS_OK;否则,返回其他错误值。如果是内存不够,则 pnMemNeed中返回需要的内存大小。ppCos 用来设置 pOuter 成员。抽象组件采用聚合方式时需要用到该参数。

⑤ 为进一步提高接口效率和简化接口使用方式,struct 中可以根据情况在 IGet 的 m_pData 成员之外,另外定义数据成员,但作者不推荐使用。

⑥ 需要自行实现 IGet 中的函数如下:

```
int (*GetIF)(IGet * pMe, const int nIID, IGet ** ppIF);
int (*IsClass)(IGet * pMe, const int nIID);           //判断是否是一个接口类型
int (*GetType)(IGet * pMe, const int nIID);           //返回组件类型
int (*InstInit)(IGet * pMe,const void * pInitData);   //初始化实例
int (*Release)(IGet * pMe);                           //用于组件释放内部结构
```

也就是说,完成一个抽象 COS 组件,除了要实现工程师自己定义的接口函数,还要实现 4 个在接口定义中没有表达出来的函数,包括初始化、尺寸查询、生成和卸载,同时在接口中必须实现 IGet 规定的 5 个函数。

这些函数很简单,可参见通用的模板指南。其中 InstInit 是实例初始化函数,不同的接口会定义不同的初始化数据结构,以便简化初始化过程。用户只需按照接口的使用说明填写好初始化结构,将其作为 InstInit 的 pInitData 参数传送进去即可。从 IGet 接口也可以看出,抽象组件比普通组件更规范、统一,更具备开发和使用的一致性。代码 3 - 5 给出了 IGet 通用模板函数。

**代码 3 - 5  IGet 通用模板函数**

```
int GetIF(IGet * pMe, const int nIID, IGet ** ppIF)
{
switch(nIID)
{
case xxxx:
        //自身 IID 或包含的 IID 都将 ppIF 中设置为 pMe 即可
case xxxx:
        //聚合的 IID,返回将 ppIF 设置为被聚合的接口
default:
        if (pOuter)
            //调用 pOuter 的 GetIF 函数
        else
            //返回错误
}
}
int IsClass(IGet * pMe, const int nIID)
```

```
{
switch(nIID)
{
case xxxx:
//本身 IID,包含的 IID 都应该返回 1
return 1;
default:
if (pOuter)
        //调用 pOuter 的 IsClass 函数
else
        return 0;
}
}
int InstInit(IGet * pMe,const void * pInitData)
{
//初始化,可能 pInitData 是一个初始化结构的指针
return COS_OK;
}
int Release(IGet * pMe)
{
//释放组件内部数据,例如:
OSMemFree(pMe->pData);
//释放接口组件实例本身
OSMemFree(pMe);
return COS_OK;
}
```

GetIF 函数与微软 COM 组件 IUnknown 中的 QueryInterface 函数的规则类似,这些规则虽然简单,却保证了接口的一致性和满足了可传递性的最基本的要求,同时也是代码实现的基本要求。规则如下:

① GetIF 返回的总是同一个 IGet 指针。
② 若客户曾经获取过某个接口,则他将总能够获取此接口。
③ 客户可以返回到起始接口。
④ 若能够从某个接口获取某个特定接口,则可以从任意接口获取此特定接口。

IGet 中的 GetIF 看似与 Create 初始化函数功能重叠,其实两者作用不同。Create 函数是用于生成实列的,GetIF 函数是用于在已经生成的实列中进行接口查询的。对比微软 COM 技术就会清楚,正是这种接口查询的能力,使这类技术具有继承和扩充能力。例如,一个组件支持 IX 和 IY 两种接口,其中 IX 是用其他组件实现的,自身代码只实现 IY 接口。在这种情况下,接口查询功能就起到衔接作用。从组件外部来看,就好像组件继承了 IX 接口功能,同时具备了 IX 和 IY 两个接口。图 3-4 所示为这种特性。

这种继承能力有两种实现方式,一种是包含,一种是聚合,上面定义中的 m_pOuter 就是为聚合方式准备的。需要 m_pOuter 的原因是抽象接口组件可能在任何时候被其他抽象接口

组件聚合,此时就要通过原来已经实现的接口(此处是 IX)查询到外部接口(这是接口组件的一致性和传递性规则要求的)。而原有接口并不知道外部接口的存在,甚至不知道外部接口的功能、编号等具体情况,因此需要预留一个外部接口的指针数据,用于将非原有接口管辖范围的查询转交到外部。

IsClass 函数的作用很明显,用于判断一个接口组件支持的接口类型,因为组件可能支持多种接口。当采用这种方式时,各个函数的成员函数的第 1 个参数都应该使用 IGet ＊ pMe 这样的定义,用于组件中模仿 C++ 的 this 指针。GetType 函数是 COS 技术特有的,用于获取组件在同类型接口组件中的子类型编号。

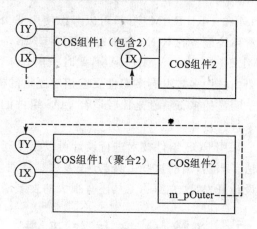

图 3-4 COS 组件包含/聚合功能

和微软 COM 技术明显的不同是 COS 不具备引用计数管理功能。对于代码级的组件技术来说,引用计数的作用不大。引用计数的原理是保持一个引用本接口的客户计数,当该计数值为 0 时,即可释放该接口实列。在 COS 组件环境中,使用者要执行用 Create 函数生成组件实列,释放组件是要调用内存释放功能函数,不必借助引用计数功能。

综合 3.1.1 小节和 3.1.2 小节的讨论可以看出,COS 技术有 3 种使用方式:一是非多态情况下;其次是多态情况下;三是带有面向对象抽象组件功能的定义方式。在这几种方式中,后面的方式都能够替代前面的方式。也就是说,即使不需要多态,也可以用多态方式来定义接口;即使不需要抽象组件,也可以用抽象组件方式来定义接口。开发工程师可以按照自己的考虑进行选择。本书不再对该技术更详细的理论细节进行讨论,以免形成一本讨论类似微软 COM 技术的书籍。

当不期待面向对象能力时,不必考虑 IGet 抽象接口,但是面向对象能力其实在嵌入式环境下也相当重要,例如编写各种状态机、GUI 等复杂算法。通过这种源代码级的组件化技术增加使用面向对象能力对系统效率基本上没有损害,避免了很多读者用 C++ 或其他面向对象技术开发嵌入式产品时对效率的担心。而且,这种技术在嵌入式开发环境中比 C++ 等面向对象技术具有更多、更明显的优越性。

至于 COS 技术如何通过接口定义获得面向对象的能力,读者可以参考微软 COM 技术的理论描述书籍。

在引入 COS 组件化技术之后,系统的模块规划就可以采用更规则的方式进行设计。后面各个节是内核设计中的一些规划,其中部分设计采用了 COS 技术。不过,也不能没有规则地随意使用 COS,毕竟 COS 会带来一定程度的复杂性和资源消耗,用 COS 接口设计所有的模块并不可取。在一些要求特别苛刻的环境中,可能也不适合使用 COS 技术。例如,需要在类似 8051 单片机的极小的片内 Flash 中放置有一定复杂性的系统时,为了最大化地降低成本,Flash ROM 典型的可能只有 4 KB 左右的空间,RAM 也只有 4 KB。在这种条件下,不适合使用 COS 技术。COS 的支撑环境就要消耗 1K 左右的空间,而每个 COS 组件通常比用非 COS 方式实现的组件又要大 0.5K 左右。ARM 微处理器的最小环境通常具有 16 KB 的 Flash

ROM 和 4 KB RAM 空间,可以考虑使用 COS 技术。对于具有外部扩展内存的嵌入式应用,通常系统配备的 ROM 和 RAM 都以 1 MB 为单位。比较典型的有扩展内存的低成本配置是 1 MB ROM 及 0.5 MB RAM,此时采用 COS 组件则完全没有问题。

内核中多数没有多态要求相对固定的模块不应该使用 COS 组件来设计,各种设备驱动由于明显的多态特性是比较适合 COS 组件的,应用层开发中特别适合全面使用 COS 组件技术来进行设计。

采用 COS 组件技术进行设计可以充分利用当前市面可用的面向组件、对象的设计工具或方法。当然,当前这些工具、方法多数是针对 PC 主机开发环境的,还不是很适合嵌入式环境的设计开发,这方面的工具还有很大的发展潜力。

## 3.2 设备驱动框架设计

μC/OS-II 的移植已经在第 2 章完成,如果继续停留在 μC/OS-II 的讲解中,则偏离了说明构造嵌入式操作系统内核的主线。为此,本章续接 1.2 节的内容,继续探讨体系结构方面的设计问题。

前面内容中多处提到的一个问题是设备驱动程序的框架问题,这是因为在嵌入式系统设计中,设备驱动问题占据非常重要的地位。下面以此入手,逐步讲解相关的各种设计安排。设备驱动有很多层次,直接在 ISR 层次工作的代码模块当然是设备驱动的一个环节。从 ISR 到 OS 提供给应用系统使用的 API 之间还存在很多层次。例如串口的 ISR 上还有 PPP 驱动,PPP 上还有网卡驱动等,之后才是 API。本节分两部分讨论设备驱动框架问题。

### 3.2.1 ISR 层设备驱动框架设计

按照 1.2.2 小节的思路,解决硬保护隐性泛滥问题的方法是将中断服务的处理分为两步。
其中第 1 步的逻辑流程是:
① 系统产生中断信号,进入中断入口;
② 系统保存好中断环境后进入 ISR;
③ ISR 用设备保护替代硬保护;
④ 执行 ISR 功能逻辑,读出设备数据,传送到 DTC,清除中断标记;
⑤ 再用硬保护替换设备保护;
⑥ 处理中断退出的环境恢复问题。
第 2 步的逻辑流程是:
① DEVA 获得 DTC 消息,切换到任务环境;
② 查找对应的 ISISR;
③ 调用该 ISISR,其中可能通过 ITC 向任务传递了消息;
④ SISR 退出处理。

上面的讨论没有考虑 1.3.6 小节说明的加速处理方法。需要加速处理的情况并不难实现,就是在中断入口位置多一个对"中断预处理"的调用。这种方式对本小节讨论影响不大,除了在后面驱动结构的设计中多一个函数接口定义外,不再专门讨论这方面的问题。

对这些逻辑进行整理,分割成设备操作控制逻辑的固定部分和设备功能要求部分,即可获得一个驱动控制的框架和基本的设备接口设计。同时,还可以设计出设备驱动对内核的 API 接口。如果将上述流程用 UML 中的时序图描述,这种功能接口上的设计划分就非常清楚。下面用时序图描述这个流程(见图 3-5),然后为 1.2.2 节给出的分层调度体系结构图添加更多的细节(见图 3-6),以便读者直观了解其中的结构关系。

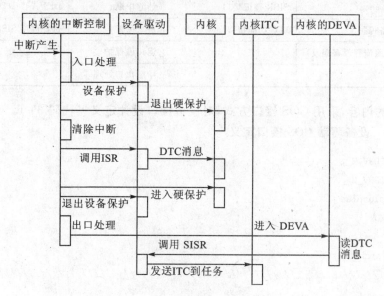

图 3-5 中断服务时序图

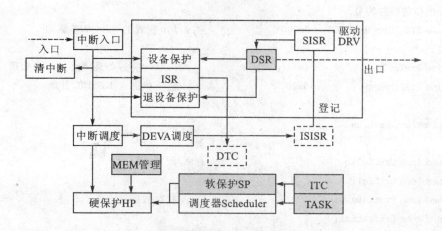

图 3-6 驱动部分细化的分层调度体系结构图

在图 3-6 中,灰底框表示的是用于开发上层应用的接口模块,虚线框表示的是用于开发驱动的接口模块。驱动中,SISR 和上层应用同样处于应用任务环境,因此 SISR 可以像上层应用一样编写,也可以调用应用开发的接口模块。DSR 同样是在任务环境中使用,与 SISR 所处环境类似。在 DSR 中处理设备寄存器时需要调用设备保护,这并不会导致任务应用环境对需要硬保护的中断环境的影响。因为在中断处理当中,对设备特有寄存器的处理全部已经通过设备保护封装在设备环境中,所以此时中断环境已经不起作用。

将时序图整理后可以得到如表 3-1 所列的驱动接口功能表。

表 3-1 驱动接口功能表

| 内核对驱动方接口要求 | 驱动对内核方接口要求 | 内核内部功能要求 | |
|---|---|---|---|
| 设备保护 | DTC 消息发送 | 中断入口处理 | 进入 DEVA |
| ISR | SISR 登记接口 | 清除中断 | DEVA 读 DTC 消息 |
| 退出设备保护 | ITC 功能接口 | 进入硬保护 | 选择调用 SISR |
| DSR(上面流程没有提及) | | 退出硬保护 | |
| SISR | | 中断出口处理 | |

根据该表的内容,采用 COS 接口方式,对设备接口设计定义见代码 3-6。

**代码 3-6 设备驱动 COS 接口定义**

```c
#ifndef _IDRV_H_
#define _IDRV_H_
#ifdef _cplusplus
extern "C" {
#endif
#include "architect.h"
////////////////////////////////////////////////////////////////////////////////

#define    IID_IDrv           0x0001              //接口的惟一编号
//实现接口的组件编号
#define IID_IDrv_UART_HYP     0x0001              //hyp 实现的一个 UART 驱动
//常数
#define PreIsrOK              0x01                //PreIsr 完成处理不必进一步处理
#define PreIsrStep            0x00                //进一步进入 ISR、DTC 处理

typedef struct DrvRegs
{
unsigned long DrvCfg0;                            //配置数据
unsigned long DrvCfg1;
unsigned long DrvStatus0;                         //状态数据
unsigned long DrvStatus1;
}DrvRegs;
//用于支持多态的接口结构
typedef struct IDrv IDrv;
//帮助代码编写的类型定义
typedef int( * IDrv_InstInit)(IDrv * pDrv, TCB * pTCB, void * pData);
typedef int( * IDrv_Prot)(int nIntr);
typedef void( * IDrv_Unprot)(int nIntr);
typedef int( * IDrv_PreISR)(int nIntr);
typedef void( * IDrv_Isr)(int nIntr);
typedef int( * IDrv_Dsr)(IDrv * pDrv, TCB * pTCB, int nCmd, void * pData);
```

```
struct IDrv
{
    int              nIntrNum;              //设备中断编号
    IDrv_InstInit    FInstInit;
    IDrv_Prot        FDProtect;
    IDrv_Unprot      FDUnprotect;
    IDrv_PreISR      FPreISR;               //中断预处理接口
    IDrv_Isr         FIsr;
    IDrv_Dsr         FDsr;
    SisrHandler      FSisr;
    DrvRegs          DrvData;
};
//////////////////////////////////////////////////////////////////////////////////
#ifdef _cplusplus
}
#endif
#endif
```

以上接口的客户是内核,实现该接口的模块就是各个驱动程序。通过这个接口的定义,当编写驱动时,只需按图索骥编写各个函数内部功能即可,不必理会内核中的各种逻辑;当需要向应用任务发送数据时,在 ISR 中调用 DTC 功能即可。需要注意的是,这个接口是底层驱动的接口,虽然通过仿造 Linux 的设计思路,将驱动代码的编写简化很多,但还不是 Linux 中那种驱动的完全对应物。Linux 设备驱动接口中定义的需要设备驱动程序实现的函数要多很多,包括轮询、阻塞等操作的接口。本书给出的这个设备驱动接口很简单,特别适合嵌入式环境。正如本书在 1.3 节介绍的那样,如果工程师考虑用轮询方式操作某个设备,因为不涉及到整个中断环节中的任意一部分,自行操作控制设备寄存器更直接了当,没有必要纳入到设备驱动体系中进行管理。

在上面定义的这个接口中,DSR 的主要作用是输出和控制,在个别情况下,也可以通过 DSR 读设备输入数据,只要工程师确保这样做不会影响到整个设备运作的逻辑,特别是不影响到设备中断中的多个保护机制及其切换即可。本书不推荐这样处理,除非该设备的主要输入数据从正常中断环节进入,个别特殊情况用 DSR 读出。如果大部分输入数据用 DSR 方式读出,建议仔细考虑轮询方式是否更适合操作该设备。

**注意**:除实现上述接口定义的函数外,还需要按照 COS 规范实现初始化、卸载和生成实例等函数,并通过该初始化函数将卸载和生成实例函数登记到 COS 管理模块中。这些函数都很简单,在每种驱动程序中的变化不大。

代码 3-7 是作者用 COS 普通组件实现的一个最常见的串口驱动。

**代码 3-7 串口驱动头文件 uart.h**

```
#ifndef _UART_H_
#define _UART_H_
#ifdef _cplusplus
```

```c
extern "C" {
#endif

#include "architect.h"
#include "idrv.h"
#include "fifo_char.h"
////////////////////////////////////////////////////////////////////////////////

//设置串口设备参数
#define nSERIAL_DEV0    0
#define nSERIAL_DEV1    1
#define nCONSOLE        nSERIAL_DEV0            //默认 console 通道
////////////////////////////////////////////////////////////////////////////////
//UART 实例初始化参数结构
typedef struct ComInitData
{
    int     com_port;                           //UART 通道号
    int     baud_rate;
    int     parity;                             //默认无校验;0:无校验;1:奇校验
    int     stop_bits;                          //默认 1 位,0:1 位;1:2 位
    int     data_bits;                          //默认 8 位,0:5 位;1:6 位,2:7 位;3:8 位
    int     ctrl_mode;                          //流控模式默认无流控,0:无;1:硬;2:软
    int     term_mode;                          //终端模式,0:dce;1:dte
}ComInitData;
//数据位长
#define COM_WL5         0x00
#define COM_WL6         0x01
#define COM_WL7         0x02
#define COM_WL8         0x03
//停止位数
#define COM_STOP_1      0x00                    //默认 1,停止位
#define COM_STOP_2      0x01
//校验模式
#define COM_PMD_NO      0x0                     //无校验
#define COM_PMD_ODD     0x1                     //odd 校验
#define COM_PMD_EVEN    0x2                     //even 校验
#define COM_PMD_CHK1    0x3                     //强制校验,检查为 1
#define COM_PMD_CHK0    0x4                     //强制校验,检查为 0
//流控方式
#define COM_FCTL_NO     0x00                    //无流控
#define COM_FCTL_HARD   0x01                    //硬流控
#define COM_FCTL_SOFT   0x02                    //软流控
//工作模式
```

```c
#define COM_DTE            0x00
#define COM_DCE            0x01
//DSR 命令及参数结构
typedef struct UartBaseParm
{
    int     nCom;
    TCB *   pTCB;
}UartBaseParm;
#define UART_DSR_SETPREISRHOOK    0x01
typedef struct UartSetPreisrHookParm
{
    UartBaseParm baseparm;
    int         (*FPreisrHook)(int nIntr, unsigned char d);
}UartSetPreisrHookParm;
#define UART_DSR_SETSISR    0x02
typedef struct UartSetSisrParm
{
    UartBaseParm baseparm;
    int         nMsgType;
    SisrHandler FSisr;
}UartSetSisrParm;
//COS 组件及设备初始化函数
int CoreUartDrvInit(void* pMem, int nMemLen, int * pnMemNeed);

//UART 宏定义,提供给轮询等方式使用的高效定义
//方便需要绕开 COS 接口直接操作的地方
#define WaitXmitter(UARTSTAT) while(!(UARTSTAT & USTAT_TXB_EMPTY))
#define UartPut(UARTTX, ch) (UARTTX = ch)
#define WaitRcver(UARTSTAT) while(!(UARTSTAT & USTAT_RCV_READY))
#define UartGet(UARTRX, ch) (ch = UARTRX)

//DSR,COS 接口之外另外提供的 DSR,方便用户编程使用
//用 IDrv COS 接口中的 DSR 函数功能能够完成这些功能
int OpenComm(IDrv* pCom, TCB * pTCB);
void put_char(int channel, unsigned char ch);
int get_char(IDrv *pCom, unsigned char* pCh);
int get_chars(IDrv *pCom, unsigned char * pData,
    int nDsize, int * pnGetSize);
int get_line(IDrv* pCom, char* pGet, int nlen, int * pngetcs);
int flushcom(IDrv *pCom);
int CloseComm(IDrv* pCom, TCB * pTCB);

///////////////////////////////////////////////////////////////////////////
```

```
# ifdef __cplusplus
}
# endif
# endif
```

按照 COS 组件的要求,实际上只有"int CoreUartDrvInit(void * pMem, int nMemLen, int * pnMemNeed);"函数是组件必须暴露出来供初始化的,其他定义都是为了让该组件的使用者更好地使用该组件编写出的辅助部分。驱动器接口中的 ISR、Sisr 等在体系结构设计中已经描述,这里主要讨论其中的 InstInit 和 Dsr 函数。InstInit 用于具体驱动的初始化,也就是在生成实例后通过该函数对串口设备进行设置。Dsr 则是该设备提供给上层应用的通用接口,如果上层应用都通过统一的 Dsr 函数进行设备操作,则编程工作较为复杂,组件的工作效率较低。因此,该函数主要用来作为设备的设置和控制接口,而最常用的数据操作等本来应该包含在 Dsr 中的功能则单独定义为其他函数。这些单独定义的其他函数的规则是,必须在用 OpenCom 打开设备之后才能使用,全部操作完毕后,应该用 CloseCom 关闭该设备。同理,也需要 OpenCom 之后才能进行对 Dsr 接口的调用。实际上,OpenCom 和 CloseCom 就是单独出来的两个特殊 Dsr 功能,具有占有和保护串口功能,采用这种方式打开串口后,对串口进行数据操作的功能函数代码就可以极大简化,数据传输效率代码执行效率就可以提高很大,同时还能保障操作的安全性。不按规则先打开串口再进行数据操作的编码方式除外,通常在各种开发环境中对设备进行操作都有这种要求事先打开的逻辑步骤,包括 Windows 和 Unix 环境。此处嵌入式开发环境中对效率的要求极高,在各个数据操作函数中都默认组件的用户方程序已经按照这种步骤进行了操作,因此,没有在这些操作函数中进行是否满足该条件的检查。

代码 3-8 是具体实现代码,读者可以对照其中的注释文件与 COS 组件的要求以及驱动设计接口的要求进行对照。

**代码 3-8 串口驱动实现文件 uart.c**

```
# include "architect.h"
# include "critical.h"
# include "uart.h"
# include "isr.h"


//控制寄存器位定义 **************************************************************
//位 0-1:接收模式
# define UCON_RXM_OFF           0x00                    //接收屏蔽
# define UCON_RXM_INTREQ        0x01                    //中断请求
# define UCON_RXM_GDMA0REQ      0x02                    //GDMA0 请求
# define UCON_RXM_GDMA1REQ      0x03                    //GDMA1 请求
//位 2:接收状态中断使能
# define UCON_RXSTAT_INT        0x04                    //产生接收状态中断
//位 3-4:传输模式选择
# define UCON_TXM_OFF           0x00                    //传输屏蔽
# define UCON_TXM_INTREQ        0x08                    //中断请求
# define UCON_TXM_GDMA0REQ      0x10                    //GDMA0 请求
```

```c
#define UCON_TXM_GDMA1REQ          0x18                //GDMA1 请求
//位5：数据设置就绪
#define UCON_DSR                   0x20                //Assert DSR 输出(nUADSR)
//位6：发送暂停
#define UCON_SEND_BREAK            0x40                //发送暂停
//状态寄存器位定义 *******************************************************
#define USTAT                      0xFF                //位掩码
#define USTAT_OVERRUN              0x01                //溢出错误
#define USTAT_PARITY               0x02                //校验错误
#define USTAT_FRAME                0x04                //帧错误
#define USTAT_BREAK                0x08                //暂停中断
#define USTAT_DTR_LOW              0x10                //数据终端就绪
#define USTAT_RCV_READY            0x20                //接收数据就绪
#define USTAT_TXB_EMPTY            0x40                //传输缓冲区空闲
#define USTAT_TX_COMPLET           0x80                //传输完成
#define USTAT_ERROR                (USTAT_OVERRUN | USTAT_PARITY | USTAT_FRAME)

#define BpsTbls                    7                   //波特率表
typedef struct BaudTable
{
    int    baud;
    int    div;
}BaudTable;


MemHead * d_pUartMem;
MemHead * d_pUartDevaMsgMem;


//IDrv 接口的内部实现定义，用兼容的方式扩展了标准 IDrv 接口定义
typedef struct IDrvUart
{
    int                       nIntrNum;                //设备中断编号
    IDrv_InstInit             FInstInit;
    IDrv_Prot                 FDProtect;
    IDrv_Unprot               FDUnprotect;
    IDrv_PreISR               FPreISR;                 //中断预处理接口
    IDrv_Isr                  FIsr;
    IDrv_Dsr                  FDsr;
    SisrHandler               FSisr;
    DrvRegs                   DrvData;
    ////
    Critical                  UartLock;                //内部实现结构包含临界区保护
    FifoChar                  UartFifo;                //内部实现结构包含 Fifo 缓冲区
    int( * FPreisrHook)(int nIntr, unsigned char d);   //中断预处理
```

```c
}IDrvUart;
static IDrvUart * COM0;
static IDrvUart * COM1;
/*
#define CLK48M
#ifdef CLK48M
static const BaudTable s3c44B0uart[BpsTbls] =        //波特率表,方便设置波特率
{
9600,0x9b0,// 0.15 %
19200,0x4d0,// 0.16 %
38400,0x260,// 0.16 %
57600,0x190,// 0.16 %
115200,0xc0,//0.16 %
230400,0x50,//8.5 % 不可用
460800,0x20//不可用
};
#endif

#define UARTMsgs           20
/*******************************************************************************
* COS 组件要求的基本函数                                                        *
* 要求普通组件实现的基本函数包括:                                               *
* int Init(void * pMem, int nMemLen,                                            *
*          int * pnMemNeed);              //初始化,必须不同名                   *
*    int Unload(void);                    //卸载,未实现                         *
*    int Create(void * * ppCos, void * pNull,                                   *
*          void * pMem, int nMemLen);     //生成                                *
*    int GetSize(int * pnSize);           //大小,未实现                         *
*******************************************************************************/
//Init 函数定义,设备初始化,同时也是 COS 组件初始化
static int UartCreate(void * * ppCos, void * pNull, void * pMem, int nMemLen);
static void kputs(unsigned char * pstr);
static int uart_init(ComInitData * s);
int CoreUartDrvInit(void * pMem, int nMemLen, int * pnMemNeed)
{
int ret;
ComInitData firstinit;
if (pMem)
        MemPut(pMem);                                  //无需外部提供的内存
if (pnMemNeed)
        * pnMemNeed = 0;
//生成两个内部定义结构,用于管理两个串口
if (COS_OK ! = (ret = MemCreate(2, 3600, &d_pUartMem)))
```

```c
        return ret;
//生成用于传递 Deva 消息的内存区
if (COS_OK ！= (ret = MemCreate(UARTMsgs, sizeof(DEVAMsg),
    &d_pUartDevaMsgMem)))
{
    MemRemove(d_pUartMem);
    return ret;
}
//按照 COS 组件要求进行登记
if (COS_OK ！= (ret = KernCOSReg(IID_IDrv, IID_IDrv_UART_HYP,
    0, UartCreate,0)))                    //没有登记卸载和大小函数
{
    MemRemove(d_pUartMem);
    MemRemove(d_pUartDevaMsgMem);
    return ret;
}
COM0 = 0;
COM1 = 0;
//进行简单初始化,串口 0,115 200,以便能够尽快输出内核信息
firstinit.com_port = nSERIAL_DEV0;
firstinit.data_bits = COM_WL8;
firstinit.parity = COM_PMD_NO;
firstinit.stop_bits = COM_STOP_1;
uart_init(&firstinit);
kprint = (void(*)(char*))kputs;           //设置内部调试用输出函数
//
Disable_Int(NINT_UTXD0);                   //屏蔽中断,等到实例初始化完成后才打开
Disable_Int(NINT_UTXD1);
Disable_Int(NINT_URXD0);
Disable_Int(NINT_URXD1);
return COS_OK;
}

static int UartInstInit(IDrv* pDrv, TCB* pTCB, ComInitData* pData);
static int UartDProtect(int nUART);
static void UartDUnprotect(int nUART);
static int UartPreIsr(int nUART);
static void UartIsr(int nUART);
int UartDsr(IDrv* pCom, TCB* pTCB, int nCmd, void* pData);
static int UartCreate(void** ppCos, void* pNull, void* pMem, int nMemLen)
{//按照 COS 组件规范必须生成的函数
int ret, headlen;
IDrvUart* pTmp;
```

```c
        UseHProtect();
    if (pMem)
            MemPut(pMem);
     *ppCos = 0;
    //短暂使用硬保护,生成驱动实例函数很少被调用,不影响系统性能
    EnterHProtect();
    if (! d_pUartMem)
    {
            ExitHProtect();
            return COS_ERR;
    }
    headlen = d_pUartMem->MemBlkSize;
    ret = MemGet(d_pUartMem, ppCos);
    ExitHProtect();                                    //退出硬保护
    if (COS_OK == ret)
    {
            pTmp = (IDrvUart *)*ppCos;
            MemClr((unsigned char *)pTmp, sizeof(IDrvUart));
            //初始化设备 FIFO 缓冲区
            if (COS_OK != (ret = FCInitHead(&(pTmp->UartFifo),
                headlen - sizeof(IDrvUart) + sizeof(FifoChar))))
            {
                *ppCos = 0;
                MemPut(pTmp);
                return ret;
            }
            //初始化设备保护用临界区
            if (COS_OK != (ret = CreateCritical(&pTmp->UartLock)))
            {
                *ppCos = 0;
                MemPut(pTmp);
                return ret;
            }
            //设置接口定义中要求的成员函数
            pTmp->FInstInit = (IDrv_InstInit)UartInstInit;
            pTmp->FDProtect = (IDrv_Prot)UartDProtect;
            pTmp->FDUnprotect = (IDrv_Unprot)UartDUnprotect;
            pTmp->FPreISR = (IDrv_PreISR)UartPreIsr;
            pTmp->FIsr = (IDrv_Isr)UartIsr;
            pTmp->FDsr = (IDrv_Dsr)UartDsr;
    }
    return ret;
}
```

```c
/***************************************************************************
 * COS 组件接口 IDrv 要求的函数                                              *
 * struct IDrv                                                              *
 * {        int             nIntrNum;                                       *
 *          IDrv_InstInit   FInstInit;      //实例初始化函数                 *
 *          IDrv_Prot       FDProtect;      //设备保护函数                   *
 *          IDrv_Unprot     FDUnprotect;    //设备去保护函数                 *
 *          IDrv_PreISR     FPreISR;        //中断预处理函数                 *
 *          IDrv_Isr        FIsr;           //中断服务例程                   *
 *          IDrv_Dsr        FDsr;           //设备服务例程                   *
 *          SisrHandler     FSisr;          //软中断服务例程                 *
 *          DrvRegs         DrvData;                                        *
 * };***********************************************************************/
static int uart_init(ComInitData * s);
static int UartInstInit(IDrv * pDrv, TCB * pTCB, ComInitData * pData)
{
    int ret;
    UseHProtect();
    if (! pData || ! pDrv || ! pTCB)
            return COS_MEM_POINTER_NULL;
    //短暂使用硬保护,初始化驱动实例函数很少被调用,不影响系统性能
    EnterHProtect();
    if ((((nSERIAL_DEV0 == pData->com_port) && COM0)
            || ((nSERIAL_DEV1 == pData->com_port) && COM1))
    {
            ExitHProtect();
            return COS_ERR;                 //已经初始化
    }
    if (! ((IDrvUart *)pDrv)->UartLock)     //未生成
    {
            ExitHProtect();
            return COS_ERR;
    }
    ExitHProtect();                         //退出硬保护
    if (COS_OK ! = (ret = EnterCritical(pTCB,
            ((IDrvUart *)pDrv)->UartLock, 0)))
            return ret;
    //
    uart_init(pData);
    //
    if (nSERIAL_DEV0 == pData->com_port)
    {
            pDrv->nIntrNum = NINT_URXD0;
```

```c
        COM0 = (IDrvUart*)pDrv;
        EnterHProtect();
        CoreRegISR(NINT_URXD0,(IDrv*)pDrv,0);//登记到驱动框架中
        ExitHProtect();
    }
    else
    {
        pDrv->nIntrNum = NINT_URXD1;
        COM1 = (IDrvUart*)pDrv;
        EnterHProtect();
        CoreRegISR(NINT_URXD1,(IDrv*)pDrv,0);
        ExitHProtect();
    }
    ExitCritical(pTCB,((IDrvUart*)pDrv)->UartLock);
    return COS_OK;
}
static int UartDProtect(int nUART)
{//接口要求的设备保护函数
    Disable_Int(nUART);
    return PERMITNEST;
}
static void UartDUnprotect(int nUART)
{//接口要求的设备退保护函数
    Enable_Int(nUART);
}
static int UartPreIsr(int nUART)
{//接口要求的中断预处理函数
    unsigned char ndata;
    IDrvUart * pCom;
    if (NINT_URXD0 == nUART)
    {
        ndata = (unsigned char)SFR_URXBUF0;
        pCom = COM0;
    }
    else
    {
        ndata = (unsigned char)SFR_URXBUF1;
        pCom = COM1;
    }
    //保存到 fifo
    FCPut(&(pCom->UartFifo),(unsigned char)ndata);
    if (pCom->FPreisrHook)//钩子函数决定是否做进一步处理
        return pCom->FPreisrHook(nUART,(unsigned char)ndata);
```

```
return PreIsrOK;//默认返回方式在预处理后不做进一步处理
}
//预处理函数及钩子的作用原理图如图3-7所示。
```

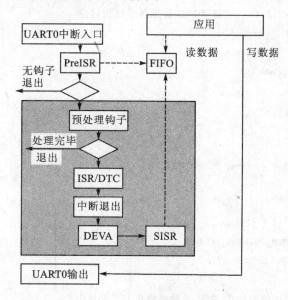

图3-7 可在运行时改变功能的串口驱动工作原理

```
//如图所示,没有预处理钩子函数是,UART驱动是一个用自保护FIFO与应用交流数据的最简化高效驱
//动(参见1.3.6小节的讨论),如果仅仅是需要普通的串口通信这种模式已经完全足够使用了。如果
//UART驱动上还要支持PPP协议,则这个模式还不够用,除非用户打算自己在上层应用中自行完成PPP
//协议的支持。进入PPP工作模式后,PPP模块会通过UART的DSR接口登记一个预处理钩子和一个相
//应的SISR函数,即预处理钩子和SISR实际上在PPP模块中实现。这是因为本UART驱动采用的是普
//通组件技术,不支持多接口的集成(参见3.1.2小节讨论),因此采用这种钩子函数方式模拟管道接口的
//下级处理登记能力。图中阴影部分是在登记钩子之后才会运行到的流程。而且钩子函数并不在每个
//中断到来时都触发DTC。在PPP中,可能是收到PPP包结束标志时才触发,如此处理最大地优化了系
//统的性能,使系统需要的环境切换数量最小化。应用编写逻辑也最简化,因为只需按照每包的逻辑进
//行处理。同时,应用也不必另外开辟缓冲空间来保存尚未完成的网络包。图3-7对SISR后的处理没
//有进一步描述
//UART ISR
static void UartIsr(int nUART)
{///用于触发DTC,如果没有钩子函数时,本函数实际上不会运行到
//状态变化和帧结束
    int err;
    DEVAMsg * pPack;
    UseHProtect();
    MemGet(d_pUartDevaMsgMem, (void * *)&pPack);
    if (pPack)
    {
        if (NINT_URXD0 == nUART)
            pPack->nMsgType = DEVA_MSG_UARTR0;
```

```c
        else
            pPack->nMsgType = DEVA_MSG_UARTR1;
        pPack->nMsgLen = 0;
        err = CallDtc(pPack);//调用 DTC,参见体系结构讨论
        if (COS_OK != err)
        {
            MemPut(pPack);
        }
    }
    return;
}
static int UartDsr(IDrv* pCom, TCB* pTCB, int nCmd, void* pData)
{
    UseHProtect();
    if (!pCom || !pTCB || !pData)
        return COS_MEM_POINTER_NULL;
    switch(nCmd)
    {
    //设置预处理钩子,参见前面讨论,钩子函数可能在 PPP 模块中
    case UART_DSR_SETPREISRHOOK:
        EnterHProtect();
        ((IDrvUart*)pCom)->FPreisrHook =
            ((UartSetPreisrHookParm*)pData)->FPreisrHook;
        ExitHProtect();
        break;
    //设置与预处理钩子函数配合的 SISR 函数,参见前面讨论
    case UART_DSR_SETSISR:
        ((IDrvUart*)pCom)->FSisr =
            ((UartSetSisrParm*)pData)->FSisr;
        EnterHProtect();
        CoreRegSisrHandler(((UartSetSisrParm*)pData)->nMsgType,
            ((UartSetSisrParm*)pData)->FSisr);
        ExitHProtect();
        break;
    }
    return COS_OK;
}
//其他辅助函数
static int uart_init(ComInitData* s)
{//初始化寄存器,常见 s3c44B0 数据手册中寄存器用法
    if(s->com_port)
    {
        SFR_ULCON1 = (unsigned long)(s->data_bits
```

```c
    |(s->stop_bits << 2));
        switch(s->parity)
        {
        case COM_PMD_ODD:
            SFR_ULCON1 |= 0x100000;
            break;
        case COM_PMD_EVEN:
            SFR_ULCON1 |= 0x101000;
            break;
        case COM_PMD_CHK1:
            SFR_ULCON1 |= 0x110000;
            break;
        case COM_PMD_CHK0:
            SFR_ULCON1 |= 0x111000;
            break;
        case COM_PMD_NO:
        default:
            break;
        }
        SFR_UCONT1 = (UCON_RXM_INTREQ | UCON_TXM_INTREQ
    | UCON_RXSTAT_INT);
        SFR_UBRDIV1 = 0xC0;
}
else
{
        SFR_ULCON0 = (unsigned long)(s->data_bits
    |(s->stop_bits << 2));
        switch(s->parity)
        {
        case COM_PMD_ODD:
            SFR_ULCON0 |= 0x100000;
            break;
        case COM_PMD_EVEN:
            SFR_ULCON0 |= 0x101000;
            break;
        case COM_PMD_CHK1:
            SFR_ULCON0 |= 0x110000;
            break;
        case COM_PMD_CHK0:
            SFR_ULCON0 |= 0x111000;
            break;
        case COM_PMD_NO:
        default:
```

```c
            break;
        }
        SFR_UCONT0 = (UCON_RXM_INTREQ | UCON_TXM_INTREQ
    | UCON_RXSTAT_INT);
        SFR_UBRDIV0 = 0xC0;
}
return 1;
}
int OpenComm(IDrv * pCom, TCB * pTCB)
{//打开串口,实际上就是占据串口保护临界区
if (! pCom || ! pTCB)
        return COS_MEM_POINTER_NULL;
return EnterCritical(pTCB, ((IDrvUart *)pCom)->UartLock, 0);
}
void put_char(int channel, unsigned char ch)
{//输出函数通常不必采用中断方式,直接寄存器操作
if(channel)
{
        WaitXmitter(SFR_USTAT1);//前一次送完
        SFR_UTXBUF1 = ch;
}
else
{
        WaitXmitter(SFR_USTAT0);//前一次送完
        SFR_UTXBUF0 = ch;
}
}
static void kputs(unsigned char * pstr)
{//用于内核调试、信息输出等的函数
while( * pstr)
{
        put_char(0, * pstr++);
}
return;
}
int get_char(IDrv * pCom, unsigned char * pCh)
{ //应用从 FIFO 读取数据,参见图 3-7。不同于 1.3.4 小节讨论的端口轮询方式
//1.3.6 小节有 FIFO 功能及优势的详细介绍
return FCGet(&(((IDrvUart *)pCom)->UartFifo),
        (unsigned char *)pCh);
}
int get_chars(IDrv * pCom, unsigned char * pData,
int nDsize, int * pnGetSize)
```

```c
{ //一次读取多个数据
return FCGets(&(((IDrvUart*)pCom)->UartFifo),
        pData, nDsize, pnGetSize);
}
int get_line(IDrv * pCom, char * pGet, int nlen, int * pngetcs)
{ //一次读取一行数据,特别方便编写命令行接口等应用
    char ch;
    int ret, i;
    FifoChar * pFifo;
    if (nlen-- < 2)
            return COS_PARAM_NOT_CORRECT;
    pFifo = &((IDrvUart*)pCom)->UartFifo;
    //去头
    while(1)
    {
            if (COS_OK != (ret = FCGet(pFifo, (unsigned char*)&ch)))
                return ret;
            if ((ch != '\n') && (ch != '\r') && (ch != '\0'))
                break;
    }
    for (i = 1; i < nlen;)
    {
            *pGet++ = ch;
            if (COS_OK != (ret = FCGet(pFifo, (unsigned char*)&ch)))
            {
                *pGet = '\0';
                *pngetcs = i;
                return COS_OK;
            }
            if ((ch == '\n') || (ch == '\r') || (ch == '\0'))
            {
                *pGet = '\0';
                *pngetcs = i;
                return COS_OK;
            }
            ++i;
    }
    return COS_OK;
}
int flushcom(IDrv * pCom)
{//情况 fifo 缓冲区,用于模式转换等时候避免缓冲中残留数据影响应用
    return FCFlush(&((IDrvUart*)pCom)->UartFifo);
}
```

```
int CloseComm(IDrv * pCom, TCB * pTCB)
{//关闭串口,也就是退出占据的串口保护临界区
if (! pCom || ! pTCB)
        return COS_MEM_POINTER_NULL;
return ExitCritical(pTCB, ((IDrvUart * )pCom)- >UartLock);
}
```

要使用 uart 驱动编写应用的代码,首先应该在整个系统的初始化函数中调用 CoreUartDrvInit 函数来完成 uart 驱动组件的初始化。之后,再应用中需要使用串口的地方编写如下代码。

**代码 3-9  使用 uart 驱动编写应用的代码举例**

```
void appmain(TCB * pTCB, void * pData)
{//参见 3.3 节对任务函数格式的修改讨论
int ret;
char kbd;
ComInitData comsetparm;          //串口设置参数结构,参见 uart.h
IDrv * pCom0, * pCom1;            //两个串口
//生成串口实例,用到了驱动接口编号和 uart 组件编号
KernCOSCreate(IID_IDrv, IID_IDrv_Uart_Hyp, &pCom0, 0, 0, 0);
//初始后串口 0
………;      //设置好 comsetparm 成员数据,包括编号 0,波特率等
pCom0- >InstInit(pCom0, pTCB, &comsetparm);//执行初始化设置
OpenCom(pCom0, pTCB);             //打开串口
……;//各种中间操作
get_char(pCom0, &kbd);            //对串口传来数据
……;
put_char(0, kbd);                 //输出
……;
CloseCom(pCom0, pTCB);            //关闭串口
……;
}
```

可见,组件用户方的代码编写方式和通常 Unix 或 Windows 下的开发基本一致。该串口模块还具有扩充连接 PPP 协议功能、任务间保护功能等,而且这些能力对系统的硬实时系统中断响应能力没有影响。这些功能中除了硬实时特性外,虽然其他功能特性和 PC 环境相比并不突出,但是这是一个在极为精减的嵌入式内核中完成的。也许读者认为通过通常的嵌入式开发常用的 ISR 登记方式也能达到类似的效果。是的,单纯从完成串口驱动的功能上说确实如此,但是从体系结构的规范性、结构变化的灵活性、系统将来的扩充能力、代码产品的软件工程维护等方面来说,没有采用组件化开发、管理和运行方式,会在实践过程中发现各种各样的障碍。

在本书中,通过对体系结构的重新设计,结合采用创新的 COS 组件,系统具备了有保障的硬实时特性,具备了基本完整的且还可以进一步扩充完善的设备开发规范接口、应用接口、系

统服务接口等。其中,基于 COS 的抽象组件接口作为一种源代码级的组件化技术,具备可比拟微软 COM 组件技术的能力,并且高效、低耗,基本没有明显的额外资源消耗。基于 COS 的普通组件虽然没有抽象组件组合多种接口的能力,但更为简单。

## 3.2.2 高层设备驱动框架

3.2.1 小节介绍的简化的设备驱动接口在功能上是针对嵌入式环境设计的,在系统层次上也是最底层的设备驱动环节,在此称为 ISR 设备驱动层。实际上,开发人员心目中"设备驱动"的概念并不局限在 ISR 这一层。通常的习惯是将内核暴露给应用开发的接口称为 OS 提供的 API,而 OS 提供的 API 之下支撑整个系统运作的各种机制通常都称为驱动或内核服务。用 PPP 来举例可以清楚说明这个问题。PPP 设备的 ISR 层的驱动通常就是串口的驱动,但是在 PPP 上直接编写应用程序并不方便,而是将 PPP 作为一种网卡的驱动。网卡的驱动上通常再提供 IP 等网络服务,网络服务之上通常还要再提供 socket 编程接口。socket 才是 OS 提供给应用开发的 API。

不只网络环境有这么多层次,文件系统也存在类似的情况。硬盘、Flash 和 CF 卡的直接读/写驱动基本上可以归入 ISR 驱动的层次,但作为文件系统,需要在此基础上增加一个更高层的接口。

也许读者认为嵌入式环境下有 ISR 驱动框架就足够了。对于小的应用来说,确实是这样的,对于稍微复杂一些的应用就完全不同了。当前的现状是,在嵌入式系统中网络、文件系统等应用越来越普及,因此考虑 ISR 层之上的其他设备驱动并非多余。当然,在嵌入式环境中永恒的话题都是兼顾效率和复杂性。也就是说,设计出的体系结构应该给应用开发工程师自由选择的余地,如果应用系统中仅需要 ISR 层的驱动,则其他层次应该可以裁剪掉,避免这部分的负担。如果应用开发需要 ISR 之上其他层次的支持,体系结构提供的支持也应该是高效、简洁和易于控制的。

在此把通常可能出现在系统中的各类驱动融汇到如图 3-8 所示的分层体系结构图中,绘制一个比较综合性的体系结构图,以便读者有一个清楚的全局概念。

实际应用中可能出现的结构可能会比图 3-8 描述的结构更要复杂,也可能完全不需要这样复杂的结构。为了满足多种情况下嵌入式应用的需要,这个体系结构必须是可裁剪的。借助 COS 组件化技术可以更规范地构造出更容易裁剪的系统,而不必像当前那样采用很多的头文件 #define 来完成裁剪功能。采用 #define 方式进行系统的配置和裁剪,随着系统规模的扩大,很容易陷入到难以管理境况,并且灵活性差,不具备运行时调整的能力。

从图 3-8 中还可以体会到的是系统层设备驱动、服务之间的关系复杂,因此,一个该层的框架既要统一规范,还必须具备相当的灵活性。可以预见,在应用层中各种应用模块间的关系更是千变万化。规划设计一个模块间的衔接接口规范相当必要,以便在嵌入式应用中为开发工程师提供一个简便高效的开发环境,同时也是系统构造系统级设计驱动、系统级服务的基础。

当前的实际情况比较混乱,为了衔接模块间接口,各种编写方法都有,导致移植工作增加很多不必要的麻烦。例如 LWIP 中,在 IP 和传输协议之间、传输协议与 Socket 之间就是采用的自行设计的接口方式。对于要长期进行各种移植、改进工作的团队,规范高效的模块间衔接接口方式非常必要。

这样,一个衔接接口设计不可避免地用到 ITC,因此在 3.3 节讨论完 ITC 之后,在 3.7 节

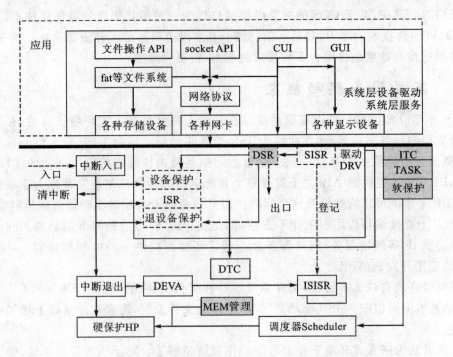

图 3-8 分层调度体系综合结构图

将详细介绍这种衔接接口的设计。在这样一种接口设计基础上,配合使用 COS 代码组件化技术,系统的设计开发工作才能事半功倍。另外,采用 COS 代码组件化技术之后,IT 行业在组件设计方面很多好的技术、工具等也有了用武之地,工程师可以更集中精力通过这些设计工具做好重要的设计工作,而不必为嵌入式环境中的复杂性烦恼。

在图 3-8 中,灰色表示的部分是用户使用本体系结构开发应用的接口 API 部分,其中 DSR 可能是用户自己开发供上层应用使用的。用户要开发的部分是 ISR、DSR、设备保护、退设备保护、SISR 和应用,用虚线框表示。ISISR 和 DRV 用重叠的方框表示有多个实例。

## 3.3 ITC 算法设计

1.4.5 小节的讨论说明了 μC/OS-II 的 ITC 算法,并且简单讨论了本书设计的体系结构中 ITC 算法。

仔细检查 μC/OS-II 的 ITC 算法还会发现一个重要的特征,即在算法中多处调用硬保护机制,导致系统中断响应能力受到严重影响。造成这种影响的原因是,μC/OS-II 在 ITC 算法中修改当前任务控制块数据状态时,是通过与中断环境中共享的当前任务控制块完成的。例如,要等待某个信号而该信号不存在时,需要挂起当前任务。其实只要保证这些 ITC 函数的参数中有调用该函数任务的优先级参数或者该任务的任务控制块指针参数,就可以不必使用硬保护而采用软保护来完成这些功能。

要消除 ITC 对硬保护的依赖,需要修改任务管理部分和 ITC 的实现部分的代码。具体办法是,将任务函数的格式从如下的①定义方式改变为②的定义方式。

① 原有任务函数定义格式：void Task(void * pdata);
② 新的任务函数定义方式：void Task(OS_TCB * ptcbself, void * pdata);

改变任务函数的定义方式之后，任务的堆栈初始化函数也需要改变。原来将 r0 寄存器赋值为 pdata，改变后，r0 赋值为 ptcbself，r1 赋值为 pdata。通过这样处理后，ITC 算法可以基本杜绝对硬中断的需求，用软保护替代即可。甚至 μC/OS-II 原有代码中相当多本来是临界区的代码段也不再是临界区，可以免去任何保护。

这种任务函数的定义方式与通常在 Windows 或 Unix 编程中的任务函数定义方式明显不同，这是嵌入式系统中为了在一个简单的系统中完成高效运行目标必需的改变之一。看起来封装性差一些，但是实践中的任务编码不必理会 OS_TCB 中的实际结构，只需将该参数传递给需要该参数的系统 API 函数即可。该参数也不需要用户生成，是由生成任务的函数自动设置的。应用只需将其传递给需要该系统参数的 API。

按照这种处理方式，本书设计的体系结构内核系统中留下的需要硬保护的位置仅存极少的几个，如表 3-2 所列。

表 3-2 硬保护代码综合描述表

| 代码位置 | 使用硬保护原因 | 影　响 |
| --- | --- | --- |
| DEVA 环境切换处 | DEVA 跨越中断环境和任务环境，短暂使用硬保护是难免的 | 仅保护约 20 行汇编代码，约 0.4 μs。最坏的情况是：每个中断触发一次，如果中断中 ISR 不发送 DTC 消息，则无影响 |
| DTC 信息发送 | DTC 是设备环境发送消息的机制，必须使用 | 仅保护最多 9 行 C 代码，不到 1 μs。最坏的情况是：每个中断触发一次，如果中断中 ISR 不发送 DTC 消息，则无影响 |
| 中断进入处理 | 中断进入时，微处理器自动关闭中断，相当于进入硬保护 | 需保护的代码约 80 行汇编代码，4 行 C 代码，约 2.5 μs，如果优化算法，则可以降低到 2.0 μs 左右。中断入口中环境保护算法的优化可以参见 1.3.3 小节嵌套中断机制的标准算法讨论结尾处的优化算法提示。每次中断一次 |
| 中断退出处理 | 中断退出切换应该在关闭中断条件下进行 | 需要保护 15 行汇编，5 行 C 代码，约 1 μs。每次中断一次 |
| 任务切换 | 调度器任务切换时需要保护 | 需保护 15 行汇编代码，约 0.3 μs |
| 软保护进入 | 软保护建立在硬保护基础上 | 需保护 5 行 C 代码，约 0.5 μs |
| 软保护退出 |  | 需保护 5 行 C 代码，约 0.5 μs |

可以看出，本书设计的体系结构中断响应能力极为优化。对以上各处需要硬保护的位置，最大硬保护时间仅为 2.5 μs 左右。并且这些保护位置并非连续的，因此只须考虑最大影响位置对系统的影响。从 1.1.5 小节的中断响应能力理论计算公式中可以看到，如果中断设备数确定下来，影响系统中断响应能力的就是"内核中最长硬保护时间"，零散的非连续的硬保护对系统中断响应能力其实没有影响。最关键的是，按照本书的体系结构设计，需要硬保护的位置已经完全固化下来，当用户编写上层应用和设备驱动时，都不能（也不必）再使用硬保护，因此系统的硬实时中断响应能力是确定的。

当然，前面这些讨论的条件是整个体系结构的设计、更新尚未完全完成，在实际完成之后，还要有一些需要用到硬保护才能实现的内核代码,但是需要硬保护的代码具有确定的屏蔽中断时间上限值是很重要的,至少应该对于一个特定的嵌入式应用可以推算屏蔽中断时间上限值。

读者可以通过搜索文本的方式检查 μC/OS-Ⅱ 中使用到硬中断的代码位置,可以看到,调用 OS_ENTER_CRITICAL 的代码位置太多了。当然,更关键的问题不在此处,而是在设备中调用 ITC 与任务进行交流的设计思路所导致的硬保护的泛滥问题和中断响应能力的不确定问题。

1.4.5 小节还谈到本书设计的体系结构中只需 3 种 ITC 即可完全达到 μC/OS-Ⅱ 当前全部 ITC 的功能,并且通过修改算法实现还能增强功能。从 3.3.1 小节开始的几个小节具体说明这些算法的设计安排,在此之前通过信号灯问题再进一步仔细讨论一些关键环节。

单纯的信号灯算法相当简单,这里首先解释采用信号灯解决优先级反转问题的算法设计。虽然本书设计的信号灯算法与 μC/OS-Ⅱ 的算法完全不同,但是以 μC/OS-Ⅱ 的算法作为基础进行讨论,读者更容易理解这种算法安排的逻辑。

1.4.7 小节列出了 μC/OS-Ⅱ 中 OS_EVENT 的结构定义,该结构是 μC/OS-Ⅱ 的各种 ITC 机制的基础,各个 ITC 模块都在此结构基础上衍生。如果定义了自己的结构,那么 OS_EVENT 就是其中的第一个成员。这实际上是用 C 语言模仿继承能力的常用手法,就像本书在 COS 抽象组件接口定义中第一个成员安排为 IGet 结构一样。

OS_EVENT 结构中有两个成员在此特别关注,它们是:

```
INT8U    OSEventGrp;                    //等待事件产生的任务组
INT8U    OSEventTbl[OS_EVENT_TBL_SIZE]; //等待事件产生的任务列表
```

这两个成员一起描述了等待特定 ITC 信号的全部任务队列。如果要用信号灯机制解决优先级继承问题,还需要在该结构中增加类似的两个成员,用于描述已经拥有该信号灯的全部任务列表。这是第一步,第二步是在 1.4.6 小节说明的任务控制块中增加任务等待的信号灯列表(任务可能等待多个信号)。

完成上面两步之后只是完成了初步的准备工作,接下来的关键是要修改调度算法,调出算法修改后的伪代码见代码 3-10。

**代码 3-10 解决优先级反转的调度算法伪代码**

```
Scheduler()
{
int    prio;                          //保存优先级的临时变量
if (锁定切换)
        返回;
prio = 计算应该切换的任务优先级();      //该函数伪代码在后面给出
if (prio == 当前最高就绪优先级)
        return;
修改当前最高就绪优先级;
修改当前最高就绪优先级的任务控制块指针;
调用任务切换汇编代码;
}
```

# 第 3 章 代码组织及功能设计

```
int 计算应该切换的任务优先级()
{
    int prio1, prio2, prio3;     //保存优先级的临时变量
    //以下调用的两个函数在 μC/OS - II 中有类似算法
    //目的、功能也很明确,在此没有给出它们的伪代码描述
    prio1 = 计算当前就绪任务最高优先级();
    //对全部等待信号灯的任务列表,该列表按照优先级排列
    for(第一个任务;等待任务列表未结束;下一个任务)
    {
        prio2 = 任务优先级;
        if (prio1 > prio2)
            return prio1;
        //以下调用函数的伪代码在后面给出
        prio3 = 计算继承任务优先级的任务(prio2);
        return prio3;
    }
    return prio1;
}

int 计算继承任务优先级的任务(int prio)
{
    int prio1, prio2;     //保存优先级的临时变量
    prio2 = -1;
    //遍历 prio 任务等待的信号灯列表
    for(第一个信号灯;还有信号灯;下一个信号灯)
    {
        获取拥有该信号灯的全部任务列表;
        prio1 = 算出该列表中最高优先级任务;
        if ( -1 == prio2)
        {
            prio2 = prio1;
            continue;     //继续下一个信号灯处理
        }
        if (prio1 > prio2)
            prio2 = prio1;
    }
    return  计算继承任务优先级的任务(prio2);     //迭代
}
```

通过采用以上算法,系统即具备优先级继承特性,能够解决优先级反转问题。解决优先级反转问题有很多方案,除了优先级继承之外,还有优先级天花板方案。著名的优先级天花板协议本质上是融合了优先级继承与优先级天花板方案的组合方案,但是从优先级反转的发生情况来看,高、低优先级之间加入了一个中等优先级任务是产生问题的主要原因之一。因此从系统设计的角度,尽量让相关应用逻辑中的任务群在优先级安排上尽量彼此紧靠是避免问题产

生的重要手法之一,特别是对于类似于本书这种静态优先级内核方案。当然,在相关任务群多于 2 个时,并不能避免出现优先级反转的可能性,但至少降低了整个系统的控制复杂程度。

另外,还有一些其他技术手段可以用来避免产生这种情况,例如 3.6 节介绍的"活动对象"状态机技术。

还可以更仔细设计,通过一个开关变量指示是否需要优先级继承特性,毕竟这个技术带来了一定的消耗(据说美国的某次航天任务中的设备出现故障,通过远程设置这样一个配置变量并复位系统后,设备得以恢复)。

以上讨论为了便于读者理解在 $\mu$C/OS-II 环境中增加这种特性,但是 $\mu$C/OS-II 在体系结构设计上没有按照这种方式进行考虑,莽撞地加入这种特性代码对 $\mu$C/OS-II 体系结构的冲击过大,容易出现问题,读者须仔细制定测试计划以免造成 bug。实际上考虑到 ITC、任务管理、软保护、任务与 ITC 关系等多方面因素后,彼此间的关系要比上面按照 $\mu$C/OS-II 的基本状况进行介绍的要复杂一些。

这一段代码也并不复杂,增加的切换任务的消耗会受到系统中任务等待的信号灯、拥有信号灯的任务数量影响。通常情况下,一个任务同时等待的信号灯最多为 3~5 个,最常见的情况是 1 个。即便按 3~5 个计算,增加的消耗应该在 2 $\mu$s 以下。如果采用高效查表算法,能够做到算法与任务数、ITC 数量无关,在一个不大于 5 $\mu$s 时间内完成上述算法。查表算法对空间的要求要高一些,这是算法中空间换时间特征的必然结果。另外提醒读者注意的是,这个时间不会对中断响应能力有影响,因为已经和硬保护隔离。

上面这个伪代码算法还表明需要在系统中保存一个进入等待信号灯状态的任务的表数据,需要这个列表才能进行上述的算法。这个列表很容易定义,在 $\mu$C/OS-II 中就是定义出两个全局变量:

```
INT8U    OSWaitSemGrp;        //等待信号灯的任务组
INT8U    OSWaitSemTbl[OS_EVENT_TBL_SIZE];//等待信号灯的任务列表
```

如果体系结构设计本身考虑了这个问题,则处理起来会更简单。

下面用图形来表示这种算法的工作机制,如图 3-9 所示。图形的上半部分是没有解决的优先级反转问题的环境,下半部分是以上算法对该问题的解决示意图。其原理就是要考虑比当前就绪任务优先级更高的任务等待信号灯的问题,相当于任务 3 具有了任务 1 的优先级,也就是优先级继承。

只要系统设计中不存在循环等待问题,这种算法就能够完全解决优先级反转问题。这个算法中后面计算量较大部分在不存在优先级反转的环境中是不会起作用的。例如,如果任务 2 的优先级高于任务 1,那么任务 1 本来就应该被任务 2 抢占,并不存在优先级反转。如果是任务 1 拥有信号灯而任务 3 处于等待信号的情况,也不是优先级反转。如果任务 3 也在等待一个更低优先级的任务释放信号灯,该算法通过递归能够找到最后一个应该运行的任务。

对于系统中存在循环等待问题(参见 1.3.6 小节中的讨论),本书会在后面的详细讨论中给出解决循环等待的辅助解决办法。如果系统采用了非抢占式的任务调度机制,例如时间片轮换调度方式,则不存在这些问题。

从上面的讨论可以明显看出,ITC 与调度算法之间有紧密的关系,后面还会看到,调度算法和任务管理也有紧密的关系。在嵌入式系统这种对系统效率要求很高的环境中,这几部分

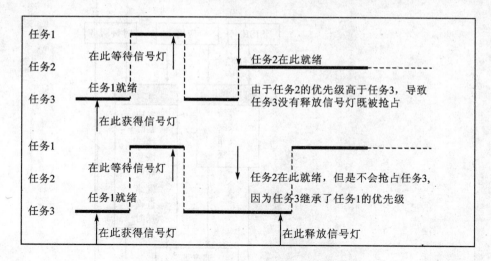

图 3-9 优先级反转问题解决示意图

是密切相关的。本节在信号灯的讨论中涵盖了调度算法和任务管理的一些内容，就是为了便于让读者理解信号灯如何通过调度算法完成优先级继承，解决优先级反转问题。

从上面的讨论也可以看出，有必要首先讨论清楚 ITC、任务管理、调度器之间的关系，以便后续讨论的展开。

- 任务管理的功能问题：上述 3 种模块中以任务管理的逻辑较为清晰、简单，任务管理要达到的目的就是使用户可以生成任务，删除任务，挂起任务，恢复任务，修改任务优先级和查询任务数据。
- ITC 的功能问题：ITC 的功能就是让任务能够通过 ITC 完成彼此的沟通和同步控制，包括可以等待、可以释放。当然，本身应该可以建立和可以删除。
- 调度器的功能问题：此处不讨论中断退出的调度和 DEVA 的调度，这两种调度的功能是固定的。任务调度器的功能就是在 ITC 等待或释放时，让应该运行的任务进入运行状态。为了找出应该运行的任务，就需要整个系统中各个任务、各个 ITC 以及它们之间的关系数据来指导这个查找算法。
- 任务管理与 ITC 关系问题：通常在任务中如何使用 ITC 是用户编写任务逻辑责任；但是通常可能会要求任务管理机制在删除任务和挂起任务前释放任务拥有的 ITC 控制信号，以避免影响其他任务执行，特别是删除任务时这个要求更为明显。在 Windows 和 Unix 类操作系统中，在进程退出时如果还拥有其他资源，系统会自动完成资源释放，这对系统的稳定性帮助很大。因此，任务管理也和 ITC 密切相关，并非完全是用户编写应用的责任问题。不仅如此，ITC 还通过用户编写的任务逻辑控制着任务的进程。当任务等待信号时，ITC 导致该任务进入等待；当 ITC 就绪时，导致该任务就绪。
- 任务管理与调度器的关系问题：任务管理是调度器的基础，调度器调度的就是任务。
- ITC 与调度器的关系问题：正如上面讨论信号灯依赖调度器算法解决任务优先级反转问题一样，ITC 与调度器有密切的联系。

下面用图形来说明三者之间的关系，如图 3-10 所示。

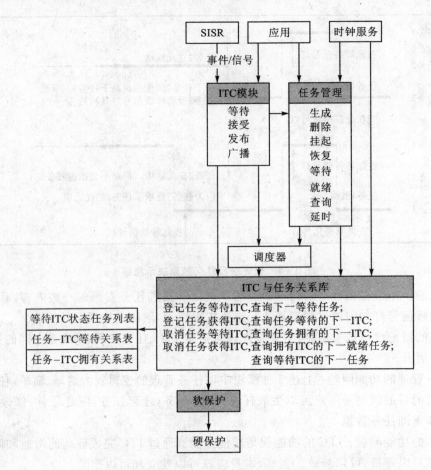

**图 3-10 任务管理、ITC、调度器关系**

从图 3-10 也可以看出,在这个局部的设计中,各部分关系密切、复杂,基本上对任何部分的重要修改都可能需要整体进行修改。鉴于这种情况,为精简内核设计,仅采用信号灯这一种 ITC。从前面的讨论中可以看到,信号灯和调度算法、任务管理灯关系密切,承担着任务优先级继承特性的算法。而其他 ITC,包括事件、队列等和任务调度算法关系较为松散,仅仅是在等待 ITC 时挂起任务,这可以通过将"ITC 与任务关系库"模块的接口提供给其他 ITC 使用来完成其他简单 ITC 的算法。

图 3-10 是对图 3-8 局部的详细描述,结合两图的描述能够更好地帮助读者理解系统的体系结构。为避免图 3-10 关系连线的复杂化,多个模块对软保护的依赖没有用连线描述。图 3-10 中的时钟服务是 SISR 中的一个特例,是内核的一部分,可以访问 ITC 与任务关系库,而不是像其他 SISR 和应用那样只能访问提供给应用开发的接口。不同于其他 SISR 的关键在于作为内核的一部分"ITC 与任务关系库"对其是开放的。通常应用开发的接口在这一局部设计相关的模块中只有信号灯、软保护、任务管理,并且 SISR 不能调用任务管理模块的功能。

图 3-10 中的事件/信号就是指任务控制、ITC 事件发生等事件,这些事件可能是发送给处于运行状态的任务的,也可能是发送给非运行状态任务的。图 3-10 中调度器的主要功能就是根据 ITC 与任务关系数据,切换当前运行任务。这个 ITC 与任务关系数据,并不一定明

确地存在,更可能分散在各个任务和 ITC 自己的数据结构中,这里仅仅是一个虚拟表示。在具体的实现中,也可以用模块组件真正实现该关系库,这样,其他各个模块之间的关系要简单、清晰很多,彼此间的分割也更完整,更便于各个模块的组件化,方便整个系统将来的算法更新和升级换代。例如,当前的系统设计没有考虑内存空间保护问题,将来 $\mu Rtos$ V2.0 要考虑 ARM9 系列通常都带有 MMU 的问题。在引入空间保护之后,此处的几个模块算法都要大量修改。如果关系库作为一个分割的模块存在,则更容易保持体系结构、接口定义和算法的基本稳定。用单独的模块组件实现该关系库并不增加很大附加开销,因为这些数据分散在任务和 ITC 中的方式并不能消除这些数据的存在,反而增加了很多复杂性,并且导致体系结构过分的刚性,不方便各个模块的更新、替换。

控制事件的来源一定是正在运行的应用任务。因为本体系结构中已经隔离了 ISR 和任务的关系,如果一定要表达 ISR 的影响,则应该是从 SISR 发出事件,而实际上 SISR 也是在任务环境运行的,相当于也是一个任务,可以合并到"运行任务"中。为了便于理解,图 3-10 中还是分开表达,但是读者应该理解 SISR 同样是任务这个概念。图 3-10 是一个通用的关系图,并不局限于 $\mu Rtos$ V1.0,也就是说这个图同样能够描述 $\mu C/OS-II$ 中这些相关部件之间的关系。只要所设计的嵌入式系统的几个基本假设与本体系结构设计相容,这几个部件就应该具备如图 3-10 的关系。

运行任务通过任务管理和 ITC 发布事件。如果发布的是与任务就绪和等待等控制相关的事件,就会通过 ITC 触发任务调度器执行调度。不应该在应用任务程序代码中触发调度器,也就是不应该将调度器函数接口暴露给应用,以免将来 ITC、任务和调度体系发生变化时需要调整的代码过于复杂。

图 3-10 中 ITC 与任务关系库是其他各部件的基础,是最重要的一个部件,它的具体设计方式影响到其他所有部件。例如,如果选用 $\mu C/OS-II$ 将这些数据分散到 ITC、任务结构中的方式或者选用另外的统一管理的方式,其他部件的写法变化极大。$\mu C/OS-II$ 用分散的方式处理,主要是因为 $\mu C/OS-II$ 中的调度算法不处理优先级继承问题,所以和 ITC 以及任务管理本身的关系不大。虽然还是有如图 3-10 的基本逻辑关系,但是多处关系连接线在 $\mu C/OS-II$ 并不明确存在。从更基本的角度考虑,嵌入式环境中用户期望的功能是多样性的。如果期望以上各个部件均能够比较自由地用其他算法实现来替换,按照 3-10 图的关系描述是一个比较完整的结构。

这几个组件都是单实列组件,也就是说单纯提供函数接口来管理 TCB 和 ITC 两种结构,因此不必采用 COS 组件方式定义。

## 3.3.1 软保护问题

1.4.4 小节讨论了锁调度方式实现的软保护存在的问题,主要是导致用软保护方式保护 ITC 时会存在一个 ITC 算法中不能调用调度器的缺陷,而 ITC 算法中不可避免地要调用调度器。用硬保护保护 ITC 就不存在这样的问题,但是硬保护影响系统中断响应能力,并且可能破坏硬实时系统要求的固定的中断响应。因此需要改变软保护方式的算法,尽量减少整个内核系统中使用硬保护的代码,且在必须使用的位置要具备可推算的中断屏蔽时间上限值。

软保护算法最容易考虑到的就是改变为尝试锁定(类似 SWP 指令的功能)一个临界区标记变量,并且在无法锁定时让任务延时,之后重新尝试锁定的方式实现软保护。图 3-11 中的结构关系表达的正是这样一种体系,图中省略了其他模块对软保护的依赖关系。如此修改后,软保护不再直接依赖于硬保护,而是直接依赖于任务延时,间接依赖于硬保护、调度器、ITC与任务关系库。这样的设计产生了一些比较重要的影响:其一,软保护以下模块(任务延时、调度器、ITC与任务关系库)不能再依赖于软保护(至少是现在讨论的这种软保护),而必须依赖于硬保护或其他保护方式来完成算法;其二,软保护采用任务延时方式来进行等待和尝试锁定,导致拥有软保护的任务释放软保护后,可能要约1个时钟片的时间任务才能在下次尝试锁定时进入临界区。

按照如上的设计,任务延时逻辑上是一个单独的小型模块,实际实现时可以将其放到"任务管理"模块的代码中。但是需要注意的是,其中一定不能有对软保护的调用功能,否则会形成循环依赖。

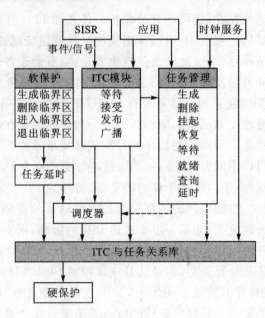

图3-11 尝试修改软保护算法

虽然这些模块中使用了硬保护,但都限制在内核内部,因此其使用状态是受控的,对每个特定的应用中断屏蔽的时间上限值仍然是可推算的。

从图3-11还可以看出,软保护和ITC的功能非常相似,存在着整合精简的可能,但是并不是简单地用最大计数值为1的互斥信号灯就可以替代软保护的。因为任务管理依赖软保护作为基础,而各种ITC又依赖任务管理这个基础,所以用ITC简单替代软保护是行不通的。需要将ITC依赖的任务管理功能加到ITC任务关系库模块中,之后即可将信号灯与软保护合并,也即信号灯具备了通用软保护的功能,可以用来保护除图3-11软保护所依赖模块以外的全部软件环境。这样处理后的信号灯更像Windows和Unix下信号灯的功能,同时解决了软保护的优先级反转问题。图3-12是一个整合后的简单关系图。

与图3-11相比,图3-12中的ITC与任务关系库功能已经有一些变化,包含了部分任务管理器的功能。也就是将标记(仅仅是标记不是调度)任务就绪和等待的功能转移到ITC与任务关系模块中。如此处理后,即可用信号灯保护通常的全局资源,而对于原有的多计数值的设备资源的访问控制情况不变。

软保护初步改为尝试并等待方式的算法后,存在拥有软保护的任务释放软保护后,等待软保护的任务需要至少一个时钟片断的切换才能获得通知的问题,并且存在优先级反转问题。在这个新的设计

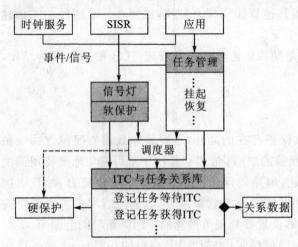

图3-12 软保护与信号灯合并的关系结构设计

中,这两个问题一并解决。当然,更不会存在原有调度器和软保护紧密结合时的逻辑上的缺陷。如此处理之后的软保护实际上有一个更准确的、在各种操作系统中通用的名字,即"临界区"。本书后面内容除非特别需要,都用"临界区"替代以前的软保护概念。在多任务开发环境中,通常各种保护机制要保护的代码段也称为"临界区",通常这个名词的两种用法通过上下文很容易分辨,因此本书中除非特别情况,后续章节中这两种用法都会出现。

上述设计当然还不是最优化的,其中一个较为明显的问题是,"临界区"下方作为其思想基础的所有模块必须在硬保护条件下运行。"ITC与任务关系库"模块中存在可能较为复杂和耗时的运算,不适合直接在硬保护方式下运行。这个问题很容易解决,对"ITC与任务关系库"操作的数据,即使有很多全局数据,也都和中断环境无关,无需硬保护。其内部实际上采用类似于原来"锁调度"方式的保护。引入锁保护的限制使用方法如图3-13所示。

限制在这个模块中使用"锁调度"方式的保护不会像原来作为应用开发环境使用的锁调度保护那样导致信号灯等ITC机制出现运行问题,因为该模块中完全是一些数据结构的计算,不会像ITC那样必须对任务调度器进行调用。本书此后用"锁保护"称呼这种内部保护机制。至此内核中就出现了硬保护、临界区、锁保护和设备保护,另外信号灯也可以用于保护,共5种适合不同环境使用的保护概念和手段。其中临界区是信号灯专用于类似于原有软保护环境的专门优化的信号灯,锁保护就是将原来锁调度方式的软保护改为模块内部的一种专用保护方式,而对应用程

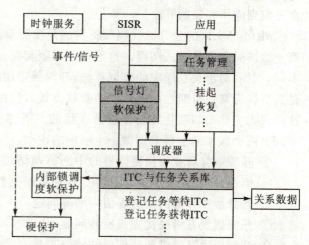

图3-13 引入锁保护的限制使用方式

序仅开放基于信号灯的"临界区"安全保护机制。锁保护方式除了不开放给应用使用,不能在与调度器发生关系的地方使用外,还是可以作为内核内部一些算法的保护机制,具有高效、简单的特点。

最优化的设计需要尽量减少调度器、ITC与任务关系模块中对硬保护的使用,尽量在其内部也用临界区或锁保护替代。图3-13虽然层次分明逻辑严谨,但是也存在不够高效的问题。毕竟作为整个系统的关键性基础环节,对性能的要求是很高的。要达到这种高效的设计,很容易想到的就是在保持着几个关键模块对外接口的条件下,将它们融合为一个整体,其内部关系不必这样层次分明,但是务必精简、高效。这种模块内部为了提高效率,因而存在复杂的甚至可能是内部循环依赖的情况,为此将图3-13中临界区、信号灯、调度器、ITC与任务关系库、锁保护合并到一个不可分割的模块中,仅保持提供给其他部件使用的接口定义和功能目标不变。这里称该模块为"紧密核"。在其内部ITC与任务关系库算法中采用类似μC/OS-II中采用的高速查表算法,可以达到常数时间调度的目的,模块内部甚至可以尝试采用汇编语言实现。图3-14是按照这个思路进行最佳设计后的体系结构关系图。

如此处理后,紧密核仍然对外提供信号灯、临界区、锁保护、调度器、ITC与任务关系库5

个接口,这5个接口仍然用不同的头文件定义提供给外部使用。如果要更换紧密核算法,例如在紧密核中调度采用时间片轮换或是其他方式,并不影响外部接口。在这5个接口中,临界区和信号灯是可以提供给非内核的应用开发使用的,其余的锁保护、调度器、ITC与任务关系库仅提供给内核内部模块开发使用,特别是锁保护,仅提供给简单的内核全局变量保护使用,其中不可以涉及到调度器等部件。因为是内核中使用的功能,对其有较为严格的限制并不过分,而且也不会影响到应用程序的开发。

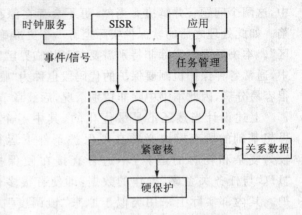

图3-14 最佳设计紧密核方案

μRtos V1.0的公开源代码版提供的是按照前面一个非紧密核方式实现的代码,非开源的商业版按照紧密核方式实现。这不是开源版和商业版的全部区别,还有一些其他细节方面的不同,例如,对于关系库中的查询算法,开源版中用的是简单的按顺序查找方式,商业版中用的是具有接近常数时间性能的调度和查找方式。后面讨论的代码基本上是开源版的实现代码,这些代码表达出的功能和商业版是一致的。既然谈到μRtos V1.0商业版和开源版的不同,下面对两个版本的主要差别做一个明确的说明:

① 开源版与商业版保持同样的中断驱动结构设计,但是开源版中没有DEVA分层调度模块,而是采用类似μC/OS-II中中断例程直接传递消息来完成信息的沟通。
② 开源版没有专门处理虚假中断等问题。
③ 开源版没有解决优先级反转问题。
④ 开源版没有提供循环依赖的侦测工具。
⑤ 开源版只提供了时钟设备中断,商业版内核还提供了嵌入式系统中常见的串口、$I^2C$等设备驱动以及命令行接口服务模块等。
⑥ 开源版的调度算法、ITC算法只是简单的功能实现,商业版调度算法有抢占式内核、时间片轮询式内核等多种选择,以及针对不同调度算法条件下ITC算法的最优化设计。
⑦ 开源版不带COS组件模块、层次化状态机、软串口驱动等。

图3-14中的任务管理虽然从结构关系上讨论并不在紧密内核内部,是内核中的一个单独的模块。从实践角度考虑任务管理总是依赖于调度器等更底层的算法安排,虽然在一个内核中是可以比较自由更换的,但是从应用开发者的角度考虑,可更换的余地并不大。

进一步设计之后的完整系统体系结构图也有一些变化,图3-15再次描述整体的体系结构关系。

实际上比较图3-15的体系结构与图3-8中描述的体系结构关系,变化并不大,仅是为了解决一些实际问题,对具体的实现进行了一些代码上的调整。图3-15中提供给应用开发的接口仍然用灰色框表示。"其他ITC"是指除信号灯、临界区之外的ITC,例如事件、队列等。

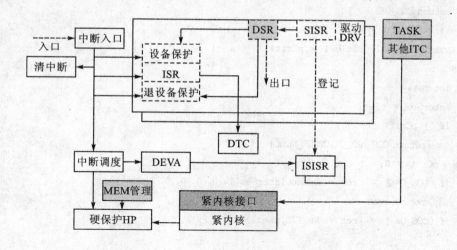

图 3-15 商业版分层调度体系综合结构图

**代码 3-11 临界区实现头文件 Critical.h**

```
#ifndef _CRITICAL_H_
#define _CRITICAL_H_
#ifdef _cplusplus
extern "C" {
#endif
////////////////////////////////////////////////////////////////////

typedef void * Critical;
int KernInitCritical(void);
int CreateCritical(Critical * pCrit);
int DeleteCritical(Critical pCrit);
int EnterCritical(TCB * pTcbSelf, Critical crit, int nTimeout);
int ExitCritical(TCB * pTcbSelf, Critical crit);

////////////////////////////////////////////////////////////////////
#ifdef _cplusplus
}
#endif
#endif
```

**代码 3-12 临界区实现代码文件 Critical.c**

```
#include "intersem.h"
#include "locksched.h"


int CoreInitCritical(void)
{
```

```c
        return COS_OK;
}
int CreateCritical(Critical * pCrit)
{
    int ret;
    InterSem * pSem;
    if (! pCrit)
        return COS_MEM_POINTER_NULL;
    * pCrit = 0;
    if (COS_OK ! = (ret = CreateInterSem(1, 0, 0, 0, 0, &pSem)))
        return ret;
    if (COS_OK ! = (ret = RegITC(pSem)))
    {
        DeleteInterSem(pSem);
        return ret;
    }
    * pCrit = pSem;
    return COS_OK;
}
int DeleteCritical(Critical crit)
{
    int ret;
    InterSem * pSem;
    if (! crit)
        return COS_MEM_POINTER_NULL;
    //临界区本身是没有被保护的,需要锁保护
    Lockshecd();
    if (COS_OK ! = (ret = RegDelITC((Sem *)crit)))
    {
        Unlocksched();
        return ret;
    }
    DeleteInterSem((InterSem *)crit);
    Unlocksched();
    return COS_OK;
}
int EnterCritical(TCB * pTcbSelf, Critical crit, int nTimeout)
{
    int ret;
    if (! pTcbSelf || ! crit)
        return COS_MEM_POINTER_NULL;
    //临界区本身是没有被保护的,需要锁保护
    //虽然 Regxxxxx 函数内部有锁保护,但此处调用了多个函数,
```

```c
    //需要外部保护进行协调
    Lockshecd();
    ret = RegTaskOwnITC(pTcbSelf, (Sem *)crit);           //登记任务获得 ITC
    if (ret == COS_OK)
    {
        Unlocksched();
        return COS_OK;
    }
    if (COS_SHOULD_SCHED != ret)
    {
        Unlocksched();
        return ret;
    }
    ret = RegTaskWaitITC(pTcbSelf, (Sem *)crit, nTimeout);  //登记等待
    if (ret == COS_SHOULD_SCHED)
    {
        Unlocksched();
        TaskSched();
        return COS_OK;
    }
    Unlocksched();
    return ret;                                            //COS_OK 或出错都直接返回
}
int ExitCritical(TCB * pTcbSelf, Critical crit)
{
    int ret;
    //临界区本身是没有被保护的,需要锁保护
    //Regxxxxx 函数内部有保护,并且此处只调用了一个这种函数
    ret = RegITCPost(pTcbSelf, crit, 0);
    if (ret == COS_SHOULD_SCHED)
    {
        TaskSched();
        return COS_OK;
    }
    if ((ret == COS_SHOULDNOT_SCHED) || (COS_OK == ret))
    {
        return COS_OK;
    }
    return ret;
}
```

从上面这两个文件可以看出,临界区的使用方式以及实际作用和 Windows、Unix 下的临界区 API 基本上相同。读者可能担心的一个问题是,临界区变量本身的保护是如何完成的?

由于临界区是供多任务之间同步使用的,临界区变量一定是在多个任务间采用全局变量共享的,而临界区实现代码不可能保护自身,因此读者很容易考虑用硬保护保护临界区的实现代码。

实际上并非如此,正如前面内容讨论的那样,因为"ITC与任务关系库"模块内部采用了自己的"锁调度"保护方式,所以在该模块管辖下的信号灯等无需其他额外的保护,条件是客户方代码对信号灯的任何操作都是通过系统提供的库接口函数进行的,而不是通过直接的成员赋值等方式进行的。例如,一个任务进入了临界区,另一个任务不按照正常规则直接去清除临界区变量,那当然会造成系统瘫痪。但是这种错误处理方式导致的结果并不仅是临界区才具有的,其他任何保护方式同样无法防止这种完全不按照行为规范进行的编码。只要是按照行为规范调用 DeleteCritical,就不会出现这种情况。

上面临界区实现代码中并没有对临界区变量 crt(实际上是一种信号灯)的直接操作,对其进行操作的代码都封装在"ITC与任务关系库"模块提供的 RegTaskOwnITC、RegTaskWait-ITC、RegITCPost 等函数当中,而这些函数内部对 ITC 等提供了完整的保护。同理,只要是通过接口函数规范化操作,信号灯也无需保护。

另外还有一个隐含的前提是不能在中断和设备环境中使用信号灯,虽然从体系结构设计上已经避免了这种必要性,但是还需要提出来提醒读者注意。这并不意味着不能在驱动程序中使用,正如前面体系结构设计中介绍的那样,驱动中只有 ISR 是工作在中断、设备环境中的,其余的 DSR、SISR 等都是在任务环境下工作的,因此,其中可以使用信号灯等。

参考 3.3.3 小节信号灯 Semphore 的实现代码可以看出,临界区实际上是特化了的信号灯实现,并不是在信号灯基础上实现,而是参照信号灯模式,在 ITC 与任务关系库基础上优化实现的。因此,不会存在用临界区保护信号灯等 ITC 机制时可能存在的逻辑上的循环依赖问题。

从以上实现中还可以看出,临界区/信号灯变量即便作为一个全局变量供不同任务共享,对其进行访问不仅无须进行保护,反而用硬保护来保护临界区是错误的选择。虽然不会出现bug,但是会导致中断响应能力降低。用临界区本身来保护临界区更是从逻辑上就不成立的。

读者也许会想起,在讨论硬保护泛滥问题时,提到 μC/OS-II 的保护方式缺陷时谈到因为引入保护导致的硬保护泛滥,μC/OS-II 中也可以不用保护,因此不存在硬保护泛滥问题呢?读者需要了解的是,上面内容谈到的临界区、信号灯变量访问无需保护的条件是 ITC 任务关系库中提供了基于锁保护,而不是硬保护的安全保护机制,并且临界区、信号灯只能用于任务环境或 SISR,而不能用于 ISR。μC/OS-II 中的算法导致硬保护泛滥是因为使用的是硬保护,同时因为用 ITC 作为 ISR 与应用传递数据的途径,导致在 ISR 中使用了硬保护并与应用环境中的硬保护纠缠,并最终破坏系统的硬实时响应能力。读者可以参考 1.2.2 小节的描述。

## 3.3.2 ITC 与任务关系

**代码 3-13 任务管理模块定义 Task.h**

```
#ifndef _TASK_H_
#define _TASK_H_
#ifdef __cplusplus
extern "C" {
```

```c
#endif
///////////////////////////////////////////////////////////////////////
#define         TaskSelf              (-1)
#define         MaxTCBSize            256
typedef         int                   PStack;
//状态编码
#define         TASK_READY            (0)
#define         TASK_WAIT             (1)
#define         TASK_SUSPEND          (2)
//定义原因编码
#define         READY_CAUSE_NORMAL    (0)
#define         READY_CAUSE_ITC       (1)
#define         READY_CAUSE_TIME      (2)    //表示超时引起回到就绪
//
#define         WAIT_CAUSE_NORMAL     (0)    //应该不存在这种原因
#define         WAIT_CAUSE_ITC        (1)
#define         WAIT_CAUSE_TIME       (2)    //表示延时导致等待
typedef struct TCB                           //要管理的结构
{
PStack *        TCBStackPtr;                 //当前任务堆栈指针
int             TCBId;                       //任务 ID
int             TCBPrio;
int             TCBStatus;                   //任务状态
int             TCBCause;                    //就绪原因,或等待原因
int             TCBDelay;                    //延迟任务计数,嘀嗒数
char            TCBName[32];
void            (* TCBRelease)(TCB * pSysData);
void *          pTCBData;                    //内部
}TCB;
typedef void (* TaskProc)(TCB * pSysData, void * pData);
typedef void (* TaskReleas)(TCB * pSysData);
extern void TaskSched(void);                 //任务调度器函数接口

int TaskCreate(const TaskProc pTask, const TaskReleas pRelease,
const void * pData, const int nPrio, const int nID,
const int nStksize, const int nOpt, const char * pName,
TCB * pTaskTCB);
int TaskDelete(TCB * pTCB, const int nID);
int TaskSuspend(TCB * pTCB, const int nID);
int TaskResume(TCB * pTCB, const int nID);
int TaskChangePrio(TCB * pTCB, const int nID,
const int nOldprio, const int nNewprio);
int TaskWait(TCB * pTCB, const int nID, const int nTimeout);//毫秒单位
```

```
        int TaskReady(TCB * pTCB, const int nID,const int bITC);
        int TaskDelay(TCB * pTCB, const int nID, cont int nDelay);//毫秒单位
        int TaskDealyTo(TCB * pTCB, const int nID,
        const int nYear, const int nMonth, const int nDate,
        const int nHour, const int nMinute, const int nSecond);
        int TaskExit(TCB * pTCB);
        int TaskTCBSize(void);                            //TCB结构尺寸
        int InitTask(void);                               //任务管理模块初始化函数
        #define     TASK_OK                               0
        #define     TASK_FAIL                             1
        ///////////////////////////////////////////////////////////////////////////////
        #ifdef _cplusplus
        }
        #endif
        #endif
```

该组件是一个单纯的函数型的管理模块,全系统中只有一个,不存在实例化问题,因此采用普通的函数定义,没有采用 COS 接口定义方式。多个函数需要 pTCB 参数,这些参数都是从任务定义函数的 pSysData 参数传递过来的,也就是任务自身的 TCB。这个参数应该在 TaskCreate 生成任务时作为第一个参数预先设置在堆栈中。TaskCreate 中的 pTaskTCB 参数例外,不是任务自身的 TCB,而是给要生成的任务提供的 TCB 块内存。

TCB 结构仅包含抽象的任务管理通常必需的成员,当具体实现需要其他不同成员时,需要自行扩展。扩展的途径就是采用其中的 pTCBData 成员中包含内部定义来完成的。函数 TaskTCBSize 用于帮助这种情况下返回特定实现中自己的 TCB 结构实际需要的内存大小。这样处理后,该 TCB 结构具有在各种体系、算法设计中通用的特性,同时任务管理模块无须自行管理内存,由客户方根据需要的内存大小进行分配。MaxTCBSize 用于简化用户代码编写,同时也要求编写任务管理模块的工程师保持其 TCB 结构小于 256 字节。例如,用户方代码很可能是用 MaxTCBSize 定义一个 char 型数组,之后转型为 TCB 供程序使用。

TCB 结构中的 TCBStackPtr 成员是嵌入式环境中简化调度算法的要求,编写应用程序时不可以改写该成员,只有任务调度类代码可以改变该成员的值。

TCB 结构中的 TCBRelease 成员需要仔细说明。在类似任务删除等处理逻辑中,如果要保障逻辑的严密、系统管理的稳定,则需要任务根据自身逻辑进行资源释放等操作。除了标准的和 ITC 发生关系的资源释放内核系统可以代劳外,其他资源和应用逻辑密切相关,应该由系统自行完成清理才是最安全的。因此,在 TCB 结构中设计此函数成员,该成员是通过 TaskCreate 的第二个参数 pRelease 传递到该结构中的,并且在 TaskDelete 函数中,释放掉标准的 ITC 资源后被调用。

另外,任务可能自行退出。在这种情况下,应该在任务的最后一行代码中调用 TaskExit 函数,以便完成自身的资源释放,就像 Windows、Unix 系统中编写进程是建议在进程结束时调用类似 exit(0) 等函数一样。TaskExit 中同样调用了这个 TCBRelease 成员函数。

从这些定义中看到,本体系结构中任务的定义与通常 Windows 和 Unix 平台下任务定义明显不同,首先是任务的函数定义是两个参数,而不是一个参数;其次是每个任务需要配一个

# 第3章 代码组织及功能设计

任务资源释放函数(也可以不必定义,而用 null 代替)。

当自行实现任务管理时,应该由专门定义的、用于内部实现的头文件和 C 文件。内部实现的文件可以不公布给组件用户,而只提供上面说明的标准接口头文件即可,但是对内部实现中密切相关部分,彼此间的内部定义是必须相互公开的。像本小节讨论到的任务、信号灯和任务信号灯 3 个模块就是密切相关的,通常应该由一个开发组织内部同时实现。从这个角度考虑,将 3 个组件合并为一个组件也是完全合理的,只是考虑到 3 个组件各自功能差别较大,所以分开讨论。在内部实现时,将这 3 个组件的相关定义合并。

**代码 3 – 14** Semaphore 管理模块定义 Sem.h

```c
#ifndef __SEM_H__
#define __SEM_H__
#ifdef __cplusplus
extern "C" {
#endif
////////////////////////////////////////////////////////////////////////////////
#define     MaxSemSize        128
typedef struct Sem                                    //要管理的结构
{
    int         nSemCnt;
    int         nSemMax;
    char        SemName[32];
    void *      pSemData;                             //内部
}Sem;

extern void TaskSched(void);                          //任务调度器函数接口

int SemCreate(const int nMax, const char * pName, Sem * pSem);
int SemDelete(Sem * pSem);
int SemPend(TCB * pTCB, Sem * pSem, int nTimeout);    //毫秒单位
int SemPendMulti(TCB * pTCB, Sem * pSem, int nSemNumbers,
    int bAnd, int nTimeout);                          //等待多个信号
int SemAccept(TCB * pTCB, Sem * pSem);                //接收信号,非阻塞
int SemAcceptMulti(TCB * pTCB, Sem * pSem, int nSemNumbers,
    int bAnd, int nTimeout);                          //接收多个信号
int SemPost(TCB * pTCB, Sem * pSem, int bBroadcast);
int SemQuery(Sem * pSem, int * pnSemCnt);
int SemSize(void);                                    //Sem 结构尺寸
int InitSemaphore(void);                              //信号灯模块初始化函数
////////////////////////////////////////////////////////////////////////////////
#ifdef __cplusplus
}
#endif
#endif
```

类似 Task 中 TCB 的处理，此处的 Semaphore 结构的定义尽量只包括抽象信号灯必需的成员，如果执行实现需要其他成员，则可以对该结构进行内部扩展，而不能改变该结构的定义。扩展的方式是通过该结构中的 pSemData 成员。SemSize 函数用于帮助表示具体实现所定义的结构大小，同时还有一个作用是帮助用户代码分配内存，这样处理后，信号灯组件中并不管理内存问题。MaxSemSize 同样用于简化用户方代码的编写，并限制实现信号灯的开发工程师将其定义的结构控制在 128 字节之内。

**代码 3-15　ITC 与任务关系定义 TaskITC.h**

```
#ifndef _TASKITC_H_
#define _TASKITC_H_
#ifdef _cplusplus
extern "C" {
#endif
/////////////////////////////////////////////////////////////////////////////
int RegTask(TCB * pTCB);                                  //登记新任务
int RegDelTask(TCB * pTCB);                               //登记删除任务
int RegITC(Sem * pSem);                                   //登记新的 ITC
int RegDelITC(Sem * pSem);                                //登记删除 ITC
int RegTaskWait(TCB * pTCB);                              //登记任务简单等待
int RegITCPost(Sem * pSem, int bBroadCast);               //登记 ITC 信号发布
int RegTaskWaitITC(TCB * pTCB, Sem * pSem,                //登记任务等待 ITC
    int nTimeout);
int RegTaskOwnITC(TCB * pTCB, Sem * pSem);                //登记任务获得 ITC
int RegTaskNotwaitITC(TCB * pTCB, Sem * pSem);            //取消任务等待 ITC
int RegTaskNotownITC(TCB * pTCB, Sem * pSem);             //取消任务获得 ITC
int QNextTaskWaiting (TCB * pTCB, TCB * * ppTCB);         //查询下一等待任务
int QNextITCWaiting(TCB * pTCB, Sem * * ppSem);           //查询任务等待的下一 ITC
int QNextITCOwned(TCB * pTCB, Sem * * ppSem);             //查询任务拥有的下一 ITC
int QNextTaskReadyOwnITC(Sem * pSem, TCB * * ppTCB);      //查拥有下一就绪任务
int QNextTaskWaitITC(Sem * pSem, TCB * * ppTCB);          //查询等待 ITC 的下一任务
int QTaskPrio(InterTCB * * ppTcb, int nPrio);             //查询优先级对应的任务
int InitTaskITC(void * pMem, int nMemSize);               //初始化
#define     REG_OK                  0
#define     REG_MEM_NOT_ENOUGH      1
#define     FAIL_OTHER_CAUSE        2
/////////////////////////////////////////////////////////////////////////////
#ifdef _cplusplus
}
#endif
#endif
```

在以上 3 个外部接口定义确定下来之后，下面讨论具体内部实现的接口定义。这几个部件的基础是任务与 ITC 关系库。这个关系库要描述的结构可以用图 3-16 描述。

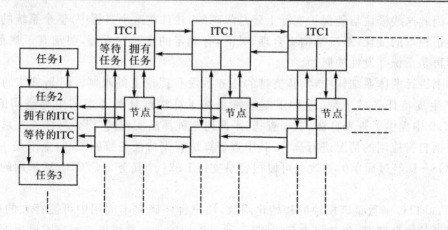

图 3-16 任务与 ITC 关系库关系描述图

从图 3-16 可以看出,这是一个任务为列、ITC 为行的二维关系表格。图 3-16 的实际实现可以用链表方式,也可以用数组方式,也可以用关系矩阵数组方式等。只要保证能够存放任务模块、ITC 模块、任务 ITC 关系库模块需要的内部关系数据即可。该关系图看似复杂,实际上相当简单,μC/OS-II 中任务与 ITC 之间基本上就是这样一个关系结构,只是关系数据分散存放,同时因为不支持优先级继承算法,需要的关系数据更少一些。

图 3-16 描述的是一个逻辑上完整的关系数据库结构,在实际实现时,可以在很多情况下大幅精简。例如,如果不支持多信号等待功能,每个任务一次只能等待一个信号,则各个节点不必和任务关联。不支持多信号等待并不表示系统无法完成多信号等待功能,实际上在需要多信号等待的环境应用的逻辑应该是相当复杂的,此时采用 3.6 节介绍的状态机技术描述应用逻辑就可以避免对多信号的等待。另外一种方式是应用功能模块中增加一个处理多个外部端口信号的程序,不通过多个信号灯,而是由应用在满足条件的情况下将一个单一的信号置位。这样应用对资源的消耗、响应速度等方面都比采用多信号等待方式有很大改善,这也是嵌入式环境中应用开发最常见的方式。

将这个关系数据的管理模块独立出来有很多好处,例如将来用树算法或 Hash 查表算法加快查询速度时,由于与其他部分隔离,不会导致其他相关算法的修改。考虑到与该模块相关的其他模块均为内核中重要的模块,这种独立性是相当重要的。嵌入式应用环境涵盖的范围相当宽泛,小到一个任务的系统和大到几百个任务的系统。在有上百个任务的系统中,就要认真考虑其他查找算法,例如平衡树、Hash 算法等。如果对实时性要求特别高,则可以采用查表算法。μC/OS-II 中的算法就是查表算法的一种变体。查表算法是速度最快的算法,好的查表算法能够实现一个接近常数的很短的查询时间,是推荐采用的算法。高效的实现应该在 2 μs 左右即可完成,并且是固定的,不会受到应用逻辑的影响。另外,这个时间并不是硬保护条件下的时间消耗,因为模块内部的"锁调度"保护隔离了对硬保护的需求,因此这个时间消耗对中断响应能力没有影响。

前面谈到,体系结构图中临界区模块位置之下的模块需要采用硬保护。从这里可以看到,原来设计中调度查找算法通过分层调度隔离后不再和中断响应相关,但是现在调度查找算法在此和硬保护再次相关了,回到类似原来的状态。实际上并非如此,而是原来"软保护"的方式被替换为一种新的方式,而临界区之下的模块中计算量最大的模块中内部使用了原来的"锁调度"保护,因此这些模块与硬保护实际上还是隔离的,并且在这个过程中,整个系统的体系结构已经产生了根本的变化,系统结构更合理、灵活,有确定的实时性保障,驱动有了规范的接口,临界区不再是系统并发性的瓶颈。

在本书设计的体系结构中,内核支持的任务数没有理论上的限制。但是具体的算法版本有可能产生支持任务数上限,这种限制通常是基于算法设计的考虑和内存空间的考虑的。μRtos V1.0 中提供了查表算法、顺序查找、平衡树 3 种算法实现的"ITC 与任务关系库"模块,供用户根据自身应用的情况进行选择,其中查表算法有支持任务数的限制,上限是 1 024 个任务。μC/OS-II 经过简单的修改也可以很容易支持 1 024 个任务,μC/OS-II 采用的是一种查表算法。

InitTaskITC 函数是该模块的初始化函数,用户程序确定本应用中可能存在的任务、ITC 及关系需要的内存情况,预备好内存空间后,通过该初始化函数将该空间交本模块管理。如果用节点链表方式实现本模块,需要的最大内存空间为:

$$任务总数 \times ITC 总数 \times 2 \times 链表节点大小$$

对于一个有 50 个任务、100 个 ITC 的大型应用,这个值大约是 200 KB。对于只有 10 个任务、20 个 ITC 左右的中型应用,这个值大约是 40 KB。当然,这是最大值,实际上多数任务和 ITC 之间并没有发生关系,可能只需要 8 KB 左右的空间即可。而对于嵌入式系统中常见的只有 2~3 个任务、3~5 个 ITC 的小型应用环境,实际上 2 KB 左右空间可能足够使用。在 μRtos V1.0 系统中,如果用户选择不需要优先级继承特性,需要用来保存关系数据的空间会更小。

**代码 3-16  任务及 ITC 等内部实现的接口定义 InterTaskSem.h**

```c
#ifndef _INTERTASKSEM_H_
#define _INTERTASKSEM_H_
#ifdef _cplusplus
extern "C" {
#endif
#include "task.h"
#include "sem.h"
#include "taskitc.h"
//////////////////////////////////////////////////////////////////////
typedef struct RelaNode
{
    RelaNode *      pNext;
    RelaNode *      pPrev;
    RelaNode *      pUp;
    RelaNode *      pDown;
    TCB *           pTCB;
    Sem *           pSem;
}
RelaNode;
typedef struct InterTCB                          //内部要管理的结构
```

```
{
    TCB              OuterTCB;
    InterTCB *       pNext;
    InterTCB *       pPrev;
    RelaNode *       pWaitSemHead;
    RelaNode *       pOwnSemHead;
}InterTCB;
typedef struct InterSem                    //要管理的结构
{
    Sem              OuterSem;
    InterSem *       pNext;
    InterSem *       pPrev;
    RelaNode *       pWaitTaskHead;
    RelaNode *       pOwnTaskHead;
}InterSem;
////////////////////////////////////////////////////////////////////////////////
#ifdef __cplusplus
}
#endif
#endif
```

### 3.3.3 信号灯

下面讨论信号灯本身的主体部分。除了前面讨论信号灯和调度算法配合解决优先级反转问题之外,信号灯的算法设计还有一些细节值得讨论。如下问题需要仔细考虑:

① 对释放信号灯是否有限制,是否只有拥有信号灯的任务才能释放信号灯?

② 拥有信号灯的任务是否能够多次拥有信号灯?

任务可以多次拥有信号灯,如果应用开发工程师不希望这种逻辑,可以自行控制,此处设计的信号灯为满足这种要求提供的一个帮助功能就是查询本任务是否已经拥有信号灯。如果应用逻辑希望任务不能多次拥有信号灯,则只需在等待信号灯之前查询是否已经拥有信号灯即可。

另外一个"信号灯必须拥有才能释放"条件,对于信号灯的使用环境是有限制的。也就是说,SISR 中不适合使用带有这种限制的信号灯给任务发送消息。因为 SISR 毕竟是和中断有很大联系的,如果 SISR 拥有信号灯,而中断信号一直不产生,则会导致优先级继承的算法基础被推翻。因此,需要一些设计上的安排。有多种方式解决这个问题,简单的办法就是设计为两种不同的 ITC,一种用于任务间控制,具有配合调度器完成优先级继承能力,另一种用于更广泛的事件通知,在不拥有的情况下即可发布事件通知。前者仍然称为信号灯,必须拥有才能释放,后者称为事件 Event,可以由任务根据应用的要求发布,不必拥有,3.3.4 小节专门讨论这种 ITC。

信号灯的等待方式还有是否阻塞等待的问题,参见上文中的 Semaphore 接口定义,其中 Accept 用于非阻塞等待,Pend 用于阻塞等待。当任务信号灯的计数器上限为 1 时,实际上就是一种 Mutex。作为一种基本的控制机制，信号灯可以作为其他可以设想到的多种同步控制机制的基础。例如，读者可以自行设计一种可以多任务共享读和单一任务写的控制机制。这种机制应该是组合了两个信号灯，这种机制在数据传递、文件访问、数据库访问等类似应用中用处非常大。这些组合机制都可以以信号灯作为基础设计出来，读者自行考虑具体的算法实现。可以想象到的控制机制还有很多，这里不一一列举。当应用开发中遇到采用基本信号灯进行控制逻辑过于复杂的情况时，通常考虑一下是否可以抽象出一种通用的控制机制，通常这样处理会给开发人员提供很好的思路。

当读者要扩展自己的同步控制机制时，选择按照事件通知方式还是资源控制方式使用信号灯，需要仔细考虑算法本身的功能要求。

**代码 3-17  信号灯实现代码 Semaphore.c**

```c
#include "intertasksem.h"
int SemSize(void)                                    //Sem 结构尺寸
{
return sizeof(InterSem);
}
int InitSemaphore(void)                              //信号灯模块初始化函数
{
return 0;
}
int SemCreate(const int nMax, const char * pName, Sem * pSem)
{
if (! pSem)
    return MEM_POINTER_NULL;                         //不是 COS 组件但采用统一错误编码
if (nMax <= 0)
    return PARAM_NOT_CORRECT;
pSem->OuterSem.SemMax = nMax;
pSem->OuterSem.SemCnt = nMax;
if (pName)
    OSStrCpy(pSem->OuterSem.SemName, pName);
else
    pSem->OuterSem.SemName = "";
pSem->OuterSem.pSemData = (void *)((char *)pSem + sizeof(Sem));
//设置各个链表
pSem->pWaitTaskHead = 0;
pSem->pOwnTaskHead = 0;
pSem->pPrev = 0;
RegITC(pSem);                                        //将信号灯登记到关系库
return COS_OK;
}
int SemDelete(Sem * pSem)
{
```

```c
    return RegDelITC(pSem);                              //登记删除 ITC,被等待或拥有时失败
}
int SemPend(TCB * pTCB, Sem * pSem, int nTimeout)
{
    int ret;
    if (! pTCB || ! pSem)
        return COS_MEM_POINTER_NULL;
    ret = RegTaskOwnITC(TCB * pTCB, Sem * pSem);         //登记任务获得 ITC
    if (ret == COS_OK)
        return COS_OK;
    ret = RegTaskWaitITC(pTCB, pSem, nTimeout);          //登记等待关系
    if (ret == 需要等待)
    {
        TaskSched();                                     //调度任务
        return COS_OK;
    }
    else
        return COS_ERR;
}
int SemPendMulti(TCB * pTCB, Sem * pSem, int nSemNumbers,
int bAnd, int nTimeout)
{
//参考开源版实现代码
}
int SemAccept(TCB * pTCB, Sem * pSem)
{
    int ret;
    if (! pTCB || ! pSem)
        return MEM_POINTER_NULL;
    return RegTaskOwnITC(TCB * pTCB, Sem * pSem);        //登记任务获得 ITC
}
int SemAcceptMulti(TCB * pTCB, Sem * pSem, int nSemNumbers,
int bAnd, int nTimeout)
{
//参考开源版实现代码
}
int SemPost(TCB * pTCB, Sem * pSem)
{
    int ret;
    ret = RegITCPost(pTCB, pSem, 0);                     //登记信号发布
    if (ret == 需要切换任务)
    {
        TaskSched();                                     //调度任务
```

```
        return COS_OK;
    }
    return ret;
}
int SemQuery(Sem * pSem)
{
    if (! pSem || ! pnSemCnt)
        return COS_MEM_POINTER_NULL;
    Lockshecd();
    * pnSemCnt = pSem->nSemCnt;
    Unlocksched();
    return COS_OK;
}
```

生成信号灯函数的定义格式,意味着用户方程序提供信号灯内存。这种处理方式的目的并非为了节省内存消耗,更关键的好处是信号灯模块不必处理内存管理问题。在嵌入式环境中,用户应用系统通常会希望根据自身应用特性编写、接管内存管理模块并能够自行控制内存使用的各个方面。采用这种处理方式之后,信号灯就不必依赖于尚未确定的内存管理模块。还可以考虑如果用户不提供内存,则由本模块分配内存,否则就使用用户方提供的内存,以满足多种情况下的应用需求。此处的示例代码没有考虑这种内部分配内存方式的处理,读者可以自行编写。

以上代码与 μC/OS-II 中信号灯代码比较要简洁很多,而具备的功能却更强,这主要得益于体系结构上更详细的设计安排。

### 3.3.4 事 件

正如 3.3.3 小节所述,事件可以在不拥有的情况下发布,方便在 SISR 环境中使用,是 SISR 环境和任务环境交互的有效工具,在非阻塞方式下,还可以在 SISR 环境中等待。这样处理后,非常方便编写 SISR 逻辑。此处的事件不同于 μC/OS-II 的事件,具有类似信号灯的计数功能,可以称为计数式事件,但是没有信号灯中计数器上限的限制,初始值都是 0。这种事件还可以用广播方式发布事件,也就是可以使当前处于等待状态的全部任务就绪。任务等待这种事件可以阻塞等待,还可以非阻塞等待。等待事件的任务还可以自行决定消耗掉该事件,还是保持该事件继续存在。

μC/OS-II 中有一种 FlagGroup 的 ITC,主要意图应该是用于表达硬件设备中的一些标记位变化。但是在实际编写硬件驱动时,不太可能针对这类标记位的每位进行事件通知。例如 Modem 通信用的 9 针串口,有 8 个信号接口线,除接收和发送外,其余 6 个是通信控制用标记位。但是在正常的微处理器中,都是在这些信号位中任意一位或多位发生变化时用一个统一的中断进行通知。从 ITC 设计的角度考虑也是一样,用事件或信号灯通知任务某种状态的变化,如果是硬件标记位一类的信息,收到事件通知的任务自行进行进一步的详细判断更适合通常的驱动编写方式,效率也较高。因此,FlagGroup 看似很特别,实际上用处并不大。

如果确实需要多个信号的组合等待条件,Windows 和 Unix 编程接口中提供给客户方使用的等待多个信号的 API 接口更为合理。正如信号灯中的 SemPendMulti、SemAcceptMulti

函数一样。

事件和信号灯主要的不同体现在"ITC 与任务关系库"中,事件与任务之间不会登记拥有关系,因此自然不会参与到任务优先级继承算法中,而信号灯和任务之间会登记拥有关系。事件相当于在"ITC 与任务关系库"部分简单功能基础上扩展出的一种 ITC 机制。

事件和信号灯这两种区别较大的 ITC 与其他技术结合,可以制作出很多种不同特征的 ITC。例如,3.3.5 小节要介绍的队列是解释 Fifo 缓冲与事件结合的产物。前面谈到的单方写入、多方读取的保护机制则是从信号灯扩展而来的。

**代码 3-18 事件接口定义 Event.h**

```
#ifndef __EVENT_H__
#define __EVENT_H__
#ifdef _cplusplus
extern "C" {
#endif
//////////////////////////////////////////////////////////////////////
typedef    Sem    Event;
int EvtSize(void);
int EvtCreate(const char * pName, Event * pEvt);
int EvtDelete(Event * pEvt);
int EvtPost(TCB * pTCB, Event * pEvt);                          //发布事件
int EvtBroadcast(TCB * pTCB, Event * pEvt);                     //广播事件
int EvtPend(TCB * pTCB, Event * pEvt,
    int bConsume, int nTimeout);                                //等待事件
int EvtPendMulti(TCB * pTCB, Event * pEvt, int nEvtNumber,
    int nAnd, int bConsume, int nTimeout);                      //等待多个事件
int EvtAccept(TCB * pTCB, Event * pEvt,
    int bConsume, int nTimeout);                                //非阻塞等待事件
int EvtAcceptMulti(TCB * pTCB, Event * pEvt, int nEvtNumber,
    int nAnd, int bConsume, int nTimeout);                      //非阻塞等待多个事件
int EvtQuery(TCB * pTCB, Event * pEvt, int * pnEvents);         //查询事件数
//////////////////////////////////////////////////////////////////////
#ifdef _cplusplus
}
#endif
#endif
```

按照这种方式定义的事件、在体系结构中的位置以及与其他模块的关系如图 3-17 所示。

图 3-17 是按照非紧密核方式描述的结构图。这个简单的关系结构图表明各种 ITC 机制的体系结构关系基本类似,只是各自在使用"ITC 与任务关系库"方面的具体方法不同。另外,信号灯实际上是临界区的实现载体,同时也是实现优先级继承的关键部件,是内核其他模块的基础之一,这是其他扩展产生的 ITC 无法比拟的。内核中或者用户自己准备建立的其他扩展而来的 ITC 与此处的事件 ITC 在体系结构中的定位基本一致。

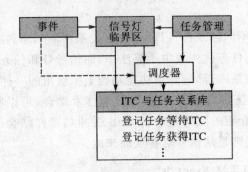

图 3-17 事件模块在体系结构中的位置关系

## 3.3.5 队 列

μC/OS-II 中的队列其实就是一个环形缓冲。鉴于环形缓冲、FIFO 等在系统中大量用到,因此没有必要在队列中专门再实现一次环形缓冲。本书中将 FIFO 缓冲作为一个常用组件独立提供,模块间衔接环境中通常会用到缓冲。如果不需要信号进行同步控制,采用通用的 FIFO 缓冲即可。只有在需要为 FIFO 缓冲增加任务间控制信号时,才有必要采用队列。

按照这个思路,队列的实现非常简单,就是用事件和 FIFO 缓冲组合出一个综合的控制机制,其中使用了类似组件"包含"的组合技术。这种组合不同于常见包含组合技术的地方是,被包含的组件 FIFO 缓冲的接口并不暴露出来,而仅仅对外提供队列的接口。其中事件的计数器限制值就是 FIFO 的缓冲项目数。

本小节首先给出一个实现 FIFO 缓冲的 COS 组件,然后在此基础上,结合前面小节介绍的 Event,通过 COS 包含技术实现一个新的 COS 组件接口 IQueue。

**代码 3-19 FIFO 接口定义——IFifo.h**

```
#ifndef _IFIFO_H_
#define _IFIFO_H_
#ifdef __cplusplus
extern "C" {
#endif
#include "cos.h"
////////////////////////////////////////////////////////////////////////
#define    IID_IFIFO        0x0002         //接口的惟一编号
//类型定义常数
#define    IFIFO_CHAR       0x0001         //字符型 FIFO
#define    IFIFO_SHORT      0x0002         //短整数型 FIFO
#define    IFIFO_LONG       0x0003         //4 字节型 FIFO

//下面是实现组件编号,本接口考虑嵌入式环境中,不同类型 fifo 分不同组件
//实现,如果读者认为最好一个组件实现各种类型,那是另外一种接口定义
//读者可以自行尝试
//如果采纳本书定义的接口,但是实现方式不同,或者想自行尝试实现,可以在下
//面组件编号中按顺序添加自己的组件编号。在头文件中添加这类简单常数定义并
```

# 第3章 代码组织及功能设计

//不破坏头文件的一致性,但是请不要修改其他位置的定义

```c
//4字节型,作者实现组件,实现文件 fifo_long_hyp.o
#define    IFIFO_LONG_HYP    0x0001
//字节型,作者实现组件,实现文件 fifo_char_hyp.o
#define    IFIFO_CHAR_HYP    0x0002

//用于支持多态的接口结构
typedef struct IFifo
{//实例生成后,还要首先调用 InstInit 函数进行进一步初始化
    int( * GetFifoType)(IFifo * pMe, int * pFifoType);
    int( * Get)(IFifo * pMe, TCB * pTCB, unsigned long * pData,
    int bWait, int nTimeout);
    int( * Gets)(IFifo * pMe, TCB * pTCB, unsigned long * pData,
    int nMemLen, int * pnItems, int bWait, int nTimeout);
    int( * Pick)(IFifo * pMe, TCB * pTCB, unsigned long * pData,
    int bWait, int nTimeout);
    int( * Picks)(IFifo * pMe, TCB * pTCB, unsigned long * pData,
    int nMemLen, int * pnItems, int bWait, int nTimeout);
    int( * Put)(IFifo * pMe, TCB * pTCB, unsigned long nData);
    int( * Flush)(IFifo * pMe);
    int( * RFlush)(IFifo * pMe);
    int( * InstInit)(IFifo * pMe, int nFifoType, int nItems,
    void * pMem, int nMemLen, int * pnMemNeed);
    int( * Release)(IFifo * pMe);
    void * pData;
}IFifo;
//帮助代码编写的类型定义
typedef int( * IFifo_InstInit)(IFifo * pMe, int nFifoType, int nItems,
void * pMem, int nMemLen, int * pnMemNeed);
int( * IFifo_GetFifoType)(IFifo * pMe, int * pFifoType);
int( * IFifo_Get)(IFifo * pMe, TCB * pTCB, unsigned long * pData,
int bWait, int nTimeout);
int( * IFifo_Gets)(IFifo * pMe, TCB * pTCB, unsigned long * pData,
int nMemLen, int * pnItems, int bWait, int nTimeout);
int( * IFifo_Pick)(IFifo * pMe, TCB * pTCB, unsigned long * pData,
int bWait, int nTimeout);
int( * IFifo_Picks)(IFifo * pMe, TCB * pTCB, unsigned long * pData,
int nMemLen, int * pnItems, int bWait, int nTimeout);
int( * IFifo_Put)(IFifo * pMe, TCB * pTCB, unsigned long nData,
int bWait, int nTimeout);
int( * IFifo_Flush)(IFifo * pMe);
int( * IFifo_RFlush)(IFifo * pMe);
```

```c
int( * IFifo_Release)(IFifo * pMe);
//自定义错误,与组件类型类似,具体实现可以根据情况在此添加错误类型
//不会影响接口的主体定义,但是推荐另外做头文件进行定义
#define  NOT_MADE_YET      0x10000        //自定义错误
#define  MADE_ALREADY      0x10001
#define  WRONG_FIFO_TYPE   0x10002
#define  NONE_DATA         0x10003
#define  BUFFER_FULL       0x10004
////////////////////////////////////////////////////////////////////////
#ifdef _cplusplus
}
#endif
#endif
```

**代码 3-20   FIFO 组件实现 1,ififo_long_hyp.h**

```c
#ifndef _IFIFO_LONG_HYP_H_
#define _IFIFO_LONG_HYP_H_
#ifdef _cplusplus
extern "C" {
#endif
#include "ififo.h"
////////////////////////////////////////////////////////////////////////
typedef struct SRingLong
{
int bufsize;
int buftype;
void * bufhead;
void * bufend;
//空:datahead == dataend, datalen == 0
//满:datahead == dataend + 1/dataend = datahead - 1
void * datahead;
void * dataend;
}SRingLong;
////////////////////////////////////////////////////////////////////////
#ifdef _cplusplus
}
#endif
#endif
```

**代码 3-21   FIFO 组件实现 1,fifo_long_hyp.c**

```c
#include "ififo_long_hyp.h"
static int nInstants = 0;           //内部静态数据,用于记录生成了多少实例
//实现 COS 要求的初始化函数
```

# 第3章 代码组织及功能设计

```c
int Init_FifoLongHyp(void * pMem, int nMemLen, int * pnMemNeed)
{
    int ret;
    if (nMemLen < sizeof(SRingLong))
    if (pnMemNeed)
        * pnMemNeed = 0;              //本组件初始化无需内存
    nInstants = 0;                    //保障全局变量初始化
    return COSReg(IID_IFIFO, IFIFO_LONG_HYP, Create, Unload, GetSize);
}
//实现 COS 组件要求的 GetSize 函数,静态函数,可以同名
int GetSize(int * pnSize)
{
    * pnSize = sizeof(IFifo) + sizeof(SRingLong);
    return COS_OK;
}
//实现 COS 要求的 Unload 函数,静态函数,可以同名
static int Unload(void)
{
//还有实例,不能卸载,仅仅是演示
//实际上,如果嵌入系统中具备代码模块动态加载能力时
//组件才具有卸载能力
//本组件仅提供无模块动态加载能力的系统使用,否则
//此处要完成组件卸载功能,需要调用类似于 Windows 中的
//bool FreeLibrary(HMODULE hModule);函数

//本来应该返回 FAIL_UNLOAD_HAVEINST,无卸载功能,仅占位演示
    if (nInstants)
        return COS_OK;
    return COS_OK;
}
//实现 COS 要求的 Create 函数,静态函数,可以同名
static int Create(void * * ppCos, void * pNull
void * pMem, int nMemLen, int * pMemNeed)
{
IFifo * pFifo;
RingLong * pRingLong;
if (! pMem)
    return MEM_POINTER_NULL;
if (nMemLen < (sizeof(IFifo) + sizeof(SRingLong)))
{
* pMemNeed = sizeof(IFifo) + sizeof(SRingLong);
return MEM_LEN_NOT_ENOUGH;
}
```

```c
pFifo = (IFifo *)pMem;
pFifo->InstInit = InstInit;
pFifo->GetFifoType = GetFifoType;
pFifo->Get = Get;
pFifo->Gets = Gets;
pFifo->Pick = Pick;
pFifo->Picks = Picks;
pFifo->Put = Put;
pFifo->Flush = Flush;
pFifo->RFlush = RFlush;
pFifo->Release = Release;
pFifo->pData = (void *)((char *)pMem + sizeof(IFifo));
pRingLong = (RingLong *)pFifo->pData;
pRingLong->bufsize = 0;
pRingLong->buftype = IFIFO_LONG;
pRingLong->bufhead = 0;
pRingLong->bufend = 0;
pRingLong->datahead = 0;
pRingLong->dataend = 0;
//
*ppCos = pMem;
//全局变量,需要临界区保护
//因为使用的是临界区保护,所以该组件只能在应用环境中使用
//不能在 ISR 中使用,但是可在 DSR、SISR 中使用
//组件分发给用户使用时应该在文档中说明
OSEnterSoftProtect();
nInstants++;
OSExitSoftProtect();
return COS_OK;
}
static int InitInst(IFifo * pMe, int nFifoType, int nItems,
    void * pMem, int nMemLen, int * pnMemNeed)
{
    RingLong * pRingLong;
    if (! pMe)
        return ME_POINTER_NULL;
    if (! pMem)
        return MEM_POINTER_NULL;
    if (nMemLen < ((nItems + 1) * 4))
    {
        *pMemNeed = (nItems + 1) * 4;
        return MEM_LEN_NOT_ENOUGH;
    }
```

```c
    pRingLong = pMe->pData;
    if (nFifoType != pRingLong->buftype)
    {
        return WRONG_FIFO_TYPE;
    }
    pRingLong->bufsize = nMemLen / 4 - 1;
    pRingLong->bufhead = pMem;
    pRingLong->bufend = pMem + pRingLong->bufsize + 1;
    //放在中间避免在数据很少时,总是处理临界状态
    pRingLong->datahead = pMem + pRingLong->bufsize / 2;
    pRingLong->dataend = pRingLong->datahead;
    return COS_OK;
}
static int GetFifoType(IFifo * pMe, int * pFifoType)
{
    if (! pMe)
        return ME_POINTER_NULL;
    return ((RingLong *)(pMe->pData))->buftype;
}
int(* IFifo_Get)(IFifo * pMe, unsigned long * pData)
{
    RingLong * pRingLong;
    if (! pMe)
        return ME_POINTER_NULL;
    if (! pData)
        return MEM_POINTER_NULL;
    pRingLong = (RingLong *)pMe->pData;
    if (! pRingLong->bufsize)
        return NOT_MAKED_YET;

    if (pRingLong->datahead == pbuf->dataend)
    {
        return NONE_DATA;
    }
    *pData = *((unsigned long *)pRingLong->datahead);
    pRingLong->datahead = pbuf->datahead + 1;
    if (pbuf->datahead > pbuf->bufend)
        pbuf->datahead = pbuf->bufhead;
    return COS_OK;
}
static int Gets(IFifo * pMe, int * pData, int nMemLen)
{
    int lens, i, getlen;
```

```c
    unsigned long * phead, * bhead, * pend, * bend;
    RingLong * pRingLong;
    if (! pMe)
        return ME_POINTER_NULL;
    if (! pData)
        return MEM_POINTER_NULL;
    if (nMemLen < 4)
        return PARAM_NOT_CORRECT;
    pRingLong = (RingLong *)pMe->pData;
    if (! pRingLong->bufsize)
        return NOT_MAKED_YET;
    //要实现 fifo 的免予保护,读数据方只能修改 datahead
    //并且只能读一次 dataend,并且这个读操作必须使单指令完成
    //因此首先将其读出到 pend 变量,编译成汇编后,确认汇编代码
    //中是单指令完成读操作
    phead = pbuf->datahead;
    pend = pbuf->dataend;
    if (phead <= pend)
        lens = ((int)pend - (int)phead) / 4;
    else
        lens = pbuf->bufsize
            - ((int)phead - (int)pend)/ 4
            + 1;
    if (lens < nMemLen / 4)
        getlen = lens;
    else
        getlen = nMemLen / 4;
    *pnItems = getlen;
    bhead = pbuf->bufhead;
    bend = pbuf->bufend;
    for (i = 0; i < getlen; ++i)
    {
        *pData = *(unsigned long *)phead;
        pData++;
        phead++;
        if (phead > bend)
            phead = bhead;
    }
    pbuf->datahead = phead;
    return COS_OK;
}
static int Pick(IFifo * pMe, int * pData)
{
```

```c
    RingLong * pRingLong;
    if (! pMe)
        return ME_POINTER_NULL;
    if (! pData)
        return MEM_POINTER_NULL;
    pRingLong = (RingLong *)pMe->pData;
    if (! pRingLong->bufsize)
        return NOT_MAKED_YET;

    if (pRingLong->datahead == pbuf->dataend)
    {
        return NONE_DATA;
    }
    *pData = *((unsigned long *)pRingLong->datahead);
    return COS_OK;
}
static int Picks(IFifo * pMe, TCB * pTCB, int * pData, int nMemLen,
int * pnItems, int nTimeout)
{
int lens, i, getlen;
unsigned long * phead, * bhead, * pend, * bend;
RingLong * pRingLong;
if (! pMe)
    return ME_POINTER_NULL;
if (! pData)
    return MEM_POINTER_NULL;
if (nMemLen < 4)
    return PARAM_NOT_CORRECT;
pRingLong = (RingLong *)pMe->pData;
if (! pRingLong->bufsize)
    return NOT_MAKED_YET;

phead = pbuf->datahead;
pend = pbuf->dataend;
if (phead <= pend)
    lens = ((int)pend - (int)phead) / 4;
else
    lens = pbuf->bufsize
        - ((int)phead - (int)pend) / 4
        + 1;
if (lens < nMemLen / 4)
    getlen = lens;
else
```

```c
        getlen = nMemLen / 4;
    *pnItems = getlen;
    bhead = pbuf->bufhead;
    bend = pbuf->bufend;
    for (i = 0; i < getlen; ++i)
    {
        *pData = *(unsigned long *)phead;
        pData++;
        phead++;
        if (phead > bend)
            phead = bhead;
    }
    return COS_OK;
}
static int Put(IFifo *pMe, unsigned long nData)
{
    unsigned long *last, *phead, *pend;
    RingLong *pRingLong;
    if (!pMe)
        return ME_POINTER_NULL;
    pRingLong = (RingLong *)pMe->pData;
    if (!pRingLong->bufsize)
        return NOT_MAKED_YET;
    //要实现 fifo 的免予保护,写数据方只能修改 dataend
    //并且只能读一次 datahead,并且这个读操作必须使单指令完成
    //因此首先将其读出到 phead 变量,编译成汇编后,确认汇编代码
    //中是单指令完成读操作
    phead = (unsigned long *)pRingLong->datahead;
    pend = (unsigned long *)pRingLong->dataend;
    last = phead - 1;
    if (last < pRingLong->bufhead)
        last = pbuf->bufend;
    if (pend == last)
    {
        return BUFFER_FULL;
    }
    *pend = nData;
    pend = pend + 1;
    if (pend > pbuf->bufend)
        pend = pbuf->bufhead;
    pbuf->dataend = (void *)pend;
    return COS_OK;
}
```

```c
static int Flush(IFifo * pMe)
{
RingLong * pRingLong;
if (! pMe)
    return ME_POINTER_NULL;
pRingLong = (RingLong *)pMe->pData;
if (! pRingLong->bufsize)
    return NOT_MAKED_YET;
pRingLong->datahead = pRingLong->dataend;
return COS_OK;
}
static int RFlush(IFifo * pMe)
{
RingLong * pRingLong;
if (! pMe)
    return ME_POINTER_NULL;
pRingLong = (RingLong *)pMe->pData;
if (! pRingLong->bufsize)
    return NOT_MAKED_YET;
pRingLong->dataend = pRingLong->datahead;
return COS_OK;
}
static int Release(IFifo * pMe)
{
RingLong * pRingLong;
if (! pMe)
    return ME_POINTER_NULL;
if (pRingLong->bufsize)
{
    OS_Mem_Free(pMe->pData);
}
OS_Mem_Free(pMe);
nInstants--;
return COS_OK;
}
```

以上代码有一些值得关注的特点。

采用了类似微软COM组件函数统一返回执行结果代码的方式作为函数返回值，而不是实际所需数据。取数据全部通过指针变量读取，但是返回值没有像微软COM组件那样设计一套HResult那种复杂的位组合方式。嵌入式环境中没有必要用HResult那种复杂的方式，每种接口的用户只要能够通过头文件中的错误代码定义判断此类组件的执行情况即可。Init函数例外，该函数返回将组件实例化需要的内存长度。

虽然FIFO组件有long、short和char等3种类型，但是接口统一用long数据，这只需在组件实现内部明确转换代码即可,而且明确的类型转换并不需要消耗多余的计算,只是附加类似(unsigned char)这样的转换即可。

这种队列仅适合应用环境使用,不适合 ISR 使用。ISR 中没有和其他任务传递数据或消息的要求,ISR 是通过专门的 DTC 机制传递数据的。因此并不妨碍这种组件在系统中广泛使用。

这种 FIFO 只适合单向传递数据,在单向传递数据的场合无需保护。这在 1.3.6 小节进行了说明。但是,如果传递方或接收方各自是多个任务的,应该各自用临界区进行保护。通常应用的环境都是一对一的传递,因此这种实现方式比较优化。1.3.6 小节也谈到,不需要保护的条件是有几个关键数据的读/写必须使汇编语句一句完成,不可分割。

该接口的定义将 long、short 和 char 分不同的组件实现。嵌入式开发环境的情况是,在串口和 UI 接口处常用 char 型队列,在其他位置常用 long 型队列。long 型队列经常用于存储指针而不是数字。嵌入式系统中没有串口和 UI 的系统很常见,同样,只有串口的系统也很常见。采用这种不同组件实现该接口的不同类型的方式比较适合嵌入式环境下灵活的组合。

下面介绍用户使用时的方式和步骤。首先将 Init_FifoLongHyp 函数放到 CMain 中调用,以便初始化并注册该组件。之后要使用该接口时,只需要首先申请好一块 IFifo * 类型的内存(需要的内存大小由 Init_FifoLongHyp 返回)用于存放该组件的接口实例,然后用 COSCreateOO 函数生成实例即可。然后可随时按照组件的使用说明调用接口中的函数。释放时应该首先调用 Release 释放实例,之后调用 COSUnload 卸载组件。

接受方清空缓冲用 Flush 函数,发送方清空缓冲用 RFlush 函数。这样设计是为了保持 Fifo 单对单发送/接收时不必进行保护。否则,发送和接收双方的共享公共部分按照通常逻辑是需要用临界区进行保护的。

对于 Init_FifoLongHyp 这种实现同一接口的不同组件,自己定义的函数名可以用一个头文件定义好交给使用者;同时在该头文件中附带自己定义的错误代码,并用注释文字说明组件的使用说明,以便读者使用。但是具体实现代码可以编译成目标.o 文件交给使用方,不提供实现代码文件可以保护自己的创作。

卸载函数在此组件中没有实际意义,因此 nInstants 全局变量实际上也没有什么用处,仅仅作为演示。Unload 函数实际上应该全部返回 CAN_NOT_UNLOAD,除非操作系统具有动态模块加载/卸载能力。

COS 技术本身并不限制组件用于 ISR 环境还是任务环境,但是这两种环境中的组件不能混合使用,否则容易产生保护机制的不恰当使用,影响系统中断响应能力。不过在本书讨论的这种体系结构设计中,ISR 环境中基本上没有使用组件的必要性,因为 ISR 的逻辑非常简单,就是简单地读出设备寄存器中数据后通过 DTC 发送给 DEVA,然后转交任务。

通过以上代码,读者对 COS 组件应该已经有一些认识,并体会到与其他模块结合完成组件的特性。上面这个 FIFO 缓冲是一个标准的实现,可以在多处位置使用,其不用保护的优点甚至可以作为 ISR 与非 ISR 通信的工具。但是本小节所说队列,并不仅仅是一个 FIFO,需要附加一个事件,以便实现带信号通知的队列。

使用队列进行设计时还需要注意,通常接受方应该只有一个,对收到的队列信息根据情况进行处理。如果有多个接受方,而且处理方式不同,对信息的理解不同,则可能是设计上存在问题,这种情况应该分成不同的队列传递数据。只有在接受方对信息的处理和理解都一致时,才能够共同使用一个队列接收数据。例如用于网络负载动态平衡的多个网络发送模块,每个模块管理一个网卡,把收到的数据按照相同的处理逻辑传递出去,以免网络数据多集中在一个网卡发送。

**代码 3-22　队列 Queue 接口定义 IQueue.h**

```
#ifndef _IQUEUE_H_
#define _IQUEUE_H_
#ifdef _cplusplus
extern "C" {
#endif
#include "cos.h"
////////////////////////////////////////////////////////////////////////
#define   IID_IQUEUE      0x0003            //接口的惟一编号
#define   IQUEUE_HYP      0x0001            //组件编号

//用于支持多态的接口结构
typedef struct IQueue
{
int( * InstInit)(IQueue * pMe, int nMax, char * pQName,
void * pMem, int nMemLen, int * pnMemNeed);
int( * Release)(IQueue * pMe);                            //组件释放

int( * QPost)(IQueue * pMe, void * pData);                //发送队列数据
int( * QWait)(IQueue * pMe, void * * pdata);              //等待接收数据
int( * QAccept)(IQueue * pMe, void * * pdata);            //非阻塞等待
void *    pData;
}IFoo;
//帮助代码编写的类型定义
int( * IQueue_InstInit)(IQueue * pMe, int nMax, char * pQName,
void * pMem, int nMemLen);
int( * IQueue_Release)(IQueue * pMe);                     //组件释放
int( * IQueue_QPost)(IQueue * pMe,TCB * pTCB,void * pData);         //发送队列数据
int( * IQueue_QWaitQ)(IQueue * pMe,TCB * pTCB,void * * pdata);      //等待接收数据
int( * IQueue_QAccept)(IQueue * pMe,TCB * pTCB,void * * pdata);     //非阻塞等待
//自定义错误,与组件类型类似,具体实现可以根据情况在此添加错误类型
//不会影响接口的主体定义,但是推荐另外做头文件进行定义
////////////////////////////////////////////////////////////////////////
#ifdef _cplusplus
}
#endif
#endif
```

代码 3-23  队列 Queue 实现 Queue.c

```c
#include "cos.h"
#include "iqueue.h"
#include "event.h"
#include "ififo.h"
//实现 COS 组件要求的 Unload 函数,静态函数,可以同名
static int Unload(void)
{
    return COS_OK;
}
//实现 COS 组件要求的 GetSize 函数,静态函数,可以同名
int GetSize(int * pnSize)
{
    int fifosize;
    int ret;
    if (! pnSize)
        return COS_MEM_POINTER_NULL;
//采用 COS API
    ret = COSGetSize(IFIFO_LONG_HYP, IFIFO_LONE_HYP, &fifosize);
    if (COS_OK ! = ret)
        return ret;
    * pnSize = EvtSize() + sizeof(IQueue) + fifosize;
    return COS_OK;
}
//实现 COS 要求的 Create 函数,静态函数,可以同名
int Create(void * * ppCos, void * pNull,
void * pMem, int nMemLen, int * pnMemNeeded)
{
    int fifosize;
    int nMemNeed;
    Event * pEvt;
    int nType;
    IQueue * pQueue;
    IFifo * pFifo;
    void * pFifoCos;
    int size = 0, ret;
    if (! ppCos || ! pMem)
        return COS_MEM_POINTER_NULL;
    ret = GetSize(&size);
    if (COS_OK ! = ret)
        return ret;
    if (nMemLen < size)
```

```c
    return COS_PARAM_NOT_CORRECT;
pQueue = pMem;                                          //生成、初始化队列接口函数
pQueue->pData = (void*)((char*)pMem + sizeof(IQueue));
pQueue->InstInit = InstInit;
pQueue->Release = Release;
pQueue->QPost = QPost;
pQueue->QWait = QWait;
pQueue->QAccept = QAccept;
pEvt = pQueue->pData;
pFifo = (IFifo*)((char*)pEvt + sizeof(Event));
COSGetSize(IID_IFIFO, IFIFO_LONE_HYP, &fifosize);
ret = COSCreate(IID_IFIFO, IFIFO_LONE_HYP,&pFifoCos, 0,
pFifo, fifosize, &nMemNeed, &nType);                    //生成 Fifo 接口函数
if (COS_OK != ret)
    return COS_ERR;
*ppCos = pMem;
return COS_OK;
}
//实现 COS 要求的初始化函数
int InitHypQueue(void* pMem, int nMemLen, int* pnMemNeed)
{
return COSReg(IID_IQUEUE, IQUEUE_HYP,
    Unload, Create, GetSize);
}
static int InstInit(IQueue* pMe, int nMax, char* pQName,
void* pMem, int nMemLen, int* pnMemNeed)
{
int ret;
IFifo* pFifo;
Event* pEvt;
pEvt = pMe->pData;
pFifo = (IFifo*)((char*)pEvt + sizeof(Event));
ret = (*pFifo->InstInit)(pFifo, IFIFO_LONG, nMax,
pMem, nMemLen, pnMemNeed);
if (COS_OK == ret)
    return ret;
return COS_OK;
}
static int Release(IQueue* pMe)
{
if (!pMe)
    return COS_MEM_POINTER_NULL;
free(pMe);
```

```c
    return COS_OK;
}
int QPost(IQueue * pMe, TCB * pTCB, void * pData)
{
    int ret;
    IFifo * pFifo;
    Event * pEvt;
    if (! pMe)
        return COS_MEM_POINTER_NULL;
    pEvt = pMe->pData;
    pFifo = (IFifo*)((char*)pEvt + sizeof(Event));
    ret = (*pFifo->Put)(pFifo,TCB * pTCB, pData);        //发送队列数据
    if (COS_OK == ret)
    {
        return (*pEvt->EvtPost)(pTCB, pEvt);             //发布事件
    }
    return COS_ERR;
}
int QWait(IQueue * pMe, void ** ppData)
{
    int ret;
    IFifo * pFifo;
    Event * pEvt;
    if (! pMe)
        return COS_MEM_POINTER_NULL;
    pEvt = pMe->pData;
    pFifo = (IFifo*)((char*)pEvt + sizeof(Event));
    ret = (*pFifo->Get)(pFifo,TCB * pTCB, ppData);       //读队列数据
    if (NONE_DATA == ret)
    {
        ret = (*pEvt->EvtPend)(pTCB, pEvt, 1, -1);       //永久等待
        if (COS_OK == ret)
        return (*pFifo->Get)(pFifo,TCB * pTCB, ppData);
        return ret;
    }
    if (COS_OK! = ret)
    return ret;
    return COS_OK;
}
int QAccept(IQueue * pMe, void ** pdata)
{
    int ret;
    IFifo * pFifo;
```

```
Event * pEvt;
if (! pMe)
    return COS_MEM_POINTER_NULL;
pEvt = pMe->pData;
pFifo = (IFifo *)((char *)pEvt + sizeof(Event));
return (*pFifo->Get)(pFifo,TCB * pTCB, ppData);       //读队列数据
}
```

从队列的实现可以看到,其中利用了 Fifo 这种 COS 组件,但是这种利用方式并不是微软 COM 组件中提到的包含和聚合两种方式之一,而仅仅是利用。包含和聚合都涉及到内部使用的组件接口暴露到外部的问题。此处的实现仅仅利用 Fifo 组件来完成功能,并没有将 Fifo 的接口暴露到 IQueue 的外部。但是和包含方式的编码基本类似,如果要尝试标准的包含方式,只需将 Fifo 的接口暴露到 IQueue 中,并通过函数转发调用即可。

## 3.4 时间片轮换调度算法

本书中多处提到调度算法的更换,本节对时间片轮换算法进行讨论。时间片轮换算法在嵌入式系统中并不比抢占式内核差,特别是在应用任务不多、任务间优先关系不明显的情况下。在本书讨论的体系结构中,系统的中断响应能力实际上是由系统内核的中断处理部分决定的,已经与内核中的调度算法以及应用层等隔离,采用时间片轮换算法实际上并不影响或损坏系统的中断响应能力。

采用时间片轮换算法还带来很多好处,例如不存在任务优先级反转问题等,在这种情况下系统的内核可以做得更小、更精简。任务调度算法变成了简单地查找下一个任务并将其调度到运行状态,条件是当前没有锁定调度。参考 3.3 节,其中列出的相当长的调度器伪代码(还调用了数个复杂的子函数)可以精简成只有几行的代码。

采用时间片算法并不影响整个系统的体系结构,其他内核部件的代码基本上可以保持不变。ITC 与任务关系库模块也可以保持不变,但更好的作法是根据时间片调度算法的特点,大量精简该模块内部的算法和内存空间需求,同时保持外部接口不变。

很多读者可能认为时间片算法只适用于低速系统,其实这个看法并不正确。即便是高速系统,只要各任务之间不存在明显的优先级区别,就可以是适用的。在这种多个高速任务运行的环境下,即使是采用抢占式调度,也难免需要各个任务处理好缓冲等,避免无法抢占到运行权力时出现数据溢出。采用时间片轮换算法,只要各个任务安排好缓冲,彼此轮换运行的效果与抢占式调度的效果应该是基本相同的,甚至在有的情况下,系统表现会更好。

另外,在时间片轮换调度算法中,任务同样可以具备等待、就绪等状态。例如当任务等待的一个信号还没有产生时,任务就进入等待状态。等待状态的任务并不消耗时间片。所谓时间片轮换的调度算法,只是在就绪任务之间的轮换。因此,系统的运行反而会更加稳定、均衡。

那么在什么情况下需要抢占式优先级调度呢?实际上抢占式优先级调度主要适合于不定期有突发事件产生的系统,而且突发事件不及时处理就可能造成数据的溢出或其他危害。另外就是时间关键系统,例如,核反应中最高优先级的任务可能是一个对异常情况进行处理的任务,该任务在出现情况时,必须获得全部的时间片并全力处理,此时是容不得多个就绪任务轮

换的。

在本书设计的体系结构中,即使有这种对抢占方式特别突出要求的环境,用时间片轮换算法也同样能够达到要求,这是因为本体系结构中的 SISR 实际上相当于一个优先级高于所有其他任务的环境。即使是采用时间片轮换算法,SISR 的优先运行特性也照样保持。因此,采用本体系结构,在只有个别外部信号需要这种非常明显的抢占式调度的情况下,照样可以用时间片轮换算法作为内核的调度算法,而把对该特别信号的处理的关键部位放到 SISR 中进行处理即可。如果信号特别关键,甚至应该进一步提升到 ISR,或者中断预处理和未屏蔽的 FIQ 中进行处理,毕竟错过该信号的灾难性后果可能会比对其他信号的处理要重要得多。

另外,仔细检查表 1-5 可以看出,列出的多种高速处理方式对目标应用是否是当前任务很敏感,如果系统只有一个任务或该任务优先级很高,多数高速处理方式的适应性会好很多。但在有几个高速任务的情况下,这些高速处理方式的实际效果都会因为任务切换、信号通知等操作而急剧下降。而在这种有几个高速处理需求任务情况下,用时间片轮换算法就可以避免信号通知、任务抢先等,因为就绪的任务一定会有执行的机会。如果配合自保护 FIFO 使用,目标任务就一定会经过读取 FIFO 数据的代码点,很多保护、信号传递等的需求都不再必要,因此整体性能会相当高。

从以上讨论可以看出,在采用本书介绍的体系结构条件下,确实有必要认真对待时间片轮换调度算法。在 µC/OS-II 原有设计情况下,要更换调度算法实际上是非常困难的,例如,ITC 部件就和调度算法紧密相关。但是通过图 3-2、图 3-3 所示的体系结构设计之后,内核系统中绝大部分部件的运行实际上已经和调度器分隔开。特别是在紧密核方案中,最关键的几组功能密封在一个很小的黑匣子内,内核体系其他部分具有了很好的通用性和灵活性,只须更换该紧密核,则整个系统特性就会跟着变化,而且还不影响系统的硬实时特性(在紧密核内部实现合理的条件下)和分层调度的其他特性,无须更换 ITC 部件的算法等。

## 3.5 模块间衔接接口

任何一个系统总是由各种各样的模块构成,各种模块的功能虽然不同,但彼此间交流数据的方式却经常是可以统一的。内存和 ITC 虽然是模块间通信最常用的方法,但开发人员在具体应用中使用 ITC 等完成任务通信工作时,却经常重复着很多类似的工作,很有必要统一这些开发模式,以便模块间的接口设计更标准化。图 3-18 描述了常见的应用系统中的模块结构。

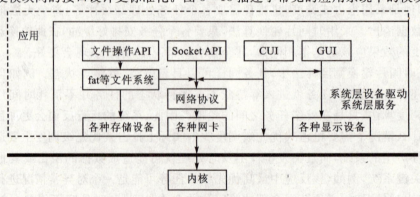

图 3-18 模块关系示例

这些模块内部还可以进一步划分出不同的层次,例如网络部分常见的 ISO 七层模型,如图 3-19 所示。

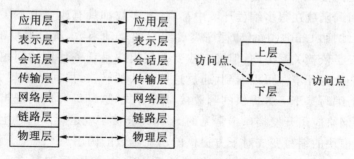

图 3-19　ISO 分层结构

这种分层结构不仅对网络系统,而且对其他各种系统都是有意义的。这种结构中最值得探讨的就是临近层之间的关系是如何建立的。上层对下层的访问点很容易建立,就是上层访问下层的函数接口,这是最简单、高效的方法。而下层对上层的访问却有很多种方式,可以设想的方式有 5 种。

① 函数调用:最差的方式,适用范围很小,导致上、下层紧密关联。

② 注册回调函数方式:与函数接口同样高效,比单纯的函数接口方式好,但彼此关联还是太紧密,适合模块内部小模块之间使用。例如,内核体系结构中的 SISR 就是注册到 DEVA 提供的 ISISR 注册接口的回调函数。

③ 采用 FIFO 缓冲区的衔接方式:有比较好的适应性,能够在模块内部、不同任务的模块间适用;上、下层间没有紧密地关联关系,系统结构更灵活。但是更适合数据型交流,因为 FIFO 的异步特性用于控制型的交流时容易产生 bug。

④ 队列方式:采用 3.3.5 小节中的队列接口,比单纯的 FIFO 缓冲区更好,不仅能够传递数据,还具备消息发送和任务间同步控制能力。

⑤ 管道:此处的管道不是 Windows 和 Unix 中用于通信的管道,而是指类似 Unix 中命令行管道的处理流水线管道。它适合于有明确分步处理逻辑的应用,例如一些简单协议处理中常见的过滤、读协议头、转义、处理、加协议头和发送过程。

第①种方式存在的一个问题是,上层很可能并非简单的函数模块,而是具有活动能力的任务模块,但下层通过直接函数调用方式调用上层接口只能保持在同一个任务运行环境中;并且,上、下模块间由于存在循环的依赖关系,即使是在同一个任务环境中实现的上、下层模块,这种循环依赖关系也是不利于体系结构设计的。图 3-20 描述了除第①种方式之外的其他层间衔接方式。

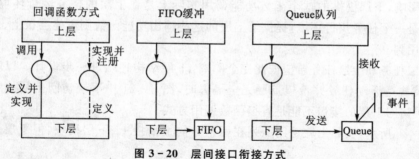

图 3-20　层间接口衔接方式

图3-20中表示的"回调函数方式"解决第①种直接函数接口方式的循环依赖问题,也就是说下层访问上层的接口在下层定义并管理注册,但是在上层实现,并注册到下层管理接口,以便下层访问。回调函数在很多编程环境中都有,大多数都具有改变上下层依赖关系和提供层间抽象的目的。例如 Linux 中驱动程序需要编写的驱动函数,就是典型的回调函数方式。回调函数方式改变了依赖关系方向,但没有改变上层模块是任务环境的问题,上、下层模块仍然必须是在同一个执行环境。可以看到,通过这些方式的转换,层间的依赖关系得到了改善,各层中都转变成为编写基于下方提供的函数接口的方式,这样编写代码逻辑更为自然、灵活、易于表达。例如,网络应用开发接口中常见的 Socket 套接字就是可以通过上述方式进行设计后,上层接收应用模块的编写变成对下方提供的功能函数的调用。

FIFO 缓冲和队列缓冲方式都有改变依赖关系方向的能力,同时具有不同执行环境之间衔接的能力。但是并不完全是不同任务执行环境的衔接,因为上层对下层调用的还是函数接口,这类方案已经可以用于大多数开发环境。例如在网络应用中,上层是一个应用任务,下层实际上最终来自于 ISR、SISR 或其他任务。当下层访问上层时,需要传递到上层的任务环境;但上层访问下层时,却无须跨任务环境,只须调用下层的功能函数就可以将数据包发送出去。图3-21结合内核体系结构描述说明这种上、下两个方向不对称的情况。

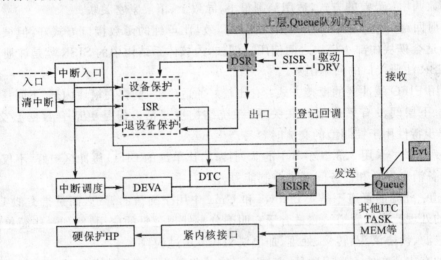

图3-21 上、下层衔接的不对称关系

图3-21只是一个示意图,实际上 SISR 和 Queue 之间可能还存在其他层次。同时,上层访问的下层结构也不一定需要是内核中的 DSR。这种上层的不对称关系,在并非内核的层与层之间经常能见到。其含义就是下层提供上层一个输出的函数功能调用,即便下层是一个任务环境也不影响,下层提供的这个函数功能调用实际上是在上层的任务运行环境中执行的。如果下层也是一个任务执行环境,提供给上层的这些输出功能函数则可能会被上、下层不同的运行环境调用到。

如果下层任务和上层任务希望彼此完全隔离,下层结构还须进一步设计。以队列方式为例,当下层模块是活动任务并希望上层完全隔离时,图3-21中下层访问上层的结构无须改变,但是上层访问下层的接口不能是直接函数调用方式。

如图3-22所示,实际上就是用队列在两个方向上衔接上、下层模块,但下层用一个很薄的接口将对下层的函数调用转移到队列,进而转入下层任务环境。这个手法实际上对于下层访问上层接口也可以使用,也就是在下层发送到上层的队列消息之前,再加一层调用接口隔离。总结起来,存在 4 种方式的接口,如图 3-23 所示。

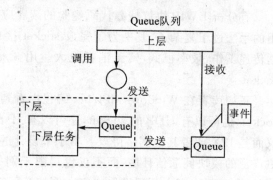

图 3-22　层间衔接——下层任务

双向的简单函数调用接口通常只能用于模块内部的更小层次划分关系,因此没有在本图中描述。图中的缓冲可以是多种形式的,可以是简单的 FIFO,也可以是带事件通

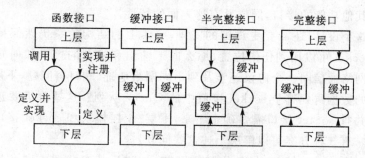

图 3-23　层间衔接方式总结

知的队列 Queue。这 4 种接口方式也可以混用,例如下行用函数调用,上行用缓冲接口或完整接口。完整接口对外的表现就像是上下行都是简单函数调用一样,而实际上通过缓冲进行了隔离,并且不用处理缓冲步骤逻辑。半完整接口的特性是,一方需要面对的不是典型的函数调用,而是要处理缓冲区的逻辑,例如,当是带事件的队列时,需要按照等待事件→读取数据这样一个步骤来完成数据的读取。后面 3 种接口方式的依赖关系并没有混乱,因为缓冲或完整接口都是单独定义的,是上、下层共同依赖的一个很薄的层次,图 3-23 仅仅是为了描述上下层关系将其放置在两层中间,实际上,上下两层都依赖于接口,依赖关系仍然是单向的。

另外,再次提醒读者注意,此处的设计大量使用缓冲,因此,带来的异步特性在有明显同步控制要求的情况时极易引发很难调试、解决的 bug。

## 3.5.1　套接字

在前面介绍的通用模块间衔接方式的基础上理解套接字接口其实非常容易,下面用图形来表达其中的设计安排,如图 3-24 所示。

这种 socket 接口可以放在任何位置,其定义也是基本固定的,因此,上、下层之间通过彼此都理解的这个 socket 接口完成相互间的访问。没有做过这方面设计的读者可能感觉这样的 socket 接口很复杂,但是实际上要想自己真正实现 socket 接口,基本上这是最简单的设计方式。如果要求更多、更强的功能,则需要更多的设计元素才能完成。

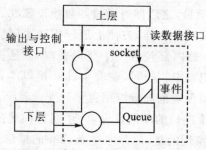

图 3-24　socket 接口体系结构

有分析 LWIP 协议栈源代码经验的读者应该知道,为了完成这个同样的功能,LWIP 中使用的手法过于复杂了,其中为了完成 socket 接口,专门用一个任务来执行此处队列完成的数据传递工作,效率很低,资源消耗也大。用 3.3.5 小节讨论的组件可以很容易、高效地实现 socket 接口。

正如读者在 Windows 和 Unix 编程中看到的那样,socket 可以有很多种,可以有 TCP 的 socket,也可以有 UDP 的 socket,还可以有 IP 的 raw socket,甚至网络协议还可以不是 IP 协议而是 IPX 或者其他网络协议。本小节设计的 socket 同样具备这样的灵活性,甚至可以用于更广泛的模块间通信环境,而不仅仅局限于网络协议通信范畴。至于该 socket 是面向流的,还是面向包的,则由下层模块决定。例如在网络中,当下层模块是 IP 或 UDP 时,该 socket 自然是面向包的;如果下层模块是 TCP,则是一个面向流的套接字接口。假设用这种通用的套接字接口来设计其他功能的接口,同样具有这方面的特性。

要真正完成这个设计,还需要更详细的安排,整体上的结构关系仍然保持图 3-24 的描述。例如,既然 socket 可以用到任何位置,那么向下输出和控制的接口如何知道选择哪一个下层模块? 正如网络通信同一个协议还涉及到不同网络地址、端口等问题,下层模块如何知道将发向特定端口的数据送到哪个 socket 接口中的 Queue 队列? 这些都需要进一步的其他辅助设施的设计。并且 socket 接口需要确定下来,下层、上层模块和 socket 接口自动配合也要满足一定的条件。有 3 种方案可以解决上述这些问题:

(1) 设计统一的 socket 接口,另外设计辅助数据结构,其中登记不同型号标识的 socket 在访问下层模块时的目标模块;

(2) 设计成不同的 socket,各自访问不同的下层模块;

(3) 是组合式的解决方案,对一些比较接近的 socket 类型用同一种 socket 实现,内部用类型编号区分,对类型差别较大的 socket,采用不同的 socket 实现。

从当前开发人员的开发习惯看,第(3)种方式最好。例如对 IP、UDP、TCP 上的 socket 接口,开发人员都能接受作为同一种 socket 使用,而对于其他类型的 socket 并不习惯。但从嵌入式开发环境的特点来说,第(1)种方式更好。因为当前市面上的应用开发主要以 IP 网络应用为主,如果 IP 网络应用中已经支持了 IP、UDP、TCP 三种 socket,而其他类型的 socket 又极为少见,将其他 socket 统一到这种 socket 中,应该是最节省成本的方式,包括提供 socket 包的供应方的成本和用 socket 进行开发的使用方的成本。需要做的仅仅是将可能产生的其他 socket 应用统一到接近 IP socket 的接口方式下即可。关键是 COS 源代码级的组件技术使模块升级、更换便宜;否则第(3)种方式是首选。

图 3-25 描述这个详细设计后的 socket 接口体系结构。

当 socket 生成时,向图 3-25 中两个登记表登记注册项目,之后即可通过函数接口彼此通信。在 socket 的上下两方全部的编程接口都像是函数调用接口一样,方便上层应用和底层协议或驱动的开发。当然,这也对下层模块提出了要求,其一是内部包含一个登记表,其二是提供一个统一形式的输出函数接口登记到 socket 内部的登记表中。同时,要求 socket 接口本身提供一个下层登记用接口。另外还要求上层按照 socket 编程规范进行应用程序开发。

图 3-25 中 socket 实现的接口 1、2、3、4 实际上是一个接口的不同部分,为了图形描述的方便,都用接口形式的图形元素表达。接口 5 是下层模块实现的接口,并通过 socket 的接口 4 登记到 socket 内部的下层登记表中。要注意的是,此处的各个接口并没有暗含其中包括多少

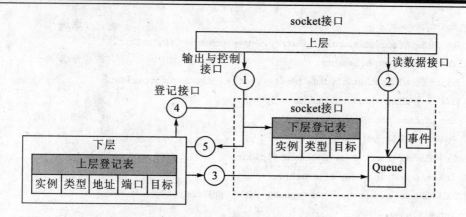

图 3-25 详细 socket 接口设计

个函数。例如,接口 5 可能包括了发送函数,还可能包含了控制函数。另外,在具体实现时,也并不一定只有上述两个登记表,可能需要用其他方式来表现。具体的定义需要通过详细的文本定义式的接口描述来说明,图 3-25 仅仅是为方便读者理解提供的一个图解。

这个 socket 结构甚至可以支持在下层登记表中登记的除目标不同外而其他数据完全相同的多项,这样会产生一个下层数据发送到多个上层,非常方便编写复杂的控制逻辑。

**代码 3-24　ISocket 接口 V1.00 定义**

```
#ifndef _ISOCKET_V100_H_
#define _ISOCKET_V100_H_
#ifdef _cplusplus
extern "C" {
#endif
/////////////////////////////////////////////////////////////////////////////////
typedef     void *        socket;
////接口 1 中接口函数
int SocketCreate(int nAddrFamily, int nSocketType,
    int nProt, int nFlags, socket * pSocket);                      //生成
int SocketClose(socket s);                                         //关闭
int SocketEnumProt(int * pnProts, int * pnProtIDs, int nIDLen,
    char * pNameMem, int nNameLen);                                //枚举
int SocketJoinLeaf(socket s, const SockAddr * pName, int nNamelen,
    void * pCallerData, void * pCalleeData, int nFlags);           //合并
int SocketIoctrl(socket s, int nIoControlCode,
    void * pInBuffer, int nInBuffer,
    void * pOutBuffer, int nOutBuffer,
    int * pnBytes);                                                //控制
int SocketStringToAddress(char * pAddressString,                   //地址
    int nAddressFamily, SockAddr * pAddress, int * pnAddressLength);
int SocketGetAddressByName(int nProt,                              //地址解析
    char * pName, void * pAddr, int * pnAddrLen, int nTimeout);
    int SocketConnect(socket s, SockAddr * pName, int nNameLen,
```

```
        int nTimeout);                                              //连接
    int SocketSend(socket s, void * pBuffer,int * pnNumberOfBytesSent,
        int nFlags, int nTimeout);                                  //发送
    int SocketSendTo(socket s,void * pBuffer,int * pnNumberOfBytesSent,
        int * pnFlags, const SockAddr * lpTo,
        int nToLen, int nTimeout);                                  //指定发送
////接口2中接口函数
    int SocketAccept(socket s, SockAddr * pAddr,
        int * pnAddrlen, int nTimeout);                             //接收
    int SocketRecv (socket s, void * pBuf, int * pnNumberOfBytesRecvd,
        int * flags);                                               //接收
    int SocketRecvFrom(socket s, void * pBuffer,int * pnNumberOfBytesRecvd,
        int * pnFlags, SockAddr * pFrom, int * pnFromlen);          //接收
////接口3中接口函数
    int SocketPost(void * pData, int nFlags);                       //上传
////接口4中接口函数
    int SocketReg(int nProt, void * fSend, void * fSendto,
        void * fIoCtrl);                                            //登记
//////////////////////////////////////////////////////////////////////////////////
    #ifdef _cplusplus
    }
    #endif
    #endif
```

以上套接字接口函数之所以确定一个版本号 V1.00 是为将来扩展做准备,例如将来可能考虑的 Overlap 方式操作、可能要考虑的"完成例程"等。这些概念通常是当前 Windows 和 Unix 较新的网络开发接口概念,通常不会使用到,或者可以用其他技术手段组合产生。但如果套接字接口支持,则编程,特别是复杂的多任务网络编程会变得更加容易。

其中接口 1 中的函数 SocketIoctrl、SocketClose、SocketStringToAddress、SocketGetAddressByName、SocketConnect、SocketSend 和 SocketSendTo 实际上都要转发到下层模块,但是其中的 SocketClose、SocketStringToAddress、SocketGetAddressByName 和 SocketConnect 四个函数实际上是通过 SocketIoctrl 完成的,只是这 4 个函数的控制代码对各种 socket 接口都是固定的。这样便于简化接口,通过 SocketIoctrl 提供了很好的扩充余地,同时保持只需要下层模块提供 3 个最经常使用的函数接口,简化下层模块的代码编写。

## 3.5.2 管 道

管道是另外一个很有特色的模块间衔接接口,常见于 Unix 开发环境,Windows 开发环境也有支持。在 Unix 环境中,很多命令行指令都具有管道衔接能力,这也是 Unix 环境下 Shell 脚本开发能够丰富多彩的主要原因之一。图 3-26 表示管道模式中通常的处理过程。

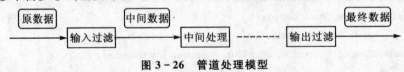

图 3-26 管道处理模型

从图 3-26 可以看出，实际上管道处理的每一级是同构的，可以用图 3-27 表达。

每一节有一个入口，有一个供下一级登记入口的登记接口。如果应用中存在的管线式处理步骤特定于专用的应用，也许用户并没有要用管道来将处理逻辑通用化的冲动。但是，一个应用中写好的管道节点在将来其他应用中还可以不加修改地通过统一、标准的方式衔接到其他应用中，这种接口组件的设计对于长期专门从事嵌入式开发的团队是有相当帮助的。

图 3-27 管道单节模型

正如对于套接字讨论的那样，这仅仅是一个概略性的模型，实际的实现模型还需要进一步的讨论。例如，当管道单节是活动的任务时，简单的函数接口就通常不适合此处前后管道节点的衔接。参考套接字接口的设计，可以类似设计出详细的实现细节结构，如图 3-28 所示。

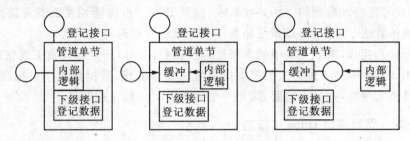

图 3-28 管道单节类型设计

其中第一种类型就是简单的函数处理方式，第二、三种类型是任务处理方式，因此用缓冲隔离，后两种没有本质区别，但是最后一种内部对缓冲的处理无须考虑缓冲处理的步骤，编写这种管道单节会更容易。缓冲的类型和前面讨论的一样，同样可以在普通 FIFO 或者带事件的队列间选择。在嵌入式开发环境中，第一种方式简单、高效，使用的可能性更大一些，但是管道级数也不能太多，每一级至少带来一次子函数的调用，太多的级数会出现很深的函数调用堆栈。后面两种方式虽然没有函数调用堆栈逐级增加的问题，但是缓冲的资源消耗对嵌入式环境来说也不适合太多级数。后面两种方式更接近于通常 UNIX 环境下各级管线用端口相互衔接的模式，第一种方式仅仅是在接口模型上类似，实际上是子函数调用的标准化登记管理方式。

读者可以看到，前面的 socket 接口没有采用 COS 组件方式实现，而此处管线节点需要采用 COS 组件方式才能够比较方便地实现，因为每个单节节点实际上都是客户自身应用的逻辑，无法预先设计完成，用组件方式可以比较方便地将每级的形式固定下来。从方便用户实现自己的管线节点的角度来说，还需要进一步归纳设计为如图 3-29 所示的两种类型。

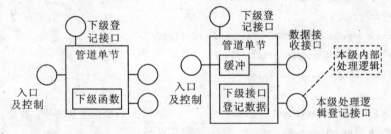

图 3-29 管道单节实现类型

第一种形式只是提供接口的定义，是嵌入式环境中最可能用到的形式，并不妨碍用户自行按照 COS 组件的方式去实现这个接口，并在其中使用并缓冲技术。第二种形式就是帮用户事先实现缓冲并用函数进行封装。数据接收接口是为简化有缓冲的情况下编写内部处理逻辑工作设计的。

管线编程模式在很多地方有实际的使用，例如底层驱动，如果内核的供应商或自己前期编写的驱动无法完全满足新的要求，又不想完全重新编写，就可以用管道线方式加入自己的处理之后转调用原有代码模块。如果原有代码就已经考虑了后续用管道线扩充以前代码功能的接口，则更为简单。参见 1.3.6 小节中对嵌入式环境中不同应用需求对不同驱动的要求，可以看到管道线方式作用很大，对于在现有工作环境中处理新问题很有帮助。当然，如果是一个全新的问题，通常最有效的方式还是重新编写整个模块的代码，但是经常遇到的情况反而不是这样。例如，本来编写完成的网络通信模块需要加过滤程序，原先设计好数据传递路线要加一个分支等，在开发时是经常遇到的。而这些需求，前期开发时也许能预见到其可能性，但是却无法清楚了解具体算法，此时用管道预留拓展空间是最明智的选择之一。

为简化设计和实现，图 3-29 中的本级处理逻辑登记接口函数也放到下级登记接口中，也就是合并到图 3-29 中第一种形式的基本接口定义中。同理，数据接收接口也放到基本接口中。当用户具体实现时，如果不需要，则用一个简单的空函数实现即可。

**代码 3-25　管线接口 IPipe 接口定义**

```
#ifndef _IPIPE_H_
#define _IPIPE_H_
#ifdef _cplusplus
extern "C" {
#endif
#include "cos.h"
/////////////////////////////////////////////////////////////////////////////
#define    IID_IPipe         0x0004
#define    IPipe_HYP         0x0001              //作者的实现编号

#define    TYPE_CALL         0x0000              //直接函数调用型
#define    TYPE_FIFO         0x0001              //FIFO 缓冲型
#define    TYPE_QUEUE        0x0002              //Queue 缓冲型
typedef int( * PipeCtrl)(void * pMe, int nIoControlCode,
    void * pInBuffer, int nInBuffer,
    void * pOutBuffer, int nOutBuffer,
    int * pnBytes);                              //控制
typedef int( * PipeSend)(void * pMe, void * pBuffer,
    int * pnNumberOfBytesSent, int nFlags);      //下发
typedef struct IPipe
{
    int ( * PipeRegInit)(IPipe * pMe,            //初始化类型及分支数量
    int nType, int nBranchs);
```

```
    int (*PipeCtrl)(IPipe * pMe, int nIoControlCode,
        void * pInBuffer, int nInBuffer,
        void * pOutBuffer, int nOutBuffer,
        int * pnBytes);                                      //控制
    int (*PipeSend)(IPipe * pMe, void* pBuffer,
        int * pnNumberOfBytesSent, int nFlags);              //下发
    int (*PipeRegNext)(IPipe * pMe,
        PipeSend fps, PipeCtrl fpc);                         //登记下一级
    int (*PipeRegLocal)(IPipe * pMe,
        PipeSend fps, PipeCtrl fpc);                         //登记本级
    int (*PipeRecv)(IPipe * pMe, void* pBuf,
        int * pnNumberOfBytesRecvd, int * flags);            //接收
    void * pData;    //保存登记资料的内部数据结构,由内部实现具体确定
}IPipe;
////////////////////////////////////////////////////////////////////////////////
#define      PIPEREG_ERR      0x01          //登记失败,分支数已满
#ifdef __cplusplus
}
#endif
#endif
```

类似于套接字接口模式,下层模块可以发送一个下层收到的上行数据到多个上层模块,管道模型也可以登记多个后级到单个前级,构造出带分支的管道。分支管道为处理复杂的控制逻辑带来方便。

3.5.1 和 3.5.2 小节通过组合前面谈到的通用模块间衔接技术,展示了两种重要的常用开发接口,一方面通过这种样式,指导读者设计自己的模块间衔接模式,另一方面也是这两种重要衔接模式的一个说明。实际上可能出现的模块间衔接模式还有很多种。考察 μRtos v1.0 的内核也能分辨出其中的一些。

也许读者会问设计这些复杂的组合衔接模式是否必要,如果读者仔细分析过 LWIP 协议栈就会发现,应用这些技术,LWIP 的设计本来是能够简单、高效很多的。在简单应用中当然不推荐读者无理性地滥用这些组合的模块衔接技术,任何技术都需要仔细考察。如果为了达到同样的目的,不采用这些组合技术的代价比采用这些技术的代价还高,并且代码更凌乱,难以管理,那么应该毫不犹豫地采用或者设计新的组合衔接技术。如果本来就是简单的环境,则应该尽量采用简单的技术。

### 3.5.3 通用接口

从 3.5.1 和 3.5.2 小节可以看到,如图 3-30 所示的简单接口经常用于组合产生各种复杂接口。

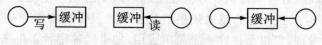

图 3-30 通用接口

其他形式的接口,例如函数接口、纯缓冲接口等,因为都是用户自行处理的,没有设计的价值。上诉3种形式的接口将缓冲区的入口、出口或者两端都分装成简单的函数接口,方便编写模块的工程师用通常函数的方式编写模块代码,而不必去处理缓冲逻辑。其中的缓冲可以是普通FIFO缓冲,也可以是带事件通知的Queue队列缓冲。其中最后一种两端封闭的接口形式通常用于隔离两个模块的中间层次,例如,socket中就有这种形式的接口。前面两种只用函数封装单一方向的接口形式通常用于模块内部对外提供接口。缓冲的最大作用是隔离和转换不同的任务执行环境,其次的作用还有将功能调用串行化的功能。这些功能都是常见的设计概念之一。模块的设计工程师的主要工作就是确定功能、接口形式和接口定义。本小节并不打算用COS封装这3种接口形式,虽然很多接口都是由这种模式衍生,但是真正的实现中需要的辅助设计太多,提供所谓通用小型接口的意义不大。例如,socket接口中的登记表、管道接口中的登记表等都是常见的接口辅助设计。如果要考虑这些辅助设计,则该通用接口极其复杂;而如果没有这些辅助设计,纯粹转换性质的接口用处又不大。因此,仅仅作为一种概念或一个模式提出,方便读者在设计时参照这种思路,结合前面的socket和pipe设计,完成自己模块的构造。

## 3.6 状态机组件设计

在系统设计中,模块衔接技术的重要地位当然无庸置疑,紧排其后的还有其他多种设计技术。有限状态机无疑是最佳候选之一。对状态机问题,相信读者并不陌生,在网络协议中多处用到状态机。本书在最开始的章节里讨论基本体系结构时也谈到,在没有操作系统只有中断服务的环境里,大量用到状态机设计技术来设计系统的逻辑。可见,状态机设计中产品设计中的重要地位。

状态机设计技术使用得好对整体系统设计有极大的帮助作用,若不用状态机技术设计,则需要用复杂的多任务控制才能完成的逻辑,在采用良好的状态机设计之后,整个体系结构都会简洁、高效很多。而且有限状态机设计技术有很好的数学基础,用状态机技术设计的模块或模块组具有逻辑严密、不易产生bug等优点,很多关于状态机设计的书籍中都介绍了这些优势、特长。

这里要提醒读者注意的是,使用有限状态机技术和使用其他所有技术一样,要考虑其使用环境。状态机技术的关键缺点是随着状态的增加,状态间的关联呈几何级数增加而不是线性增加,达到一定的复杂程度之后,甚至会出现小规模状态机本来具有的优势也丧失掉的情况。例如其逻辑的严密性不易产生bug的优势,在状态间的关联呈几何级数上升达到一定程度条件下,在任何位置产生的bug就会非常复杂地在系统中蔓延。因此,有限状态机技术通常适合中等规模状态逻辑的描述。很小规模的状态逻辑情况下使用状态机还不如使用其他技术,太大规模的状态机也最好不要轻易使用,除非有非常雄厚的团队开发实力。

在通常一些典型的应用环境里,状态机的规模都算适中,例如网络协议等。但是那种没有操作系统,纯粹在中断服务和状态机设计上建立起来的系统因为不可避免地要用状态机描述系统的全部逻辑状态,很容易达到超大规模的状态机。只要仔细考虑一下一个电话拨打、接通、通信的过程就会发现,仅仅是这样一个简单应用,如果纯粹用状态机来描述,则其规模都是相当大的。

因此,在采用操作系统首先固定好内核与应用的框架,并用模块间衔接接口设计好模块间关系之后,在一些中等规模的局部采用状态机设计技术才是最佳的设计选择。

## 3.6.1 状态机基础

Miro Samek 的 *Practical Statecharts in C/C++ Quantum Programming for Embedded Systems*[6]是一本介绍嵌入式环境下使用状态及进行设计的好书,推荐读者参考。该书的中译本名为《嵌入式系统的微模块化程序设计——实用状态图 C/C++实现》[7],由敬万钧等翻译。本节内容部分来自该书,该书的特点是要点突出,有新意。

另外一本讲解嵌入式环境状态机原理的经典是 Bruce Powel Douglass 的 *Doing Hard Time*[8],这是一本介绍硬实时设计和开发的书,其中对状态机以及其他硬实时开发设计技术进行了深入的讨论,该书的特点是资料详细、严谨。参照对比以上两本书,相信读者能够比较全面地掌握状态机开发设计原理。

当前状态机设计的典型表达方法基本上都已经统一到 UML 的状态表达方法,是一种传统 Mealy 或 Moore 状态机的扩展。新的特性包括进入/退出状态(实际上是动作)、层次化状态机、行为继承(子状态机不处理的事件按照父状态机定义处理)、并发状态机、伪状态表示法、细分的事件处理等。总之,UML 状态机表达能力充分,可以作为严格算法设计的基础。

该书作者在末尾章节还专门提到了和 RTOS 的关系,并谈到状态机与 RTOS 集成的好处:

① 活动对象提供了一个比传统的基于互斥和阻塞的线程更好和更安全的计算模型。

② 实现 QF 所需概念基础较为宽松,消除了对很多机制的需要,这些机制是被 RTOS 传统地支持的,因此,集成的系统不会比 RTOS 本身更大,而且经验表明,它实际上会更小。

③ 这样一个集成的 RTOS 将为建造开放的结构提供标准的软件总线。

其中有几个概念需要解释,包括活动对象、QF 和软件总线。用线程来解释活动对象比较容易理解,但是活动对象并不是线程。如果暂时将其理解为线程,活动对象解释为一种比较封闭的线程,它与其他线程之间没有任何共享变量等不安全结构,彼此间完全依赖消息的传递完成功能。当然,其中传递消息难免涉及到内存或其他共享结构,但是这些共享是通过底层功能封装好的。在 Miro Samek 的书中,活动对象更多的是用来表示一个具有自身活动能力的状态机,而不是线程,但基本的概念类似。一个线程中可以有多个这种封闭特征的活动对象状态机。如果整个嵌入式操作系统的体系结构设计是基于活动对象(Miro Samek 的一种设想)的,RTOS 中就可以不存在线程,或者说对于应用开发工程师来说,不必使用线程机制。即使是这样,活动对象也并不只是另外一个线程的称呼而已。读者应该理解,线程实际上是一个按步骤执行的函数体,是一种传统的顺序执行方式,Miro Samek 先生的活动对象因为是基于状态机的,并没有一个按顺序执行的逻辑,它生来就是状态机形式的,而不是流水线形式的。

Miro Samek 在书中谈到采用活动对象方式的并发环境有许多优势,包括 RTC(Run To Complete——运行直到完成)式的状态转换带来的并发问题的解决办法,同时带来的多个并发活动对象间安全的自由抢占(需要底层调度的支持),活动对象随时增减不影响其他活动对象导致系统伸缩性极好,消息的异步式处理带来的无死锁、"无摩擦"运行,高度的可观察性、可控制性、可测试性(因为事件和状态处理的逻辑明确,以及事件易于监控),活动对象甚至可以不在同一运行空间(极为方便分布式运算),还可以用一个个的活动对象来很好地封装传统系统,在活动对象中编程不比处理线程、信号、队列等传统操作系统的 API 因而应用具有很好的移植性。

当然,情况并不是完全那么理想,Miro Samek 也提到了,如果完全用状态机设计系统,则要求整个系统可以进行松耦合设计才行,但是并非所有应用都能对整个系统用松耦合方式设计,有的系统即使能够全部用松耦合方式设计,也会导致问题的复杂化和效率低下。另外,异步事件处理存在不易用同样的异步事件处理缓冲区满、丢失等问题,也就是说,这些总有一些问题明显无法用松耦合的异步方式构造。

Miro Samek 提到的 QF(量子框架)的概念实际上就是状态机的一个更高级的封装形式,使其自洽,以便在其中开发应用程序时不必再依赖于传统操作系统,而只是用其中自带的功能。其中,量子就是指前面活动对象的严密封装特性,框架就是指其对底层操作系统的抽象封装,以便形成一个纯状态的执行环境,而不必再使用原来的流程式执行环境,同时也不使用原操作系统的 API。

所谓软件总线的概念就是指各个活动对象间的集成和合作,就象硬件总线集成各个芯片以便完成一个共同的目标一样。通过活动对象之间发送事件和消息,各个活动对象就可以方便地集成起来,而不必借助其他技术手段,因此,这样一个系统是自洽并可以扩展的。

当然,要完全用状态机技术来开发和设计整个应用需要付出的代价还是很大的,从实用的角度上来说,还是在不同的场合采用不同的设计方案,然后彼此配合比较具有实际意义。例如对于明显流程性质的处理逻辑,如果要用状态逻辑来处理,则事倍功半。另外,状态机设计方式也不太适合设计整体结构,状态机模型倾向于无层次的结构,各个活动对象是对等的单元,对于整体结构具有明显分层特征或者用分层方式设计系统更高效、更合适的环境也会带来不必要的麻烦。因此,将状态机技术定位在中等复杂程度的非流程性的逻辑处理中是最合适的。

本书中采用比较折中的方式采纳状态机技术,即将其设计为一种组件,方便用户根据自己的需要用这个状态机组件实现自己的应用逻辑,减轻实现的负担,同时获得 Miro Samek 说述优势中的绝大部分。读者甚至可以以此为基础,在整个系统中完全采纳状态式的设计。

要设计状态机组件,首先需要按照设计实现的目的进一步说明一些概念。图 3-31 是一个状态机的简单描述。

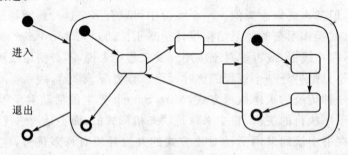

图 3-31 状态机模型图

从图 1-31 可以看出,状态可以有内部子状态。要符合 Miro Samek 对于"活动对象"的定义,则状态机的客户不能用直接调用状态的迁移函数的方式完成状态事件的转递。因为用函数调用的方式就可能被系统的设备中断打断,而在打断之后可能会导致其他迁移函数被调用,因此达不到 RTC(运行并完成)的要求。如果状态机用户用调用状态迁移函数的方式完成状态事件的传递,又要达到 RTC 的要求,则需要在迁移函数中用硬保护进行包装。这又势必影响系统的中断响应能力,因此,应该采用给状态机安排事件消息列表的方式。

同时还应该保持状态机只在一个任务线程或 SISR 内活动,才能够保证活动对象的 RTC 特性,同时获得 Miro Samek 提出的活动对象模式的各种收益。

这样设计之后,读者应该很容易在 Windows 系统的窗口消息处理模型中找到模型上的相似点。但是实际上和窗口消息模型还是有很多不同,特别在自洽这个特点上。

图 3-32 描述一个非自洽的环境实现,看看非自洽的设计究竟存在什么问题,以便充分了解不同方案的优、缺点,并在此基础上掌握根据读者自己面对的应用进行决策的依据。同时读者也能够更清楚地了解 Miro Samek 关于活动对象、量子框架等的原意。

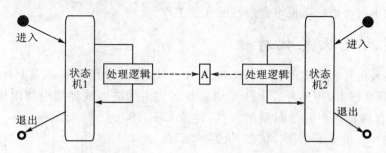

图 3-32 非自洽的状态机环境

在图 3-32 中,A 是一个两个状态机访问的公共变量,这导致了对"活动对象"特征定义的破坏。对于窗口模型的编程来说,这是通常可用的编程方法之一,只需对 A 进行保护,例如临界区、信号灯等。需要保护,也正是该方案的缺陷。如果要完全满足"活动对象"的要求,这应该将图中 A 纳入状态机的管理之中。可以是图 3-32 中的两个状态机之一,也可以是另外一个状态机。

当然,从这里也可以看出,如果是在特别简单的情况下(例如 A 仅仅是一个简单全局变量),完全满足"活动对象"的方案虽然更完整、安全和稳定,但是却把简单情况复杂化。

从本质上来讲,"活动对象"的要求就是把可能的并行访问串行化,从而避免任务级并行访问可能产生的各种问题,包括互斥、优先级反转等问题(参见 3.3 节中对任务优先级反转及其解决的描述)。当然,不是说状态机技术没有并行的能力。图 3-33 是并行状态机或称正交状态区域的模型。

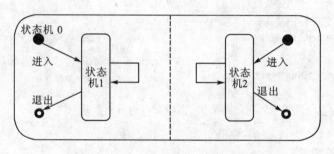

图 3-33 正交状态区域/并行状态机

这种并行与通常操作系统中任务的并行不是同一层次的概念,正交状态区的并行是一种逻辑上的并行。反而两个"活动对象"的并行更接近于传统的并行,但在两个活动对象之间,不能像状态的正交区那样密切交往(图3-33没有表达正交区之间的处理逻辑同步),只能通过彼此的事件发送接口交流事件信息。

前面图3-32的描述还说明一个问题,那就是在状态转换活动中,不能够有原来习惯任务编程的遗留代码,例如在其中等待事件等,其本质与图3-32中直接访问A破坏活动对象的自洽特性是一样的,并可能产生阻塞状态机,出现优先级反转等传统技术编程缺陷等问题。

可见,要完全用状态机的异步处理方式完成原来习惯的设计思想的转变,其中的挑战是巨大的,更不要说在状态机底层机制都要自己实现时其负担更重。因此,μRtos V1.0中集成了状态机组件,其目标是让开发工程师能够集中精力在适当的部位用状态机设计方式完成应用逻辑的设计,而不必考虑状态机本身运行的底层工作。

## 3.6.2 层次化状态机特性

Miro Samek 在其书中实现了一个高效、可用的状态机,称为 QHsm,其具体实现更多依赖于面向对象的开发技术,甚至为了让以 C 语言开发为主的嵌入式环境中使用该状态机,介绍了一种对 C 语言进行面向对象封装的方法,称为 C+(不是 C++)。QHsm 是量子、层次、状态、机器的缩写。

QHsm 的来源是一种称为优化的 FSM 的设计技术,其中的关键是通过将状态定义为函数,极大提高了状态机的性能,减少了对存储空间要求。这里以图3-34为例说明这种状态机实现方法。

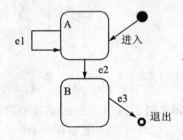

图3-34 QHsm实现举例状态图

在 QHsm 实现代码中,A、B 状态实际是以函数指针表达的,状态机的当前状态保存着这些函数指针之一。如代码3-26所示。

**代码3-26 QHsm实现代码实例**

```
typedef void( * State)(int event);
struct QHsm
{
    State curstate;              //当前状态
    void dispatch(int event);    //事件分发
    void A(int event);
    void B(int event);
}
void QHsm::dispatch(int event)
{
    ( * curstate)(event);        //事件分发到当前状态
}
void QHsm::A(int event)
{
    if (e1 == event)
```

```
        {
                                    //处理事件;
                                    //返回;
        }
    if (e2 == event)
    {
                                    //处理事件
        curstate = B;               //状态发生转换
                                    //返回
    }
}
void QHsm::B(int event)
{
    if (e3 == event)
    {
                                    //退出处理
    }
}
```

以上代码仅仅是简单说明 QHsm 的原理,并非一个严谨的代码片断。这样处理效率很高,但是用户还是要涉及一些实现的细节——可能会出现编写代码的逻辑处理没有问题,但是涉及到状态机整体运行的框架性代码出现问题而导致系统运行不正常。这种方式还是暴露了太多状态机的内部细节给用户。

实际上,检查这些代表状态的函数后可以发现,每个函数都非常类同,基本上可以用如代码 3-27 的伪代码表达。

**代码 3-27  状态逻辑伪代码**

```
状态 状态函数(事件参数)
{
    if (事件 1 == 事件)
    {
        if (监测器条件满足)
        {
            //按照定义的动作进行处理;
            //转换到目标状态;
            //简单返回;
        }
        else
            //简单返回;
    }
    if (事件 2 == 事件)
    {
        //按照定义的动作进行处理;
        //转换到目标状态;
```

```
                //简单返回;
        }
        if(事件3 == 事件)
        {
                //按照定义的动作前半部进行处理,其中可能改变监测条件
                //判断监测条件
                {
                case  条件1:
//执行定义的条件1下的动作后半部
//转换目标状态1
                case  条件2:
                        ⋮
                }
                //简单返回
        }
        ⋮                      //其他事件
        返回超态;              //如果事件未得到处理
}
```

以上伪代码与前面举例的状态函数代码略为不同,返回了状态值,这是为了让状态机能够嵌套。其中的"简单返回"返回的是一个特定代码表示处理结束而不是本状态标识,以避免发生递归。所谓"超态",就是嵌套状态机中包含本状态的上一层状态函数。

从以上代码还可以看到,事件的处理有3种,一种是无监测器的处理,一种是有监测器的事件处理,一种是涉及到监测条件的动态目标的条件转换。

上面描述的这些状态函数都是最简单的几种,较为完整的状态机需要处理的情况要复杂得多,包括以下特性:

① 行为继承,超状态描述处理的事件,等效于所有子状态完成同样的处理。也就是说,如果是子状态不知如何处理的事件,应该交由超状态处理。

② 每个状态都有可选的进入、退出处理,仅与状态有关而和转换无关,不管状态是如何进入或退出的,均应该执行进入、退出处理。如果是多层次的跨越转换,则进入处理按照从外到内顺序处理,退出处理按照从内到外顺序处理。

③ 跨越多层次的状态转换按照LCA(最少公共祖先)逻辑处理,也就是转换时,首先退出到源、目标的最小公共超态,执行处理逻辑,再递归进入目标状态。

④ 自转换需要执行进入和退出动作,不同于内部转换。

⑤ 在超态中定义的内部转换等同于子态定义的内部转换,无需进入和退出动作。

⑥ 初始伪状态,如果定义了,则进入状态后处于的默认状态,并立即执行其转换语义到真正的目标状态。

⑦ 正交状态区目标,也就是状态转换的目标有可能同时包含正交状态区中的多个状态,而不仅仅是一个目标状态。图形表达上表现为汇合伪状态。

⑧ 正交状态区来源,也就是状态转换的来源可能是从多个正交状态区发起,到达一个单一的目标状态。图形表达上表现为分支伪状态。

# 第 3 章 代码组织及功能设计

⑨ 正交状态区源和目标,包含上述两者特性。图形表达上包含汇合于分支两个伪状态。

⑩ 组合状态要记忆历史,包括浅历史和深历史两种,即使退出该组合之后,也能够回到该历史状态。

⑪ 状态转换有接合点和选择点,只是一种图形表达的方式,属于静态转换类型。

⑫ 在转换中动态决定转换目标,也就是转换的前半部改变监测条件,通过监测条件判断,执行转换的后半部。

以上特性中,普通的状态转换容易理解,主要的关注点是正交区、动态转换、静态转换的结合/选择点、历史状态。这些状态都称为伪状态,如图 3-35 所示。

虽然称为伪状态,但其中大部分有实际的建模逻辑含义,惟独结合/选择没有实际意义(每条路径处理的是不同事件),仅仅是多个简单转换在图形化法上的合并,实际上彼此没有本质关联。图 3-36 是一个融合了上面全部示例的转换,不包含没有实际意义的结合与选择。

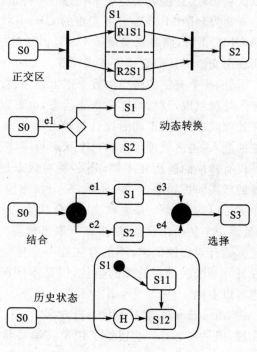

图 3-35 伪状态转换

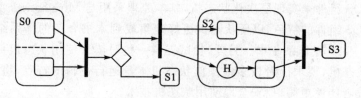

图 3-36 综合伪状态转换

其中,从 S0 到 S2 的转换代表了最完整的一个转换,这条转换路径的完全解析如图 3-37 所示。

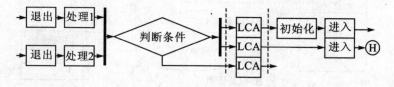

图 3-37 状态转换解析

这个转换路径实际上包括两部分,即图中虚线之前的确定目标部分和虚线之后的进入目标部分。在确定目标之后、进入目标之前,实际上还要经过 LCA(最小公共祖先)处理,查找、进入 LCA 状态。进入目标部分有多种,如果目标是普通状态,则转换结束。如果目标是组合状态特别是带正交区的组合状态,则有:①直接进入历史;②进入超状态由初始化转换引导进入默认状态;③直接进入特定子状态等多种情况。

下面提到的 Miro Samek 实现的 QHsm 状态机,实际上对这些转换有一些限制,没有完全按照 UML 语法,而是只实现了 UML 语法的一部分,并且做了一些变通或者限制。例如,没有实现正交而用其他变通方式实现等。

可见,一个完整的转换由数个退出处理、数个前处理逻辑、一个判断、数个后处理逻辑和数个进入处理组成,目标可以是普通状态,也可以是历史状态。前处理逻辑存在并行处理,也就存在处理顺序问题,正确的设计应该是数个前处理逻辑的执行顺序不影响判断条件的结果。其中的进入、退出处理因为和每个状态对应,应该不归入状态转换中。

仅有转换的解析还不够,还必须对状态进行分析。一个完整的状态解析如图 3-38 所示,每个状态包含至少一个区,每个区可以包含数个普通状态、组合状态、最多一个历史状态、最多一个初始化状态、最多一个退出状态。区之间在事件处理方面有对称性要求,不能存在在一个区内有处理的事件而在另外一个区没有处理的事件,但是不同区对同一事件的处理可以不同。

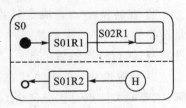

图 3-38 状态解析

在 Miro Samek 编写的状态机方案中,可以看到上面谈到的这些规则中大部分关键特性的实现,但是还是有一些留给了用户在编写状态机的过程中自己根据状态机原理进行编写。也就是说,对不太熟悉状态机设计理论的用户,出现差错的可能性相当大。

## 3.6.3 状态机组件设计

如果希望使用状态机技术,读者可以完全采用 Miro Samek 的 QHsm 状态机方案。本小节是尝试通过 COS 组件来实现层次化状态机,基本原理采用与 Miro Samek 类似的线路,具体实现代码融合 COS 组件的特色,以便状态机更好地集成到本书介绍的体系结构中,特别是作者编写的 μRtos V1.0 操作系统中。另外,尝试提供一些对读者使用状态机更多的帮助,例如要改变 QHsm 状态机,要求读者较多地操作状态机本身运行逻辑的特点,将其中的实现细节更好地封装,使读者能够更简单、安全地使用状态机技术。

QHsm 状态机的设计模式如图 3-39 所示。

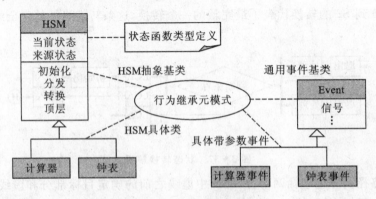

图 3-39 QHsm 设计模式

图 3-39 中的计算器和钟表是举例的两个具体状态机,也就是状态机开发工程师需要实现的目标。计算器事件、钟表事件是与之匹配的事件定义,以便状态机的客户使用。

很明显,HSM 抽象基类中还是暴露了太多地实现细节,例如当前状态、来源状态、转换、顶层等。如果用 COS 组件化的设计,HSM 应该封装性更好。其实在 HSM 中,只有"初始化"和"分发"函数需要提供给状态机的客户,而"转换"函数需要提供给状态机的开发工程师使用。另外,该模型隐含的思路是由客户环境管理事件队列等,"分发"函数不是投递函数,并不投递事件;而是客户环境收到事件之后,"分发"给状态机处理。

QHsm 没有专门实现正交区,而是用两个独立的状态机,然后由开发人员负责通过对这两个独立状态机的分别控制实现正交。这样限制之后,状态转换实际上很单纯,没有图 3-37 那么复杂。简化后的状态转换如图 3-40 所示。

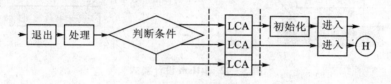

图 3-40 简化状态转换

实际上独立状态机与普通状态不同,独立状态机本身是单独的活动对象,这种设计图形语法与经典的 UML 设计语法已经有一些变化,如图 3-41 所示。这种变化虽然使状态机的实现简化,但是导致了用户使用方面的复杂性,因此本小节设计的状态机不采用这种方式,而是按照原有的正交区方式来实现抽象的层次化状态机,称为 μHsm。

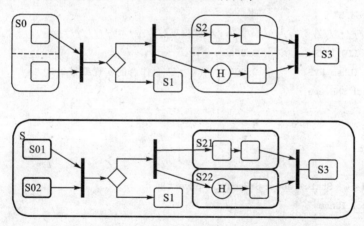

图 3-41 独立状态机实现正交区的逻辑示意

μHsm 的模式与图 3-39 类似,其中的 HSM 用 COS 组件实现。基本上没有太大的变化,主要的变化体现在隐藏了实现细节,提供了建立事件池、投递事件、检查事件、等待事件、获取事件、分发事件等驱动状态机的途径,转换分割成了转换到 LCA 和进入目标两步(图 3-40 说明了这两步的功能),并提供一个直接转换到目标状态的方法。这样设计是为了给状态机实现提供一个比较容易控制的基础,例如,如果状态机用户自己管理事件池,就可以不用调用"建立事件池"方法。而如果状态机不包含线程,而是由用户程序处理运行问题,则需要检查事件、等待事件等功能的辅助,以便正确驱动状态机。如果状态机内部机制包含线程,则用户方只须投递线程操作接口即可。

关键的变化体现在具体状态机的开发工程师如何编写自己的状态机代码方面。图 3-42 是 μHsm 的设计模式。

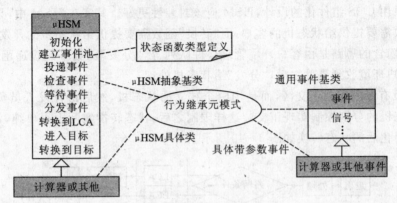

图 3-42 μHsm 设计模式

**代码 3-28 μHsm 组件接口定义 IUhsm.h**

```
#ifndef _IUHSM_H_
#define _IUHSM_H_
#ifdef _cplusplus
extern "C" {
#endif
#include "cos.h"
////////////////////////////////////////////////////////////////////////////////
#define    IID_IUHSM         0x0008
#define    IUhsm_HYP         0x0001          //作者的实现编号
typedef struct SMEvent
{
    int nSig;
    void * pParm;
}SMEvent;
typedef void * (* State)(const SMEvent * pEvent);
typedef struct IUhsm
{
    int Init(IUhsm * pMe, void * pInitParm);        //实例初始化
    int CreateEventPool(IUhsm * pMe);
    int PostEvent(IUhsm * pMe, const SMEvent * pEvent);
    int PickEvent(IUhsm * pMe, SMEvent ** ppEvent);
    int WaitEvent(IUhsm * pMe, SMEvent ** ppEvent, int nTimeout);
    int DispEvent(IUhsm * pMe, SMEvent * pEvent);
    int TransLCA(IUhsm * pMe, State TargetState);
    int EnterState(IUhsm * pMe, State TargetState);
    int TransTarget(IUhsm * pMe, State TargetState);
```

```
void * pData;
}IUhsm;
////////////////////////////////////////////////////////////////////////////////
#ifdef _cplusplus
}
#endif
#endif
```

## 3.6.4 状态机组件的使用

具体的状态机在 μHsm 基础上建立,通常用于一个功能模块内部的逻辑控制。功能模块、应用状态机、μHsm 状态机组件之间关系如图 3-43 所示。

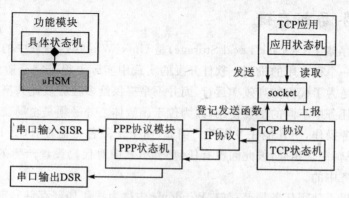

**图 3-43 状态机及其应用环境说明**

图 3-43 左上部是一个抽象的模块关系说明,其余部分是 TCP 应用中主要环节的模块间关系说明,其中各个状态机与 μHSM 状态机的关系没有用连线标明。socket 作为模块间衔接的一种通用接口方式如何完成模块间依赖关系的转换和接口已经在前面章节介绍,图 3-43 中 TCP 协议和 TCP 应用模块各有两条连线均指向 socket,一条是发送数据/登记发送函数路径,一条是报告数据/读取数据路径。

其中 TCP 应用模块通常自己有一个工作线程,该工作线程复杂驱动应用状态机,而 PPP 状态机、TCP 状态机通常是在同一个 SISR 任务环境中的(除非用任务实现 TCP 协议模块),由各自所在的模块进行驱动。这 3 个状态机彼此独立,相互间没有明显的状态交流关系(状态交流不同于数据交流),仅用于模块内部的逻辑控制,这是状态机最常见的使用方式。如果想用状态机将该图 3-43 中所有模块涵盖,甚至想要将 PPP、IP、TCP、应用模块这几个模块用统一的一个状态机来设计,其难度通常是非常大的。

从图 3-43 也可以看出,本书的体系结构设计中隔离了 ISR 和 SISR 后,SISR 在任务环境中运行,这保证了系统中只要不出现在 ISR 环境中的状态机,事件导致的状态机状态转换自然是满足 RTC 要求的。因此在本书设计的体系结构中使用状态机有很大的优势,状态转换处理中完全不必考虑中断屏蔽问题,不存在对系统中断响应能力的损害。

要使用 μHsm 状态机,与使用 QHsm 状态机类似,就是按照设计好的状态图定义状态函数,状态函数的定义格式如下:

```c
void * State_S0(const SMEvent * pEvent);
```

这是为状态图中的 S0 状态定义的状态函数,本来 QHsm 中函数返回的是一个"伪状态"类型,此处为了简化,直接用更具有通用性的 void * 类型替代。

在应用模块实现代码中定义并实现好状态函数之后,在应用模块中用前面介绍的使用 COS 组件的方式生成一个 μHsm 实例,用应用模块的函数对该 μHsm 实例发送事件即可。

## 3.7 杂项设计考虑

本节介绍说明一些重要性不是太高,但是对嵌入式实时多任务设计帮助较大的一些技术手段。

### 3.7.1 任务局部存储

任务的局部存储 TLS(Task Local Storage)是 Unix、Windows 开发中的一个概念,对于多任务开发来说是一个很有用的机制。软件开发的实践中实际上很难完全避免全局变量,其中有一些全局变量是为了代码的高效率运行,而并不是提供给多任务彼此共享的。也就是说,该全局变量供一个任务中不同的函数使用,因为位于函数体之外必须是全局变量形式,但是逻辑上是仅供一个任务操作,与其他任务无关。例如,两个任务各自监控 TCP 1000 和 1001 端口上的数据,处理逻辑完全相同,彼此间没有任何交流,其中对代码设计产生的全局变量的访问是局限在一个任务中的。

这种情况如果不使用任务局部存储(Windows 中称为线程局部存储),就会导致两个任务在对该全局变量访问上的相互干扰,因而需要采用信号灯保护等机制,降低系统的效率。此时如果有 TLS 机制的帮助,则不存在上述问题,因为执行的效率可以非常大地提高。实际上在嵌入式开发环境中,多任务间真正需要同步控制的位置应该并不多,很多地方是因为这种对全局变量的共享访问导致的,如果系统集成了 TLS 机制,则可以看到,系统真正需要 ITC 来实现多任务控制的位置会大大减少。

**代码 3-29　TLS 任务局部存储接口定义 Tls.h**

```c
#ifndef _TLS_H_
#define _TLS_H_
#ifdef _cplusplus
extern "C" {
#endif
typedef    void *           TLS;
//////////////////////////////////////////////////////////////////
TLS    TlsAlloc(void * pValue);
int    TlsFree(TLS iTls, void * pValue);
int    TlsGet(TLS iTls, TCB * pTCB);
int    TlsSet(TLS iTls, TCB * pTCB, int nValue);
//////////////////////////////////////////////////////////////////
#ifdef _cplusplus
```

}
#endif
#endif

**代码 3-30 使用 TLS 示例代码 example.c**

```
  ⋮
int    nTest;

void FuncTest(TCB * pTCB,…)
{
    int n;
    TLS    tmptls;
    //生成
    tmptls = TlsAlloc((void*)&nTest);
    //修改
    TlsSet(tmptls, pTCB, 5);       //nTest = 5;
    ⋮
    //获取
    n = TlsGet(tmptls, pTCB);      //n = nTest;
    ⋮
    //删除
    TlsFree(tmptls, (void*)&nTest);
}
```

代码 3-30 看起来有些复杂,但是保障了代码的高效运行,对于多任务开发环境来说是完全值得的。实际上 TLS 的实现代码很简单,就是一个二维表格,其中列代表任务,行代表每个全局变量的地址指针。这涉及到对行、列表格进行搜索比较的算法问题,不过在嵌入式环境中,需要 TLS 的地方并不会很多。通常,多个全局变量可以统一定义到一个结构中,例如将一个模块中的全部具备 TLS 管理条件的,又不希望采用同步控制机制控制访问的,全部全局变量统一定义到一个结构中。当采用 TLS 的全局变量不太多时,这种机制对全局变量的访问比临界区还要高效,当然前提条件是这些全局变量本身就不是用于多任务共享访问的,而是用于同一个任务的不同函数间共享数据使用的。如果系统中使用 TLS 进行访问的全局变量太多,可能更多的是代码设计方面存在问题。

## 3.7.2 循环等待死锁检查工具设计

前面在介绍优先级继承算法时提到,任务间的循环等待也是一个比较重要的问题,甚至是优先级继承算法存在的基础环境之一。如果系统中未解决任务间循环等待问题,前面的优先级继承算法就存在关键性的缺陷。

如果要在实际运行时解决优先级继承问题实际上相当困难,如果不在设计时解决这个问题,一旦系统中确实存在循环等待,基本上很难在代码运行起来之后从这种困境中脱身。但是可以有一个折中的办法,那就是在运行调试阶段提供一个资源消耗较大的可以侦测循环依赖的工具,以便探测循环依赖,并以此为依据敦促开发人员修改设计,直到完全解决循环依赖为止。反复调试、修改稳定下来之后,再从代码中去掉这种资源消耗较高的工具代码。这样既可以达到避免循环依赖的目的,又可以不影响系统运行的效率,甚至还能够帮助检测系统设计和编码中存在的问题。相信这样一种工具对嵌入式系统开发人员的帮助是相当大的。

这种工具是在运行状态下起作用的(没有删除该工具代码之前),因此其检测出的问题是与最终的实际运行环境一致的。其原理如图3-44所示。

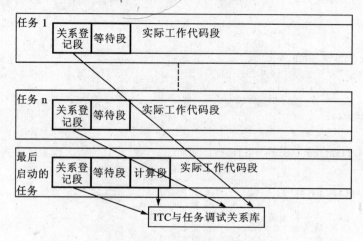

图3-44 循环依赖检测原理图

图3-44中每个任务都至少增加了两段代码,即关系登记段和等待段,最后启动的任务还包括一个计算段,也可以每个任务的等待段前都增加一个计算段。关系登记段的作用是将本任务中需要等待、拥有、释放的ITC全部登记到ITC语任务调试关系库模块。需要注意的是,这个模块与前面内容中ITC与任务关系库模块不同,例如,调试库中表达的任务和同一个ITC的关系甚至可以是同时既拥有又等待,毕竟调试库表达的仅仅是一种关系的"意向"。登记好在任务中可能存在的全部关系后,任务就进入等待状态长时间休眠。直到最后一个任务启动后,该任务就可以通过关系库中数据计算出是否存在循环依赖的可能并进行报告。如果各任务中放置了计算段,就会得到不同任务启动后的循环依赖测试报告,同样是有帮助的数据,不过没有最后计算的报告完整。

这种实际运行模式下的检测方式比设计模式下检查代码查找循环依赖的可靠性要大得多。测试、修改完成之后,可能只须改变一个宏定义就可以把全部的这些附加代码关闭掉,同时在项目中删除ITC与任务调试关系库模块即可。

这种工具运作的基础是关系登记段登记的数据是正确的,其中要注意的是临界区也是一种信号灯,也需要登记。另外,那种可能在系统运行中途才被生成的任务也需要在启动一开始时就将其启动起来。当然从这个条件来看这种工具并不完美,检查循环依赖完成后还要修改主要代码,将启动时不启动的任务还原,但是这种调整并不是关键性的,不会影响系统的关键逻辑。只要小心使用,这种工具是能够完全保障去除循环依赖的。因为登记的关系比实际上的关系更严格,毕竟所有"意向性"的关系都进行了登记。

这样解说后,相信读者已经完全理解这种工具的运行原理,但是此处的关键还不在于这种工具的运行原理,更关键的问题是工程师必须掌握发现循环依赖类型的问题后,解开循环依赖的设计技术。循环依赖关系图如图3-45所示。

实际上,循环依赖关系通常只要解开任何一个环节就可以消除,这通常需要仔细考察参与到循环关系中的各个任务的逻辑及各个信号需要保护的资源。可能的解决方案包括信号的合并、任务的合并、增加新的信号、拆分原有任务逻辑等多种手法。还有一种值得认真考虑的方法是用状态机描述这类复杂逻辑,因为状态机不存在循环依赖、任务优先级反转等问题。具体哪种方法更好和应用本身的逻辑关系极大,需要根据应用来进行选择。

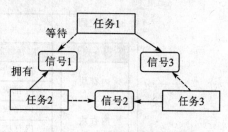

图 3-45 循环依赖关系图

代码 3-31 循环依赖检测工具头文件 LoopTest.h

```
#ifndef _LOOPTEST_H_
#define _LOOPTEST_H_
#ifdef _cplusplus
extern "C" {
#endif
#define    LOOPTEST         1              //循环测试开关
////////////////////////////////////////////////////////////////
int     RegWait(char * taskname, char * itcname);     //登记等待
int     RegOwn(char * taskname, char * itcname);      //登记拥有
int     LoopTestWait(void);                           //等待段
int     CalcLoop(void);                               //计算段
////////////////////////////////////////////////////////////////
#ifdef _cplusplus
}
#endif
#endif
```

## 3.7.3 内存管理设计

通常操作系统中通用的内存管理方式算法相当复杂,经常涉及碎片等问题,并不适合在嵌入式系统中使用。μC/OS-II 的内存管理模块中的算法设计相当好,特别适合在嵌入式系统中使用。在其他嵌入式环境中也经常见到类似的内存管理方式。主要的概念是,将同样大小的内存块组织成内存区,整个内存堆由这些区组成。例如,一个产品板的可自由使用的内存堆范围为 2~8M 地址空间,这就是该产品提供给系统的堆空间,然后通过内存管理模块在此堆中建立管理各种大小内存块的内存区。其示意图如图 3-46 所示。

不同的内存区之间管理的内存块大小没有限制,可以相同也可以不同。这种方式之所以特别适合嵌入式系统使用,是因为一个模块使用的内存块尺寸只有有限的几种,通常不超过 5 种。这样,每个模块在初始化时,建立好自己的内存区,之后在内存区中进行的内存分配、释放不会产生碎片。当然,如果删除整个内存区之后再生成新的内存区,则会在内存堆中产生碎片。幸运的是,通常嵌入式环境中的模块一般都是运行需要的模块并且一旦系统运行就完成

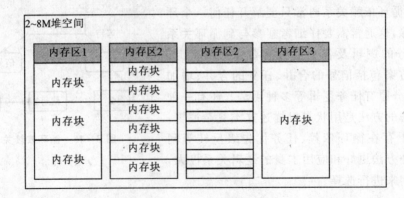

图 3-46 内存管理示意图

全部加载和初始化,很少需要在运行时加载模块或卸载模块,甚至很多嵌入式系统不具备模块动态加载和卸载的功能。

在这种环境中管理内存相对于通用环境中的内存管理要容易很多,即使遇到具有一定通用性内存管理要求的模块,也可以通过设定几个固定的内存块大小登记的内存区来管理。例如 IP 网络模块,其中 IP 包的长度不是固定的,而是 64～1 500 字节之间比较随意的长度,这种情况下可以通过让 IP 包模块管理 128、256、512 和 1 500 四个等级的内存区来处理。其他模块通常每个模块处理一两种结构,因此只需要管理与相关的几个结构大小相对应的内存区即可。

还有一种情况是模块内部管理内存区,例如堆栈就是一个连成一片的内存区,这种情况下只需一个内存块即可。这种方式还能够用于处理较为复杂的应用,例如前面的 IP 包也可以用这种方式,将此单一内存块中建立一个 FIFO 缓冲区,将收到的 IP 包的数据全部从入口放入该 FIFO 中,同时在出口按顺序读出 IP 包数据处理即可。

内存管理模块实际上是包括内核其他功能模块、应用功能模块在内的所有其他模块的基础,因此该模块中涉及保护全局变量的地方只能依赖于硬保护。

在用此方式实现内存管理时,分配到的内存指针前面带有一个其所属内存区的指针,这样在释放内存时就可以很方便地将该内存块交回其来源的内存区中管理。同理,分配内存时也是从一个指定的内存区中进行分配的。如前所述,通常在嵌入式环境中最高效的方式是模块自己管理几个内存区,因此该模块在需要分配内存时自然知道应该从哪个区分配内存块。

按照以上方式进行管理,算法非常简单,需要硬保护的临界区代码运行时间均很短。内存管理之所以必须使用硬保护是因为内存管理的客户方模块是多种多样的,包括中断环境下运行的 ISR 功能模块。

仔细对比图 3-46 的说明可以看出,本小节说明的内存块管理方式与 μC/OS-Ⅱ 略为不同,主要体现在内存区中可以允许只有一个内存块。这样处理非常方便,可作为任务堆栈的内存区。另外,μC/OS-Ⅱ 的内存块虽然可以释放,但是内存区基本上不太可能释放,因为嵌入式环境中内存区生成后需要释放的可能性较小,完全不支持或是某种程度上限制了这种内存管理模式的使用。为内存区增加释放功能,并且在两个已经释放的内存区管理的内存是连续的情况下,还应该合并内存区。要合并内存区就要合并内存区管理头,同时能够合并内存区就应该能够在生成内存分区时分割出新的内存区。合并内存分区没有限制,但是分割(也就是分配)内存分区应该有限制,否则容易出现内存分区数量过多而无法管理的问题。因此应该设定一个最小的内存分区值,代码中暂时设定为 256 字节,实际产品开发时可以根据情况修改此值。

按照这个思路,在刚开始未生成内存区时,实际上全部的堆内存就应该由一个内存区头管理。之后每次生成内存区,就分割出一个新的内存区头。但是内存区头部不能用内存管理来分配,因为内存管理不能依赖于自身的存在。因此内存区头部只能根据应用可能会用到的内存区数量,预先用数据方式定义。

内存区可以释放以及重新分配主要用于任务可以删除、重新生成的环境;否则就必须像 μC/OS-II 那样,即使删除任务,任务占据的内存空间也不能释放。这对于一些稍微复杂一点的应用环境来说是一种比较苛刻的条件,可能会导致产品对内存需求的增大,从而引起成本的增加。

内存区如果增加释放功能,那么任务就需要在挂起状态之外增加一个"退出"虚拟状态,该状态仅仅是一个逻辑状态,表示任务不再占据资源。当然,在简单嵌入式开发环境还不支持模块的动态加载、卸载的情况下,任务至少还占据着代码空间的资源。

上述内存管理模式如图 3-47 所示。

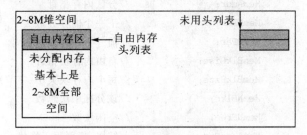

图 3-47 初始化后状态

初始化后第一次分配建立某种块大小的内存区,就是从自由内存头 1 管理的内存区中中分割内存的,并从未用头列表中去一个头来管理生成的新内存区的过程。生成新占用内存区后的内存布局图 3-48 所示。

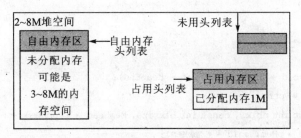

图 3-48 从自由内存区分割(分配)内存后布局

通过多次建立内存区和释放内存区后,可能自由内存区是一个由多个表头(相互链接在一起)管理的自由内存区,占用内存区同样是一个由多个表头(相互链接在一起)管理的占用内存区。未用头列表仅仅是一些空头,不代表任何内存区。此时释放内存区可能会让自由内存区中本来碎片化的内存区中的部分连成一片,如果确实如此,则合并内存区;否则,仅仅是将新释放的内存区头链接到自由内存区供下次分配比较使用。

分配内存的尺寸不能小于某个值(如 256),分配时是按照最小适合原则查找自由内存区。

如果查找到的内存区远大于需要的内存(比需要的空间大于 256),则分割内存,同时从未用头列表中找一个空头来管理分割下来的新内存区。

代码 3-32 说明本小节内存管理模块与 μC/OS-II 内存管理模块的主要不同,关于其他相同或类似实现方法的功能,这里就不再赘述。

**代码 3-32  内存管理代码头文件 mem.h**

```c
#ifndef _MEM_H_
#define _MEM_H_
#ifdef _cplusplus
extern "C" {
#endif
///////////////////////////////////////////////////////////////////////////////
typedef struct MemHead    MemHead;
struct MemHead
{///内存控制块
    void *      MemAddr;        //分区内存指针
    MemHead *   MemNPar;        //下一个内存分区
    MemHead *   MemPPar;        //前一个内存分区
    void *      MemBlkList;     //自由内存块指针
    int         MemBlkSize;     //每个内存块大小(字节)
    int         MemNBlks;       //该分区中块总数
    int         MemNFree;       //空闲块数
    void *      MemAddrEnd;     //结尾,特别用于堆栈
    int         MemParSize;     //分区大小
};
typedef union MemBlock
{
    MemHead * pMemHead;
    void * pNextBlock;
}MemBlock;

int KernHeapInit(void * HeapHead, void * HeapEnd);
int MemRange(void * ptr);
int MemCreate(const int nblks, const int blksize, MemHead ** ppMem);
int MemGet(MemHead * pMem, void ** ppMem);
int MemPut(void * pblk);
int MemClr(unsigned char * pdest, int size);
int MemCopy(unsigned char * pdest, int dsize,unsigned char * psrc, int size);
int MemSCopy(unsigned short * pdest,int dsize,unsigned short * psrc,int size);
int MemWCopy(unsigned long * pdest,int dsize,unsigned long * psrc,int size);
int MemCmp(void * dst, void * src, int tsize, int * pnResult);
int StrSearch(const char * pstr, const char * psub, int * pnResult);
int StrCopy(char * pdest, const char * psrc, int * pnCpyLen);
```

```c
int StrCopy(char * pdest, int dsize, const char * psrc, int * pnCpyLen);


////////////////////////////////////////////////////////////////////////////
#ifdef _cplusplus
}
#endif
#endif
```

**代码 3 - 33  内存管理实现文件(部分)mem.c**

```c
:
#define MemParts    64
#define MinPar      256                              //最小内存分区值
static MemHead *    g_pFreeParList;                  //自由内存分区列表指针
static MemHead *    g_pIdleParList;                  //空闲内存分区头列表
static MemHead      g_pMemTbl[MemParts];             //内存分区管理器存储
static void *       g_pHeapHead;
static void *       g_pHeapEnd;
:
//生成一个内存区,就是在自由内存区中找最小适合块
//并从该最小适合块分割出需要的内存
//如果分割后剩余的内存小于1 KB,那么就不用分割,直接使用
//否则就分割,并用空闲头中的一个头来管理新的内存区
//如果空闲头中没有头,则不分割
int MemCreate(const int nblks,    const int blksize, MemHead ** ppMem)
{
MemHead     * pMem;
MemHead     * pMin, * pTmp;
MemBlock    * pNblk;
MemBlock    * pLink;
int         i;
int         ttlsize, size, nBlocks;
if (IntNested || InDEVA)
    return COS_CALL_IN_ISR;
if (! ppMem)
    return COS_MEM_POINTER_NULL;
if (nblks < 1)
    return COS_PARAM_NOT_CORRECT;
if (blksize < sizeof(void *))//至少够指针
    return COS_PARAM_NOT_CORRECT;
* ppMem = 0;
//计算实际大小并对齐
nBlocks = nblks;
size = blksize + 4;                                  //增加一个保存指针位置
```

```c
    if (0 != (size & 0x7))                          //对齐
    {
        size = (size >> 3) << 3 + 8;
    }
    Lockshecd();                                    //锁保护
    if (! g_pFreeParList)                           //自由块为空,没有内存可用
    {
        Unlocksched();
        return COS_MEM_EMPTY;
    }
    ttlsize = size * nBlocks;
    if (ttlsize < MinPar)                           //限定分配内存最小值,MinPar = 256
    {
        nBlocks = MinPar / size + 1;
        ttlsize = nBlocks * size;
    }
//找最适合块
    pMin = 0;
    for (pMem = g_pFreeParList; pMem; pMem = pMem->MemNPar)
    {
        if (pMem->MemParSize >= size)
        {
            if (pMin)
            {
                if (pMin->MemParSize > pMem->MemParSize)
                    pMin = pMem;
            }
            else
                pMin = pMem;
        }
    }
    if (! pMin)                                     //没有合适块
    {
        Unlocksched();
        return COS_MEM_EMPTY;
    }
//找到合适块
    if (! g_pIdleParList                            //没有空闲头,不分割
        || ((pMin->MemParSize - ttlsize) < MinPar)) //空间不大不分割
    {
        pMin->MemBlkSize  = size;
        pMin->MemNFree    = pMin->MemNBlks
                          = nBlocks;                //实际块数量
```

```
                    = pMin->MemParSize / size;
        if (pMin->MemPPar)
            pMin->MemPPar->MemNPar = pMin->MemNPar;
        else
        {
            g_pFreeParList = pMin->MemNPar;
            g_pFreeParList->MemPPar = 0;
        }
        if (pMin->MemNPar)
            pMin->MemNPar->MemPPar = pMin->MemPPar;
        pMin->MemNPar = 0;
        pMin->MemPPar = 0;
        pMin->MemBlkList = pMin->MemAddr;
    }
    else//需要并且可以分割
    {
        //取出空闲头
        pTmp = g_pIdleParList;
        if (pTmp->MemNPar)
        {
            pTmp->MemNPar->MemPPar = 0;
            g_pIdleParList = pTmp->MemNPar;
        }
        else
            g_pIdleParList = 0;
        *pTmp = *pMin;
        //分割
        pTmp->MemBlkSize   = size;
        pTmp->MemNFree     = pTmp->MemNBlks
                           = nBlocks;
        pTmp->MemNPar    = 0;
        pTmp->MemPPar    = 0;
        pTmp->MemBlkList = pTmp->MemAddr;
        pTmp->MemAddrEnd = (char*)pTmp->MemAddr + ttlsize;
        pTmp->MemParSize = ttlsize;
        //修改自由头
        pMin->MemAddr = pTmp->MemAddrEnd;
        pMin->MemParSize = pMin->MemParSize - ttlsize;
        //替换头
        pMin = pTmp;
    }
    pLink           = (MemBlock*)(pMin->MemAddr);
    pNblk           = (MemBlock*)((char*)pLink + size);
```

```c
    pMin->MemBlkList = pLink;                    //初始化指针到空块池
//初始化块间链接
if (1 == nBlocks)
{
    pLink->pNextBlock = 0;                       //最后一个内存块指针 NULL
}
else  //>1
{
    for (i = 0; i < (nBlocks - 1); i++)
    {
        pLink->pNextBlock = (void *)pNblk;       //赋值
        pLink             = (MemBlock *)pNblk;   //后移
        pNblk             = (MemBlock *)((char *)pNblk + size);
    }
    pLink->pNextBlock = (void *)0;               //最后一个内存块指针 NULL
}
*ppMem = pMin;
Unlocksched();
return COS_OK;
}
//放入自由队列
//如果有紧邻区,与紧邻区合并,合并后再次检查是否有其他区可以合并
//如果有合并,多余出来的头进入空闲头列表
int MemRemove(MemHead * pMem)
{
MemHead * pTmp1, * pTmp2;
int bAhead;
Lockshecd();
if (! g_pFreeParList)//自由区已空
{
    g_pFreeParList = pMem;
    Unlocksched();
    return COS_OK;
}
for (pTmp1 = g_pFreeParList; pTmp1; pTmp1 = pTmp1->MemNPar)
{
    if (pTmp1->MemAddr == pMem->MemAddrEnd)
    {//在前合并
        pTmp1->MemAddr = pMem->MemAddr;
        pTmp1->MemParSize = pTmp1->MemParSize +
            pMem->MemParSize;
        bAhead = 1;
        break;
```

```c
        }
        else if (pTmp1->MemAddrEnd == pMem->MemAddr)
        {//在后合并
            pTmp1->MemAddrEnd = pMem->MemAddrEnd;
            pTmp1->MemParSize = pTmp1->MemParSize +
                pMem->MemParSize;
            bAhead = 0;
            break;
        }
        //无合并
}
if (! pTmp1)//无合并,链接进自由列表
{
    pMem->MemNPar = g_pFreeParList;
    g_pFreeParList->MemPPar = pMem;
    g_pFreeParList = pMem;
    Unlocksched();
    return COS_OK;
}
//有合并,检查另一端合并的可能性
for (pTmp2 = g_pFreeParList; pTmp2; pTmp2 = pTmp2->MemNPar)
{
    if (bAhead && (pTmp2->MemAddrEnd == pMem->MemAddr))
    {//前合并之后后合并
        pTmp2->MemAddrEnd = pTmp1->MemAddrEnd;
        pTmp2->MemParSize = pTmp2->MemParSize +
            pTmp1->MemParSize;
        bAhead = 1;
        break;
    }
    else if (! bAhead && (pTmp2->MemAddr == pMem->MemAddrEnd))
    {//后合并之后前合并
        pTmp2->MemAddr = pTmp1->MemAddr;
        pTmp2->MemParSize = pTmp2->MemParSize +
            pTmp1->MemParSize;
        bAhead = 0;
        break;
    }
    //无合并
}
//内存区头回到空闲头列表
pMem->MemNPar = g_pIdleParList;
g_pIdleParList->MemPPar = pMem;
```

```
    g_pIdleParList = pMem;
    if (! pTmp2)        //无第二次合并
    {
        Unlocksched();
        return COS_OK;
    }
    //前一次合并的分区回空闲
    pTmp1->MemNPar = g_pIdleParList;
    g_pIdleParList->MemPPar = pTmp1;
    g_pIdleParList = pTmp1;
    Unlocksched();
    return COS_OK;
}
   ⋮
```

内存管理不仅仅是上层应用的基础,同样也是内核模块编写的基础。如何将这个基础稳固、安全地建立是一个具有非常重要意义的问题。相信读者对计算机系统中存在的病毒等现象早已耳熟能详,病毒运作的一个基本原理就是利用堆栈溢出性质的操作接管代码运行。堆栈溢出的主要来源之一就是内存拷贝,复制过程超出界限。这不仅是病毒的主要来源,也是很多系统崩溃的来源。例如读者最熟悉不过的 C 语言库函数 memcpy、strcpy 函数等都存在这样的安全漏洞,极容易成为病毒和系统崩溃的来源,其定义如下:

```
void * memcpy( void * dest, const void * src, size_t count );
char * strcpy( char * strDestination, const char * strSource );
```

这两个函数看似简单、明了,实际上由于对拷贝的目标范围没有进行限制,拷贝范围极容易超过正确限度,进而改写到不应该有程序管理堆栈内存,特别是堆栈内存在中的函数返回指针。之后函数返回时,自然就可能跳转恶意代码安排的目标(病毒的原理)或者完全不知道什么地方的非法目标(系统崩溃的原理)。而这类函数在代码编写过程中又是如此广泛地被使用,因此,通常的 PC 软件系统中病毒和系统崩溃难以杜绝。

嵌入式系统实际上比 PC 软件系统的运行要求要高很多,通常它们长时间工作在无人监管的环境中,经常是 $7\times 24$ 小时不停地运作,这种情况下无论对代码运作的基础提出多么高的要求实际上都不过分。更何况要改进这个基础代价非常低,并且在嵌入式环境开发环境中有比 PC 系统中好得多的天然基础,那就是嵌入式系统中没有 PC 系统中那种有很多历史代码需要运行的限制。为此,本书的内存管理模块中提供了如下几个安全的基本函数,以便将整个系统的运行基础打牢。对于防止病毒来说,各种方式并不见得能根治其基础,但是对于防止自己编写的代码不小心发生崩溃来说,却是一道最好的屏障。具体代码如下:

**代码 3-34 安全内存操作函数 mem.c(部分)**

```
   ⋮
   int MemCopy(unsigned char * pdest, int dsize, unsigned char * psrc, int size)
   {//dsize 变量用于限制对目标内存区的无节制访问
       int rsize;
```

```c
    if (! pdest || ! psrc)
        return COS_MEM_POINTER_NULL;
    rsize = (dsize < size) ? dsize : size;  //起到安全保护作用的判断
    while (rsize > 0)
    {
        * pdest ++ = * psrc ++ ;
        rsize -- ;
    }
    return COS_OK;
}
int MemSCopy(unsigned short * pdest, int dsize,
unsigned short * psrc, int size)
{//功能同上,用于2字节的较大内存区拷贝,以便提高效率
//对于2字节的较小内存区拷贝,采用前面的 MemCopy 差别不大
    int rsize;
    if (! pdest || ! psrc)
        return COS_MEM_POINTER_NULL;
    if ((((int)pdest & 0x1) || ((int)psrc & 0x1)
        || (dsize & 0x1) || (size & 0x1))
        return COS_PARAM_NOT_CORRECT;        //对内存对齐方式的限制
    rsize = (dsize < size) ? dsize : size;   //起到安全保护作用的判断
    while (rsize > 0)
    {
        * pdest ++ = * psrc ++ ;
        rsize -= 2;
    }
    return COS_OK;
}
int MemWCopy(unsigned long * pdest, int dsize,
unsigned long * psrc, int size)
{//功能同上,用于4字节的较大内存区拷贝,以便提高效率
    int rsize;
    if (! pdest || ! psrc)
        return COS_MEM_POINTER_NULL;
    if ((((int)pdest & 0x3) || ((int)psrc & 0x3)
        || (dsize & 0x1) || (size & 0x1))
        return COS_PARAM_NOT_CORRECT;
    rsize = (dsize < size) ? dsize : size;   //起到安全保护作用的判断
    while (rsize > 0)
    {
        * pdest ++ = * psrc ++ ;
        rsize -= 4;
    }
```

```
        return COS_OK;
    }
    ⋮
    int StrCopy(char * pdest, int dsize, const char * psrc, int * pnCpyLen)
    {
        int len, size;
        unsigned char * pdata;
        if (! pdest || ! psrc || ! pnCpyLen)
            return COS_MEM_POINTER_NULL;
        StrLen(psrc, &size);
        pdata = (unsigned char *)psrc;
        MemCopy((unsigned char *)pdest, dsize - 1,
            pdata, size);//字符串拷贝需要一个末尾0,因此使用 dsize - 1
        len = ((dsize - 1) < size)) ? (dsize - 1) : size;
        *(pdest + len) = '\0';
        *pnCpyLen = len;
        return COS_OK;
    }
    ⋮
    int MemRange(void * ptr)
    {
        if (HEAPHEAD <= (unsigned long)ptr
            && HEAPEND > (unsigned long)ptr)     //不包含
            return COS_OK;
        return COS_PARAM_NOT_CORRECT;
    }
    ⋮
```

检查本书中列出的很多代码可以看到,对各种内存指针参数的合法性判断仅仅是检查指针是否为空。实际上,这对于数据内存性质的指针来说这种判断是不够充分的。上面代码列出的 MemRange 判断函数更为安全,其原理是用嵌入式环境中产品配置的 RAM 内存堆区的起始和结束位置来判断指针的合法性。对于安全性要求很高的系统来说,使用该函数可能会有更大的帮助。本书中代码还是保持通常的判断方式,仅提供该函数给读者参考使用。

本小节介绍的内存管理技术并不全面,James Noble 等所著的 *Small Memory Software: Patterns for Systems with Limited Memory*[9]对内存受限环境中的软件开发有详细的描述,该书有中译版,名为《内存受限系统之软件开发》[10],由侯捷翻译。读者可以参考该书来规划自己系统中的内存管理和使用方法。

该书中的内存使用技术都是用模式方式描述的,可能不是很直观,专门针对嵌入式环境使用的技术也不算多。在此将相关的内存使用技术以及本书作者在使用内存方面的一些体会介绍给各位读者。

在内存有限的嵌入式系统中有两种情况,一种是 ROM 空间较大(相对而言),RAM 空间很小;一种情况是 ROM 空间很小,RAM 空间较大。前者通常是使用微处理器片内 ROM、

RAM 的情况，后者通常是有扩充内存的情况。针对不同的环境必须采用不同的减少内存使用的方法。

当 RAM 极小时，应该尽量将常数型的静态参数全局变量声明为 const 类型。编译器会将此类全局变量编译到 RO 段，这也是通常的做法。相反的情况下，可以将这些全局变量的 const 类型去掉，这样处理不是很安全，但可减少运行时对 ROM 的使用，增加对 RAM 的使用。例如，PPP 协议建立过程中通常要发送一个空 LCP 报，这种空 LCP 报通常用静态全局变量定义。但是在发送时，需要头、尾添加数据（这是网络协议中常见的），因此把这个包定义大一点并去掉 const 类型标识，就可以直接操作该报，而不必另外分配内存并拷贝空 LCP 报的内容。但是当 RAM 很小时，则倾向于用 const 类型标识，并在发送时再拷贝报内容。

尽量用宏而不是函数替换简单函数定义。用宏定义，RO 段中代码的体积实际上会增大，但是可以减少函数调用导致的 RAM 空间中堆栈的使用。

如果确定 RAM 内存小于 64 KB，RAM 指针可以用 short 数据类型代替，而不必用 4 字节的指针，特别是对结构中经常见到的链接上下结构的指针。

局部变量参数有很多的函数，可以声明一个结构，把全部局部变量都放到结构中，进入函数之后再分配内存给这个结构。这种方式虽然不能节省内存，但是能够减少堆栈的使用。嵌入式环境中内存很小，有时候可能存在堆栈设置得很小的情况。当用分配的方式时，这些局部变量占用的内存在函数返回时即可释放；而当用堆栈的方式时，虽然函数退出时局部变量内存返回给了堆栈，但是堆栈本身就是长期占用了的内存，无法用于其他情况。

结构定义尽量采用最小化的方式定义成员，这种方法比较普通，也很容易理解。

结构定义均采用紧密（packed）方式，避免编译器为对齐成员而为结构添加填充空间。这也是比较普通、易于理解的方式。这种方法对运行效率稍有影响，但是也有另一方面的益处，即能够避免一些不小心留下的 bug。

模块内部尽量用全局数组的方式预先分配好需要使用的内存，配以简单的内存管理头。这种方式下，整个应用需要使用的内存大小比较明确，代码编译完成后即可掌控，仅将变化较大的部分留给动态分配部分。这种方式既可以减少运行可能产生的 bug，又能够在代码编写和编译时尽量多地掌握系统的内存使用情况，而且内存使用技术的优化效果在代码编写和编译阶段就能够明确地计算并观察到结果。当采用这种方式时，本书介绍的内存模块代码需要一些修改，以适应这种用全局数据预先占用内存方式的内存管理。主要的修改是定义出一种适合这种情况使用的内存块管理头结构。如果某些内存的占用在代码运行期间的大部分时间里是需要占用的，则用全局变量的方式表达这种内存占用关系对系统的运行有多方面的益处。这和普通编码原则中尽量不使用全局变量的原则并不矛盾。两种不同的原则针对的是两种不同的环境。

有条件的组件内部还可以采用尽量不占用内存的方式，而又使用该组件的客户方掌控内存的分配。这种方法与前一方法有矛盾，实际上两种方法是针对不同情况下的不同选择。读者可以根据所编写模块的特性，理性地选择最适合的方式。

尽量采用平坦的函数调用设计，而不是太多层次子函数调用的设计方式。因为子函数调用占用堆栈，过深的子函数调用对嵌入式系统中极小的堆栈是一个很大的考验，堆栈被破坏后会出现不易调试的 bug。当然更要尽力避免递归函数调用，递归函数调用稍有不慎，极易导致堆栈超出限制，破坏其他任务的堆栈或其他 RAM 空间中的内容。

# 第4章 μRtos V1.0 代码说明

作为完全按照本书设计的体系结构实现的一种实时嵌入式操作系统内核，μRtos 完整地实现了该体系结构的目标，包括硬实性、高效、规范化的体系结构、易扩展等特点。其中 μRtos V1.0 针对 ARM 系列中无 MMU 组件的微处理器系列（主要是 ARM7），μRtos V2.0 针对 ARM 系列中有 MMU 组件的微处理器系列（主要是 ARM9）。

在没有 MMU 条件下，任务和内核同处一个内存空间；而在具有 MMU 组件（ARM 中称为协处理器）的条件下，μRtos V2.0 采用的是划分两个内存空间的简单方式，即一个是内核内存空间，另一个是应用内存空间。应用空间的任务要访问内核空间的功能是通过陷入（Trap）点完成的。这也是各种带空间保护系统的通常做法。在这种环境中，内核是一个单独编译完成的模块，并通过一个转接接口供应用方使用。这个转接接口实际上就是将内核调用接口翻译成陷入点，以便应用方保持与原来无空间划分环境下的函数调用方式代码兼容。

μRtos 除了按照本书设计体系结构建立了 COS 源代码级组建基础之外，在代码文件组织方面也专门进行了安排，以便读者更容易控制整个系统的使用。本章详细介绍这些文件的组织和使用方式。μRtos V1.0 的主目录下分为 5 个目录，如图 4-1 所示。

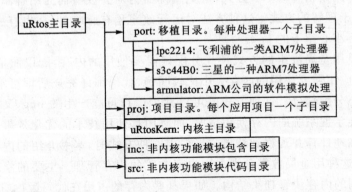

图 4-1 μRtos 目录结构

图 4-1 中的方框代表目录，无方框的条目代表文件。图 4-1 中未出现文件条目，后面图中有这两种条目的示列。下面对 μRtos 中每个目录下的子目录的组织方式进一步说明。

读者可能会在本章内容中看到代码的组织与第 2 章说明的代码组织差别较大，因为本章介绍的是 μRtos 的代码，并非 μC/OS-II 的代码。本章的代码组织作者认为可能更方便，当然，每个人的想法不一定相同，可谓仁者见仁，智者见智。

## 4.1 移植目录

移植目录下包含 3 层目录，第一层是针对 ARM7 处理器的通用代码和定义，第二层是针

对ARM7系列不同微处理器,第三层是针对特定微处理器不同的应用开发板。详细描述如图4-2所示:

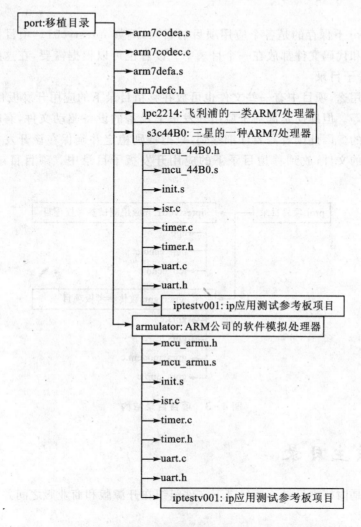

图4-2 移植目录结构

port目录下的arm7作为前缀的文件是arm7下的通用文件。各种微处理器目录下的mcu_xxxx.h、mcu_xxxx.s、init.s、isr.c、timer.c、timer.h、uart.c和uart.h文件是该微处理器条件下的通用文件。微处理器下的子目录是具体应用开发板的移植文件目录,其中包括board.s、board.h、board.c和init.s文件。特定开发板目录下包括的init.s是全部代码编译链接后的入口。其中board.s包含各种寄存器、寄存器值定义,board.h是该应用开发板特有的各种常数定义,board.c主要是C语言入口函数CMain的实现文件。

需要注意的是,移植目录下的文件组织方式是将保存定义的头文件(.h和.s)和具体实现的代码文件(.c和.s)保存在一起的。因此,在项目配置选项中的包含文件目录需要将这些目录都添加进去。因为移植过程中需要更改的文件不多,并且相对固定,所以采用这种文件组织方式,以避免过于复杂的目录结构。

## 4.2 项目目录

项目目录 proj 下保存的是各个应用项目的目录,例如 iptestv001。项目目录中文件的组织方式的头文件和代码文件都放在一个目录中。读者也可以根据需要,在这些具体项目目录中组织 inc、src 等子目录。

按照文件的用途,项目中有一些文件也可放在移植目录下的应用开发板目录中,特别是那些设备驱动文件等。但即使是同一个应用开发板上设备的设备驱动文件,有时在不同应用中的实现也是不同的。因此读者需要仔细鉴别,只把特别稳定并确保在该开发板下不再需要根据应用进行修改的文件,放到移植目录下的应用开发板子目录中。项目目录结构如图 4-3 所示。

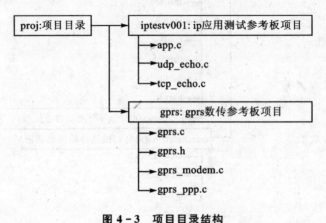

图 4-3 项目目录结构

## 4.3 内核主目录

μRtosKern 是内核主目录。该目录下文件组织在开源版和商业版之间并不相同。具体说明如图 4-4 所示。

商业版提供的 μRtosKern.o 文件是一个商业版实现代码的中间编译结果文件。用户只需要将该文件包括进自己的项目中一同编译即可。kernsrc 中提供的是内核的实现代码文件,无论是商业版还是开源版,这个目录下提供的都是开源版的代码实现文件,不提供商业版的代码实现文件。

kerninc 目录的作用仅仅是用于读者用开源版代码开发内核模块,例如读者想要修改内核、替换内核算法等情况。推荐读者用 kerninc、kernsrc 目录下的文件创建一个内核项目,并编译自己的内核库文件,这样可以比较清晰地隔离内核与应用代码。编译应用代码时只用包括编译产生的 μRtosKern.o 文件,同时将 μRtosKern 下的 inc 目录设置到包含目录路径中即可。

如果想要将内核放在微处理器片内 Flash 中进行保护,而应用代码在片外内存中运行,内核通常要编译成一个单独的可执行文件并烧写到微处理器的片内 flash 中。这种情况下,μRtosKern 目录下的 kernsrc 子目录中放置的文件就应该是转调用片内内核代码的接口实现

# 第 4 章 µRtos V1.0 代码说明

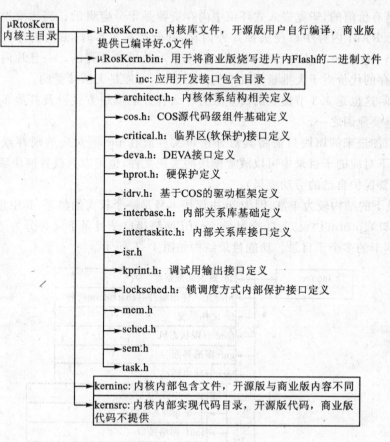

图 4-4 内核主目录结构

文件。此类转调用接口实现文件都是一些对函数指针地址进行直接调用的代码。

另外，由于商业版根据版本权限的不同，可能在 kernsrc 目录中放置了分割后的多个库文件，以便用户裁剪大小。

商业版不仅仅有不同版本的权限区别，还有不同功能版本的区别。例如有的版本包含的时间片轮询调度算法，有的版本包含的是完全优先级抢占式调度算法等。具体版本的详细情况在作者提供的网站 http://www.uRtos.net 中有详细介绍。

## 4.4 功能目录

µRtos 下 inc、src 均为功能代码目录，其内部子目录组织是一样的。包括 db、fifo、fs、gui、inet、posix、hsm 等。其中 db 代表嵌入式数据库，fifo 代表先入先出队列模块，fs 代表文件系统模块，gui 代表图形用户界面模块，inet 代表 ip 协议栈模块，posix 代表 posix 兼容性接口模块，hsm 代表层次化的有限状态机。

读者还可以根据自己掌握的情况组织移植其他代码模块，例如 mp3 编解码、lcd 驱动、flash 烧写驱动等。如果读者考虑用自己的标准库替代编译器提供的标准库，则可能还会有更多的目录，例如 std、io 等。在嵌入式环境中，用自己的标准库替代编译器标准库的作法并不少见。有时仅仅是因为标准库体积太大，应用中仅仅用到其个别功能。即使在这种情况下，替代标准库也是有价值的,毕竟嵌入式环境中内存资源是十分宝贵的。当想要把全部代码放入到片内 ROM、RAM 内存中以便去掉片外内存,降低产品成本时,偏内内存典型的容量只有 128 KB Flash ROM 和 16 KB SRAM。此时,基本上是锱铢必究的。一旦片内容量不够代码运行,外扩内存的代价对于大批量低成本的产品来说,可能是无法接受的。

同样道理,这也是 4.3 节提到的商业版为什么有分割模块方式以及其他多种版本方式提供给用户的重要原因之一。

移植和添加进来的模块只需将其对外接口文件放在 inc 下对应的现存或新建目录中即可。src 目录下对应的子目录中可以放置模块的实现文件,也可以只放置模块编译成的库文件(如果读者想要保护自己的劳动成果)。

inet 目录下的结构较为丰富,因为 ip 协议栈本身是一个较大的体系,其中包括 ipv4、ipv6、netif(网络接口)、proto(协议)等 4 个目录。netif 网络接口子目录下又再分为 ether、loop、ppp 等针对不同网卡的多个子目录。功能目录结构如图 4-5 所示。

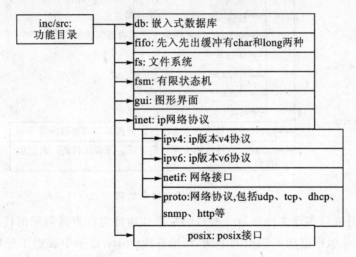

图 4-5  功能目录结构

## 4.5  在 μRtos 下开发应用产品的说明

在 μRtos V1.0 下开发应用产品,首先要了解有哪些工作需要做,其次需要了解每个工作应该如何做。这里用图 4-6 所示的体系结构图说明以上问题。图 4-6 是一个较为完整的体系结构图,其中虚线框模块是工程师需要开发编写的模块,灰色框模块式工程师开发应用、驱动是可以使用的内核接口模块(也就是 API)。中间粗体的黑线分隔开内核与应用层,应用层中包含普通应用,也可能包含一些系统服务模块(如网络、文件系统等)。

商业版内核内部是按照紧内核方式实现的,开源版则是按照接口定义,用不同的模块实现临界区、信号灯、调度器、ITC 与任务关系库、锁保护等接口。两者的接口定义是一致的,编写应用的方法没有区别。图 4-6 中灰色方框部分代表的是开发接口,但需要注意的是,有一些接口是用于内核内部扩展开发用的,因此用于上层应用开发时必须十分小心,例如锁保护接口。

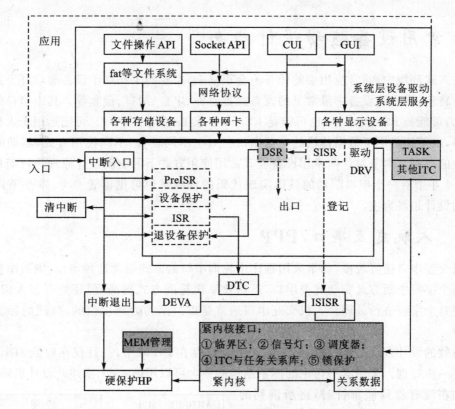

图 4-6 完整体系结构

还需要注意的是,DSR 和 SISR 实际上是在任务空间运行的,也就是说和开发上层应用的代码编写方式基本一致,但略有不同。在 SISR 中不能调用具有信号等待性质的函数。如果调用,内核代码会返回错误提示。读者最好不要依赖于这种函数返回错误,而是应该主动杜绝出现这类情况。

开发应用的任务总结起来分为 3 个阶段,包括基本移植、编写驱动和编写上层应用。基本移植阶段的工作与 μC/OS-II 移植需要做的工作类似,其中最主要的工作实际上是理解微处理器内部各种寄存器和各种设备的使用方法。因此,主要的工作在与微处理器相关的几个文件中。微处理器相关的文件移植好之后,应用开发板相关的文件通常不会太复杂。

第二个阶段编写驱动就是编写图 4-6 所示的每个设备相关的 ISR、DSR 和 SISR 部分。参考 1.3.6 小节,如果要充分发挥本体系结构的优势,可能还需一个 PreISR 部分。当然,还包括设备内部使用的设备保护接口。驱动的开发部分在内核接口 idrv.h 中已经进行了规范定义,读者只需按照各个部分的功能实现一个 IDrv 结构中的各个成员函数接口即可。这也是本体系结构设计中着力要解决的一个问题。按照这种方式编写驱动,更为有章可循,同时能够满足高效、硬实时等方面的需求。就像在 Linux 下为设备驱动编写标准驱动接口函数一样,避免了 μC/OS-II 下设备驱动的随意性和对硬实时特性的破坏。

第三个阶段编写上层应用的过程视应用的复杂程度而定。可能需要其他功能模块,例如 IP,也可能仅仅是简单的一些信号控制处理。也许需要复杂的设计过程,也许简单的几个图表即可完成设计工作。图 4-6 中应用层是一个较为复杂应用的典型结构概要。

## 4.6 常用设备驱动设计指南

在嵌入式环境中,通常应用层的任务不会很复杂,主要的工作在于设备驱动环节。不同设备又各有特色,嵌入式设备中最常见的设备就是时钟、串口、网口、键盘等。其中串口的使用是最丰富的,可能是 RS232 串口,也可能是 RS485 半双工/全双工串口。可能是用于人机交互的低速串口,也可能是用于数据传输的高速串口。对于不同设备、不同使用方式,驱动的设计方法有很大的差别。本节对这些常用设备及其常用使用方式下的驱动设计原理进行简单介绍。

3.2.1 小节有一个串口驱动的具体实现代码的详细解说可供读者参考,本小节以各种设备驱动的设计思路为主。

### 4.6.1 人机交互串口/PPP

人机交互串口速度较慢,如果采用程序中轮询串口的方式驱动这种串口,则效率极低。如果采用每个字符中断方式驱动此类串口,虽然效率比轮询方式提高,但还是有很大浪费,因为并不需要每个字符进行处理。人机交互串口通常是以"行"为处理单位的,"行"的标志就是回车换行符。

最高效的设计方式是,串口中断读入的字符保存在 FIFO 中,并且仅在收到回车符之后,才进入下一步处理。采用本书讨论的体系结构的概念可以用图 4-7 描述此设计思路。

驱动在没有收到回车符时,将所读到的字符放入 FIFO 即可,不用进入中断的完整处理流程,简单、高效。收到回车符后,通过本书体系结构中的 DEVA 等环节进入驱动中的 SISR,并用信号通知应用。按照这种方式进行处理,应用任务平时处于等待状态,仅在收到信号通知情况下,处理一个输入行。

如果是 PPP 网络通信串口,设计方式与命令行接口类似,但具体参数不同。不是以命令行接口中的回车作为判断标记,而是以 PPP 包头 0x7E 作为判断标记,另外,FIFO 缓冲区空间也比命令行功能的缓冲区空间要求更大。

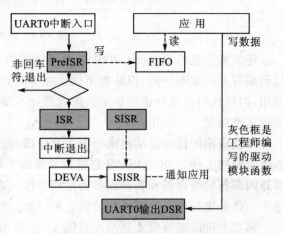

图 4-7 串口命令行驱动设计

### 4.6.2 键 盘

微处理器通常不会像 PC 那样有专门的键盘接口,通常使用 GPIO 进行扫描。有两种较好的设计方案,一种是给键盘编写一个简单的任务,另一种是在时钟服务中附带完成键盘扫描工作。

嵌入式环境中使用的键盘通常是 3×4 按键面板,键盘扫描的原理如图 4-8 所示。

当扫描键盘时,在 4 个输出 GPIO 口按顺序轮流(注意不是同时)设置为高电平,并从输入 GPIO 口检查高电平位置,以此确定按键。

如果是在任务中驱动键盘,其设计原理如图 4-9 所示。

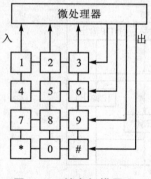

图 4-8 键盘扫描原理

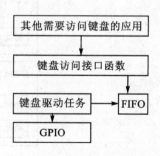

图 4-9 任务型键盘驱动

图 4-9 中键盘驱动任务就是一个循环,通常处于休眠等待状态,每 100 ms 醒来扫描键盘一次。如果扫描到键盘按键动作,则将获得的输入送进 FIFO。之后再次进入休眠等待状态。

如果用利用时钟中断进行键盘驱动,只需将图 4-9 中的键盘驱动任务更换为时钟驱动的 SISR(软中断服务例程)即可。通常是将获得的键盘输入放进键盘 FIFO。

通常系统的时钟中断服务 10 ms 一次,只需 10 次时钟中断服务中扫描一次键盘即可。这种方式消耗的系统资源更少,但是前一种方式模块的独立性更好,不会牵扯到时钟服务例程等其他模块。

键盘访问接口函数用于封装其他应用对键盘访问的接口,避免其他应用需要了解 FIFO 的内部操作规程,同时还可以提供对键盘这种资源的保护(如果需要保护的话)。键盘访问接口函数作为键盘驱动模块的一部分提供,但是并非键盘驱动任务或时钟服务的一部分。

## 4.6.3 网 口

相对于嵌入式环境中常见的串口、GPIO 接口、时钟等设备而言,网络接口通常是嵌入式开发中较为复杂的接口。但是通常微处理器都对网络接口进行了专门的设计,驱动时的复杂程度降低很多。本小节对网络接口——当前嵌入式开发中最为重要的接口之一,进行较为详细的介绍。

网络接口结构如图 4-10 所示。其中变压器完成电压转换,类似于串口中 RS232 电压转换芯片。PHY 完成信号的协议转换,包括将数据每 4 位增加 1 位校验,数据转换为曼切斯特编码,并行信号转为串行信号等转换工作。MAC(Media Access Control)用于控制对媒体的访问,包括碰撞的监测、校验、地址比较、状态管理、与上层缓冲接口管理等。MAC 可能包括在微处理器中,也可能是单独的芯片,还有可能 MAC 和 PHY 是同一个芯片。MAC 和微处理器之间还有可能有 DMA 访问控制,用于加速访问。

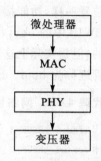

图 4-10 网络接口结构

系统中的网络口可能有多种,嵌入式环境中最常见的是以太和 PPP(SLIP),但是也不排除其他端口的可能性,例如 ATM 等。对同一种类型的网卡,具体形式可能差别也很大,例如在嵌入式以太网环境中,单个网口芯片和多端口交换设备芯片都有可能。因此,网络环境的体系结构设计需要保持较好的灵活性和效率。

网络环境的体系结构设计如图 4-11 所示。

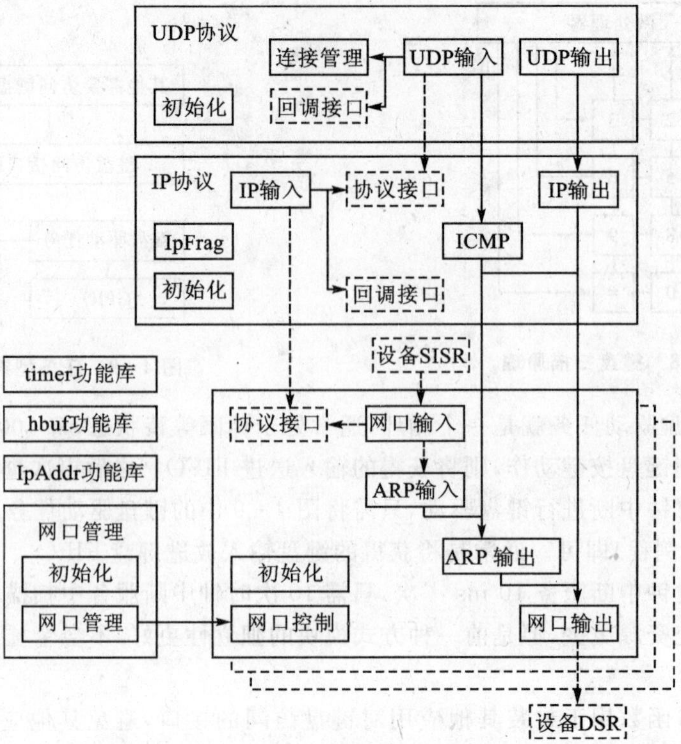

图 4-11 网络体系结构设计

本书提供的 μRtos V1.0 代码中，网络协议栈部分主要来自于 LWIP，但是做了很大的改动。例如在图 4-11 中的网络口部分，就与 LWIP 的设计不同。LWIP 中，ARP 是作为 IP 的一部分，而且和 IP 结合紧密，导致 LWIP 基本上只能局限于简单以太网环境，对于复杂以太网（多网口交换芯片）和简单的 PPP 协议并不适合。而本体系结构设计中 IP 和网口的具体形式之间没有密切的关系，模块独立性更好。

图 4-11 中没有表示出 TCP 模块，TCP 模块和图 4-11 中表示的 UDP 模块在体系结构中的位置一样，功能接口类似。

LWIP 中的 pbuf 缓冲区管理是模仿 BSD 操作系统网络协议栈的 mbuf 缓冲区管理进行移植的，但是实际上这种缓冲区管理形式太过复杂，并不适合在嵌入式系统中使用。简化后的缓冲管理称为 hbuf。hbuf 的使用管理逻辑要简单很多，头文件定义如下：

代码 4-1 网络协议缓冲管理 hbuf.h

```
#ifndef _HBUF_H_
#define _HBUF_H_
#ifdef _cplusplus
extern "C" {
#endif
```

# 第4章 μRtos V1.0代码说明

```c
#define HBUF_TYPE_RAM    0x00        //用于type字段定义值
#define HBUF_FLAG_REF    0x01
typedef struct Hbuf Hbuf;
struct Hbuf
{
    Hbuf * pNext;
    int type;                        //0：可释放；1：引用型释放时不可释放
    void * pPack;
    void * pPackEnd;
    int tlen;
    void * pPayload;
    int len;
};
void KernHbufInit(int nHbufs);
Hbuf * HbufAlloc(void);
void HbufFree(Hbuf * p);
void HbufCat(Hbuf * h, Hbuf * t);
int HbufMoveLoad(Hbuf * p, int nShift);

/////////////////////////////////////////////////////////////////////////
#ifdef _cplusplus
}
#endif
#endif
```

hbuf 管理缓冲区的原理如图4-12所示。

采用这种缓冲区管理方式主要是针对网络环境中的特殊要求。当应用发送网络数据时，每通过一层协议，通常都会在包头包尾增加一些数据。如果采用通常的缓冲区管理方式，在包头增加数据就会导致缓冲区的重新分配和数据的拷贝，而且是多次重复这种操作。这样资源消耗极高，效率也很低。

采用 hbuf 方式管理，pLoad 和 pPack 之间只须保留适当的空间，并通过移动 pLoad 指针而无须重新分配内存和拷贝数据。完成 pLoad 的移动是通过 Hbuf-MoveLoad 函数完成的，同时该函数中执行对 len 字段的修改。当参数 nShift 为正数时，正向移动 pLoad 指针，也就是缩小保存数据的空间，对应于收到数据后，数据包层层上传、层层剥离数据包头的过程。当该函数的 nShift 参数为负数时，反向移动 pLoad 指针，也就是增大保存数据的空间，对应于发送数据时，数据包层层下传、层层添加数据包头的过程。

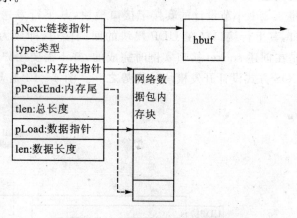

图4-12 hbuf 缓冲区管理原理

pPack 的作用是便于释放 hbuf 缓冲区,同时释放缓冲内存块。如果 type 字段类型值是 HBUF_FLAG_REF,当释放 hbuf 缓冲区时,则不必释放数据块。这种情况用于通过网络发送固定不可释放的内存数据内容。tlen 和 pPackEnd 都是用于描述缓冲内存块的,也就是说在内存块确定后,不再修改。这两个字段的作用类似,用于数据添加到尾部时,避免内存操作超界。其中 pPackEnd 用于指针式比较,tlen 用于数字式比较。

LWIP 的 pbuf 管理中,关键是引入了"引用计数",这种功能看似有用,实际上用处不大,却导致缓冲区的管理复杂很多,代码量也增加很多。pbuf 代码超过 600 行,而 hbuf 代码还不到 50 行,编译结果是该模块仅 260 字节。在那种想要用微处理器片内 Flash 中放置全部代码的应用环境中,这种代码规模的差别是很重要的,而且 hbuf 功能实用,效率极高。

## 4.7 网络协议栈设计

前面在讨论网口驱动时,实际上也讨论了一些网络协议栈设计的问题。图 4-11 中的"IP 协议"模块中的"回调接口"用于收到数据后调用,其中注册的是上层应用的函数接口指针,与"UDP 协议"模块中的"回调接口"的作用是一样的。这种基于回调的函数接口方式是 LWIP 的特色之一,特点是能够快速对网络协议包进行应答,结构简单。但是这种调用接口与通常网络应用程序的 socket 开发接口使用方式差别较大,为了让习惯使用 socket 进行开发的工程师能够较好地使用网络协议栈的功能,还需要进一步设计。除此之外,本节还讨论一些其他与网络协议栈实现相关的问题,主要是 TCP 协议实现方面的要点。

### 4.7.1 网络开发接口设计

LWIP 中另外有一种基于任务、信号、消息传递的 socket 接口,这种方式资源消耗大,代码规模也大。采用图 3-20 的方式设计的 socket 接口规模要小得多,而且资源消耗也很小。按照 3.5.1 小节设计的套接字接口模块,其下行发送接口接在图 4-11 中 UDP 模块的输出接口,其上行接口接在 UDP 模块的回调接口,即成为 UDP 的 socket 接口。接口间的衔接过程是在创建 socket 接口实例时完成的,并不需要用户自己衔接这些接口登记函数。这也是基于 COS 方式设计开发模块的优势之一。图 4-13 是 UDP 与 socket 衔接的示意图。

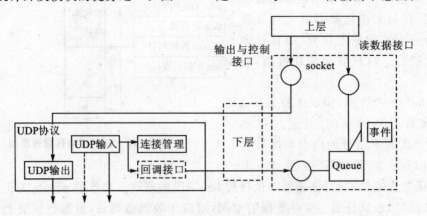

图 4-13 UDP 与 socket 衔接示意图

这种衔接不仅在 UDP 上进行，还可以在 TCP 甚至 IP 上进行。在 IP 上衔接 socket 相当于提供了 Windows API 中的 RAW_SOCKET 类型的套接字开发接口，这种开发接口在通常的网络应用中使用比较少，但是在网络监控、过滤、网络协议分析、流量控制等管理类型的网络应用中，却是很重要的一种开发接口。

另外一个题外话，从图 4-13 的衔接模型图可以看出，只要满足接口衔接的要求，不仅仅 IP、UDP、TCP 可以与 socket 衔接，甚至其他内部通信协议、数据传递规范等，均可以与 socket 衔接，从而构造出多种功能独特的 socket。

## 4.7.2 TCP 协议

在关于网络协议的设计资料书籍中，最著名的就是 Richard Stevens 等编写的 *TCP/IP Illustrated*[11]，由范建华等翻译，中译本名为《TCP/IP 详解》[12]。这本书中的很多资料经常被其他解释 TCP/IP 协议的书籍和资料引用。通过本小节前面内容的设计之后，协议栈的 IP 及 UDP 等部分都比较容易理解，代码也不算复杂。比较复杂的是 TCP 部分的结构。

《TCP/IP 详解》中文版第一卷第 182 页的 TCP 状态变迁图是一个比较重要的设计原理图，该图综合性地描述了 TCP 协议通信过程中客户机、服务器双方的协议协商建立过程。这个图作为 TCP 工作原理的指南是非常重要的，但是作为设计开发特别是编写代码的正式文档则存在相当多的欠缺。例如，如果网络协议报沟通环节出现错误，在某个状态下收到不应该收到的包时应该如何处理？图 4-14 是按照完整的 UML 语法描述的 TCP 状态图，比《TCP/IP 详解》图中包含的信息要丰富一些，对编写协议栈代码的指导作用也要跟突出一些。

要理解这个按照 UML 状态机语法绘制的 TCP 状态图，应该首先对 UML 状态图语法有一些基本了解。主要是要理解父状态事件处理的继承和内部事件的含义。

图 4-14 对多个原来在《TCP/IP 详解》TCP 状态图中未明确表明的事件处理进行了定义，定义了一个"工作状态"组合状态，明确了各种状态收到不正确事件的处理方式。需要注意的是，不正确事件不仅包括网络上接收的不正确的包，还包括其他一些事件，例如超时、应用关闭等。例如《TCP/IP 详解》原有 TCP 状态图对 FIN_WAIT_1、FIN_WAIT_2、CLOSING 状态下的处理就不够详细，这 3 个状态和 TIME_WAIT 状态一样是需要处理超时事件的；否则 TCP 连接进入这些状态后，如果 TCP 连接的关闭过程未能按照理想的协议方式进行，则该连接就可能进入一种无法恢复的状态。

另外，为了便于代码实现，具体设计和理论上的原理略有不同。例如，有些理论上应该在事件的 action 中执行的动作放到了目标状态的 entry 项目中。这种安排和在事件的 action 中执行动作是一样的，但是需要注意的是，当有多个事件导致向该目标状态迁移，而需要执行的动作又不一致时，则不能如此处理。例如转移进入 ESTABLISHED、TIME_WAIT 状态的各个分支的 action 就不同，不能在状态中统一进行应答。而转移进入 SYN_RCVD、SYN_SENT、FIN_WAIT_1 状态的各个分支的 action 就是一样的，因此可以用状态的 entry 内部事件处理代替状态转换的 action。

图 4-14 还放弃了从 LISTEN 状态到 SYN_SENT 状态的由应用发起数据发送的事件转换，这种情况通常很少使用，因为增加系统很多复杂性，没有必要支持。应用方完全可以通过执行控制应用逻辑来将 LISTEN 状态和发送状态的连接区分开。

图 4-14 表达了服务器和客户机双方的状态逻辑，基本完整，仅仅去掉了不必要的从

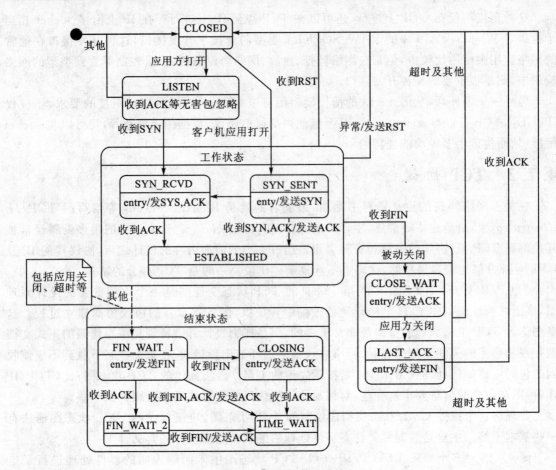

图 4-14 TCP 状态转换

LISTEN 到 SYN_SENT 状态的转换。其中从工作状态转结束状态的其他事件，是指收到 FIN、RST 和异常之外的所有事件，包括应用关闭、超时等。ESTABLISHED 状态不会收到超时事件，但是对该事件进行处理也不影响逻辑的正确性。

## 4.7.3 TCP 协议的简化实现

图 4-14 这个状态机表达的逻辑并不算最标准的，但是对于嵌入式环境应用来说，已经足以开发、移植能正确运行的 TCP 协议模块。如果仅从 TCP 协议可以正常工作条件出发，还可以进一步简化协议的实现，体现在状态机上最主要的就是可以简化主动关闭和被动关闭两种组合状态，尽量简单地回到 CLOSED 状态。但是连接的建立过程是不能简化的，需要按照标准仔细实现。这种简化工作在很多实现中都可以见到，并不影响协议的运行。甚至很多应用程序开发，也没有按照标准要求用 shutdown 去关闭连接，而是简单地用 close 直接关闭连接，只要关闭连接一方保障发送 RST 协议包即可。当然，此时有一个较大的风险就是对方没有收到最后发出的 RST 协议包，但是这种风险在完全正常实现的协议中也是可能存在的。例如一方处于 ESTABLISHED 状态，而另一方主机直接 DOWN 机或出现其他异常导致双方没有任何协商而关闭连接的过程。这种情况在协议栈开发设计以及应用开发过程中本来就是要考虑的，不考虑这种情况的系统很难保障系统的稳定、合理运行。因此，这种做法实际上并没有带

来额外的风险。按照这种思路,可以将 TCP 状态图简化为如图 4-15 所示的设计。

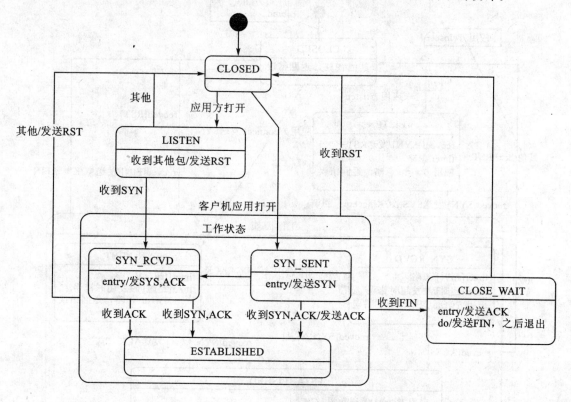

图 4-15 简化 TCP 状态转换

如图 4-15 所示,主动关闭或其他异常都简化为发送 RST 之后回到 CLOSED 状态,被动关闭则基本按照正常处理过程;但是收到 FIN 发送 ACK 应答后并不等待,而是直接发送下一个 FIN 并回到 CLOSED 状态。如此处理时,LISTEN 状态下收到非 SYN 包时发送 RST 包是保证协议正常运行所必需的。

TCP 状态转换具有适当的复杂程度,非常适合用 3.6 节讨论的状态机技术来实现。从本小节的讨论也可以看到,在模块级别用通常的技术安排模块间关系,在模块内部适当的位置采用状态机技术是最优化融合状态机技术优势的选择方案,正如 3.6 小节中对状态机技术的适应性的讨论一样。

LWIP 协议栈的实现不是采用 3.6 节讨论的状态机方式实现的,读者可以根据 3.6 节和本小节的内容,自行尝试用状态机实现 TCP 协议栈。可以尝试实现完整的状态机,也可以先实现简化的状态机,待技术熟练后再进一步实现全协议的状态机。简化的状态机还可以进一步简化,图 4-16 用另外一种方式表达进一步局部简化并添加更多实现细节的一个设计。

图 4-16 中工作状态下收到 FIN 数据包事件时的动作是发送一个 ACK 然后再发送一个 FIN,表达为"发送 ACK,发送 FIN"。而其他如 SYN_SENT 状态收到 SYN 数据包事件时"发送 SYN,ACK"的动作,是发送一个带有 SYN 和 ACK 标记的数据包,而不是发送两个包。请读者注意这种表达上的区别。

图 4-16 中带有更多实现细节,特别是在内部事件的处理方面。内部事件和外部事件的区别请读者参考 3.6 节或其他资料。同时,图 4-16 的设计充分考虑了嵌入式环境下的可行

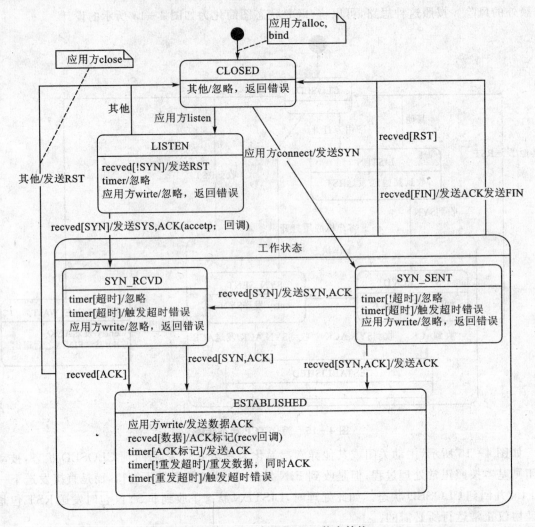

图 4-16 进一步简化 TCP 状态转换

性和性能等方面的要求。基本上是本书作者在实现简化 TCP 协议模块时的最后详细设计资料。

用 3.6 节介绍的状态机技术结合本小节的设计,可以高效、稳定地实现 TCP 协议模块。作者按照这种思路,用约 2.5K 代码规模实现了完整的 TCP 协议模块,加上其他的模块(包括 UDP、IP 和网卡驱动),整个 IP 协议栈在不超过 5K 的代码规模中完整实现。如果采用简化后的 TCP 模块,则整个 IP 协议栈约 4 KB。这主要得益于 μRtos 体系结构本身的灵活高效,以及提供的功能丰富的有限状态机组件,另外就是模块间接口规划的易用性和完备性。

### 4.7.4 TCP 协议实现的其他问题

仅仅简化 TCP 状态图还很难体会到 TCP 协议的复杂性,其他需要考虑的问题还很多。TCP 这种称为"提供可靠的数据传输服务"的协议建立在不可靠的 IP 协议上,因此需要考虑发送数据的确认、未确认的发送数据的缓存、超时未确认发送数据的重传、流控等。TCP 协议正是为处理这些问题提供了很好的解决途径,并因此显得较为复杂(相对于 IP、UDP)。

在嵌入式环境下，因为内存等方面资源的制约，这些问题的解决显得更为复杂。如果系统对网络传递速度的要求不是很高，通常解决问题的思路可以简单一些，例如数据包的发送必须等到前一数据包得到确认后才能发送下一数据包。这相当于把 TCP 协议的数据传递过程简化为发送、等待确认的逻辑，虽然降低了系统的网络传递速度，但是对于简单的嵌入式网络应用产品来说，实际上是非常可行的方案。如果是一个对网络传递速度要求比较高的系统，相信各方面的资源（特别是内存）配置要宽松很多。可以首先为 TCP 协议栈的输出模块指定可用缓冲区资源数，如果客户无法申请到发送缓冲区，则自然进入等待状态。如果能获得资源，则可以用最快的速度尽快发送，这样安排协议栈的实现就能够适应两种不同环境的情况。

上述缓冲区的使用原则虽然解决了 TCP 协议实现的主要问题，但是还有一些其他问题。例如定时器，TCP 协议栈中需要使用到的定时器非常丰富，在《TCP/IP 详解》中提到的与 TCP 相关的定时器不少于 4 个。LWIP 的实现中简化为 2 个，并使用一个专门的任务通过休眠计数的方法调用定时器相关函数。这种实现实际上过于复杂，消耗的资源也较大。按照前面小节讨论的用 3.6 节状态机技术实现 TCP 协议栈的思路，实际上可以进一步简化实现方案。当然既然有定时器逻辑存在，定时计数总是不可避免的，但是这种定时计数实际上可以放到系统时钟的 SISR 中。系统时钟通常是 10 ms 间隔的，而 TCP 协议需要的定时器通常是以数百毫秒为单位的，因此对系统资源的消耗很小，只需在系统时钟的 SISR 中计数到一定的值之后，向 TCP 协议栈的状态及发送定时器信息即可。这种设计虽然破坏了系统时钟 SISR 和 TCP 协议栈的独立性，但是在嵌入式系统中，本着对资源的最优化的利用来说，这种折中是完全可以接受的。

TCP 协议可以探讨的细节很多，哪些需要在简单嵌入式网络环境下实现，哪些作为扩展功能实现需要读者在充分考虑应用需求、充分了解 TCP 协议栈工作原理的条件下仔细鉴别。例如，避免拥塞算法是否需要，包头压缩算法是否需要等。只有详细的分析才能制定出对读者说面临应用最合适的方案，建议读者仔细研究《TCP/IP 详解》这部经典著作。

# 第 5 章  ARM 开发环境

初次进行 ARM 嵌入式开发,对工具的掌握是最重要的,特别是调试运行工具。本章内容主要是 ARM 开发环境中的一些实务,以 SDT V2.51 开发三星 S3C44B0 应用为例进行解说。如果读者使用的是 ADS V1.2 以及其他微处理器芯片,情况类似,可以参考本书内容及其他各种资料解决实际工作中遇到的问题。

## 5.1 环境的准备

嵌入式开发环境通常都是由开发主机和目标板组成。主机与目标板之间的连接主要有3类。

(1) 通过仿真器连接,仿真器成本较高,调试的功能较强。

(2) 目标板中驻留有调试代理,开发主机可以通过串口、网口、并口等多种方式与目标板连接。其调试功能强大,但是系统结构较复杂;涉及到的环节比较多,开发工具需要专门准备。通常用于类似于 VxWorks 等嵌入式产品开发。

(3) 通过 JTAG 连接,成本低,调试功能较弱,通常只能设置有限的硬件中断点。不过使用方便,而且只要熟练掌握,一般开发、调试工作均能够顺利进行,是最适合小型嵌入式产品以及读者学习式开发的环境。本书内容主要以 JTAG 调试方式为主说明嵌入式开发环境。

现在市面可获得的微处理器芯片通常都支持 JTAG 调试,这也为小型嵌入式产品开发和简单学习式开发带来很多有利条件。基于 JTAG 接口的调试功能实际上综合了调试期间的代码下载、断点设置、处理器状态检查和处理器内部寄存器检查等多种功能。这种环境的示意图如图 5-1 所示。

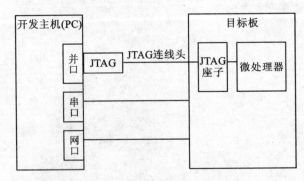

图 5-1  嵌入式开发环境

图 5-2 所示的串口和网络口连接是产品应用功能的要求,不是开发调试环境的必需部件。但通常都会将串口中的一个用于向目标板输入命令以及接收目标板输出信息等。各种微处理器的 JTAG 接口都是按照 JTAG 标准制定的标准引脚定义。虽然理论上说是标准的,但在实践中要接通 JTAG 接口也并不容易,需要充分的工具环境准备。

Philips 的 ARM 系列芯片用 ADS V1.2 就可以顺利接通,条件是在主机方需要一个驱动程序,该驱动程序仅支持 Philips 特定系列的微处理器,并且可以将代码通过 JTAG 烧写到 Flash 中,直接调试 Flash 状态下运行的代码。上一段提到的方式则可以在 SDT V2.51 下调试各种具备标准 JTAG 接口的微处理器,不过只能在 RAM 中进行调试,不适合那种只有片内少量 Flash 和 SRAM 的微处理器环境。

如果只关注 ARM 开发,主要的开发工具基本上就是 ARM 公司提供的 SDT V2.51 或 ADS V1.2,因此需要处理的情况并不复杂。需要的准备工作包括:

(1) 在目标板中设计 JTAG 接口,并与微处理器的 JTAG 引脚相连。通常使用新标准的 20 针 JTAG 接口插座,旧标准是 14 针。连接方法如图 5-2 所示。

其中,nTRST、TDI、TMS、TCK、RTCK、TDO 和 nRST 等均为 JTAG 标准规定的信号引脚。

(2) 购买或制作标准的 JTAG 调试头。市面上可以购买到都一些通用 JTAG 调试接口头,带有多种接口插座,包括 20 针、14 针等常用接口。

(3) 在主机上安装驱动,主要是针对 Windows 2000 主机环境。对于操作系统安全性方面的考虑,Windows 2000 通常没有将端口的直接访问权限交给应用。因此,需要安装一个驱动程序来打开端口地址的直接访问权限。Windows 98 的主机开发环境不必安装这个驱动。仅仅安装驱动还不够,还要在调试器打开之前运行一个进程,才能真正完成端口直接访问权限的授权。

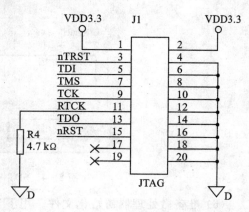

图 5-2　JTAG 接口座接线原理

(4) 用 SDT V2.51 打开项目。如果是新建立的项目,需要设置好头文件的访问路径,汇编语言、C 语言、C++语言代码的编译选项等。之后用 SDT V2.51 进行编译。

(5) 对 SDT V2.51 所带调试器进行如图 5-3 和图 5-4 所示的设置。

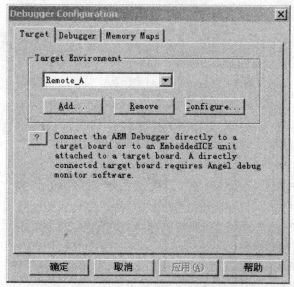

图 5-3　SDT V2.51 调试器参数设置一

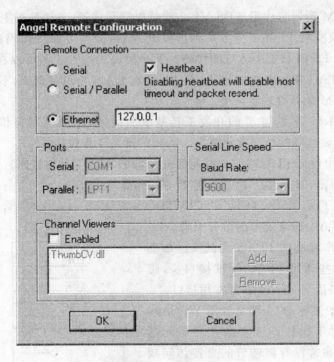

图 5-4　SDT V2.51 调试器参数设置二

(6) 准备微处理器初始化文件。用 JTAG 调试器连接到目标板后,为了保证 ARM 处理之中的各个寄存器、SFR 处于正确状态,需要对微处理器的寄存器、SFR 等进行设置。初始化文件内容如下:

**代码 5-1　微处理器初始化文件 mcu.ini**

```
let $ vector_catch = 0x00
let $ semihosting_enabled = 0x00
let psr = % IFt_SVC32


let 0x3ff0000 = 0x87ffff90
let 0x3ff3010 = (0x3<<12) + (0x1<<6) + (0x2<<2) + 0x1
let 0x3ff3014 = (0x120<<20) + (0x100<<10) + (0x06<<4)
let 0x3ff3018 = (0x130<<20) + (0x120<<10) + (0x04<<4)
let 0x3ff301c = (0x150<<20) + (0x140<<10) + (0x04<<4)
let 0x3ff3020 = (0x160<<20) + (0x150<<10) + (0x06<<4)
let 0x3ff3024 = (0x160<<20) + (0x150<<10) + (0x04<<4)
let 0x3ff3028 = (0x170<<20) + (0x160<<10) + (0x04<<4)
let 0x3ff302c = (0x080<<20) + (0x000<<10) + (0x3<<8) + (0x1<<7)
let 0x3ff3030 = (0x090<<20) + (0x080<<10) + (0x3<<8) + (0x1<<7)
let 0x3ff3034 = (0x0a0<<20) + (0x090<<10) + (0x3<<8) + (0x1<<7)
let 0x3ff3038 = (0x0b0<<20) + (0x0a0<<10) + (0x3<<8) + (0x1<<7)
let 0x3ff303c = (1269<<21) + (0x3<<17) + 0x18360
```

以上初始化文件的内容是一个参考,不同应用的目标板、不同的微处理器要求不同,各个 SFR 寄存器的值并不相同。读者需要根据微处理器的手册以及应用的环境需求进行配置。各个文件是在调试器启动之后,在命令窗口是通过输入 obey mcu.ini 命令调用执行的。此后,还应该在寄存器设置窗口将微处理器的两个中断使能位关闭,才能最好地模仿处理器复位启动的情况。

此后即可在调试器中打开项目的源代码文件,设置断点进行调试。断点还可以设置断点条件,包括计数、等式等。

## 5.2 ARMulator

ARMulator 是 SDT V2.51 和 ADS V1.2 自带的 ARM 模拟器,相当于一个软件模拟的微处理器。ARMulator 对于嵌入式软件开发和调试很有帮助,软件可以首先在 Armulator 环境下尽量彻底调试之后,再进入 5.1 节所描述的实际目标板调试环境。

ARMulator 与真正的 ARM 微处理器相比,有许多不同,首先是内存空间不同。在 ARMulator 中,内存空间范围就是主机的 32 位 4G 内存空间。对于调试算法和代码来说,内存空间的不同基本上没有什么影响。而且内存管理组件可以人为将代码空间认定为目标板上同样的限制,这样处理之后,和在目标板上调试代码的效果基本上是一致的。

ARMulator 和真正的微处理器还有一个不同就是附带的器件、设备不同。这方面的差别比较大。ARMulator 在开发工具的联机文档中有详细的参考手册。在联机文档方面,ADS V1.2 要完备很多,因此建议即使是仅考虑使用 SDT V2.51 进行开发调试的读者,也应该安装 ADS V1.2,以便使用其中丰富的联机文档和检索相关资料。SDT V2.51、ADS V1.2 除了工具使用等细节方面外,在产品开发的主要功能方面没有太大的区别。

ARMulator 自带的设备只有中断控制器、两个时钟、看门狗、一个调试输出口,但是有扩展开发接口,可以自行定义外围设备。如果想要用 ARMulator 做出很理想的目标板仿真,则读者需要花一些功夫仔细研究如何在这个模拟器环境中仿真出与目标板上设备相同的其他外围设备,例如串口、并口甚至网络口等。ARM 网站上有一个仿真并口设备的例子,参照学习该例子可以节省读者很多时间。

实际上通常用 ARMulator 检验、测试代码不一定需要用上述外围设备扩展接口来模拟,有更简单一些的办法。实际上本书作者就用第二个定时器模拟过网络口的输入/输出。ARMulator 环境中,内存空间非常丰富。除了拿来模拟目标板内存空间外,其他空间都可以拿来模拟外围设备。注意,应该用模拟目标板内存空间之外的空间来模拟这些外围设备。因为在实际目标板上,外围设备寄存器占用的空间通常和程序、数据内存空间是分隔开的。

用第二个定时器的中断来模拟其他外围设备的方式最简单,自己可以控制、掌握的程度相当好,性能也非常高。接口部分要模拟得很像真正的外围设备器件也不难,仅仅是一些具体的编程手法问题。

ARMulator 还有其他一些功能帮助测试软件,例如堆栈跟踪。堆栈跟踪功能在每条代码指令执行后跟踪检查堆栈,但是在打开堆栈跟踪功能之后,ARMulator 的运行速度降低很多。通常仅在非常必要跟踪与堆栈溢出相关的 bug 时才打开该功能。另外,该功能可以用来准确测算对代码的堆栈空间需求。

对其他一些 ARMulator 功能,读者可以自行参考工具的在线帮助手册。

通过这些设计上的安排,在 ARMulator 上调试程序就相当于向一个微处理器移植应用的过程。只是这种微处理器是软件模拟的。它的模拟精度是指令级的,也就是说不能在时钟级别进行模拟。一个指令中实际上还包含多个时钟时序,虽然说 ARM 处理器通常指令的执行效率是单时钟周期的。这种单时钟周期的指令执行效率是通过多流水线管道方式达成的,也就是说从执行效果上来描述是单时钟周期的,实际的时序还是包含多个时钟周期的。因此,如果是要调试和硬件时序、时钟时序密切相关的特性,则不能用 ARMulator 来调试。要调试这种特性的功能,仅仅依靠目标板 JTAG 调试也是达不到目的的,通常须采用数字逻辑分析仪记录下相关信号引脚上比较深的信号历史才能够进行分析。

当然,也有高级的模拟器,对微处理器的每一个时钟都进行仿真模拟。通常这是非常高级的调试工具,当用于调试微处理器设计领域的问题时才会使用这种工具。对于通常的嵌入式产品开发来说,没有必要采用这种类代价高昂的设备。对于通常的嵌入式应用软件开发,指令级的模拟通常已经足够,因此,ARMulator 在产品开发中的作用是非常大的。调试硬件经常使用的是调试简单 2～4 路信号的数字示波器,只有在解决比较重要的产品中硬件方面的重要问题时,才会用到数字逻辑分析仪。

## 5.2.1 中断控制器

表 5-1 是 ARMulator 中中断控制器的寄存器地址及说明。中断控制器的基地址 IntBase 是可以配置的。通常是在 peripherals.ami 文件中配置,默认配置如下:

```
{
Default_Intctrl = Intctrl
Range;Base = 0x0a000000
WAITS = 0
}
```

表 5-1 ARMulator 中断控制器

| 地 址 | 读 | 写 |
|---|---|---|
| IntBase | IRQStatus | — |
| IntBase+0x4 | IRQRawStatus | — |
| IntBase+0x8 | IRQEnable | IRQEnableSet 写入此处使能中断 |
| IntBase+0xC | — | IRQEnableClear 写入此处清除中断 |
| IntBase+0x10 | — | IRQSoft |
| IntBase+0x100 | FIQStatus | — |
| IntBase+0x104 | FIQRawStatus | — |
| IntBase+0x108 | FIQEnable | FIQEnableSet |
| IntBase+0x10C | — | FIQEnableClear |

表 5-2 列出了中断控制器中各个位的定义。

ARMulator 中这些寄存器的操作方法，和通常 ARM 微处理器的操作方法有一点不同。使能某个中断，就是向 IRQEnableSet 中按照第二个表的位定义写入某位为 1 的一个数字。但是写入的其他位为 0，并不代表清除中断。清除中断要向 IRQEanbleClear 位置写入对于的某位为 1 的数字。如果要清除某种设备的中断信号源，需要直接在该设备自有的清除寄存器中写入数据。例如，清除定时器 1 的中断信号，就是往 Timer1Clear 写入数据。时钟设备寄存器参见 5.2.2 节。

表 5-2 中断控制器中各个位的定义

| 位 | 中断来源 |
|---|---|
| 0 | FIQ 中断源 |
| 1 | 编程中断 |
| 2 | 通信口 Rx，收到数据 |
| 3 | 通信口 Tx，传输数据成功 |
| 4 | 定时器 1 |
| 5 | 定时器 2 |

## 5.2.2 时 钟

表 5-3 是 ARMulator 时钟设备的寄存器地址及说明。时钟设备的基地址 TimerBase 是可以配置的，通常是在 peripherals.ami 文件中配置，默认配置如下：

```
{
Default_Timer = Timer
Range:Base = 0x0a800000
;时钟控制器的频率
CLK = 20000000
;中断控制器中中断源位——4 和 5 是标准配置
IntOne = 4
IntTwo = 5
WAITS = 0
}
```

表 5-3 ARMulator 时钟设备寄存器

| 地 址 | 读 | 写 |
|---|---|---|
| TimerBase | Timer1Loader | Timer1Loader |
| TimerBase+0x4 | Timer1Value | — |
| TimerBase+0x8 | Timer1Control | Timer1Control |
| TimerBase+0xC | — | Timer1Clear |
| TimerBase+0x10 | | |
| TimerBase+0x20 | Timer2Loader | Timer2Loader |
| TimerBase+0x24 | Timer2Value | — |
| TimerBase+0x28 | Timer2Control | Timer2Control |
| TimerBase+0x2C | — | Timer2Clear |
| TimerBase+0x30 | | |

向 Timer1Loader 和 Timer2Loader 寄存器中写入的数字是对应的时钟设备计数器的初始值,高 16 位必须写 0,低 16 位为实际计数器初始值。Timer1Value 和 Timer2Value 是时钟计数器的当前值,低 16 位为有效值,高 16 位值未定义。Timer1Clear 和 Timer2Clear 是只写寄存器,任何写入动作都可以清除中断寄存器中对应时钟设备的中断标志。

时钟控制寄存器 Timer1Control 和 Timer2Control 中仅使用了 2、3、6 和 7 位,其他位必须写入 0,如表 5-4 所列。

表 5-4 时钟控制寄存器位功能

| 位 7 | 位 6 | 位 3 | 位 2 |
|---|---|---|---|
| 0 时钟屏蔽 | 0 自由运行模式,计数器到 0 后,从 0xFFFF 重新开始计数 | 00:按照 BCLK(总线时钟)计数<br>01:16 个总线时钟计数一次 | |
| 1 时钟使能 | 1 周期模式,计数器到 0 后,产生中断,计数器重新加载 Loader 寄存器中数值 | 10:256 个总线时钟计数一次<br>11:未定义 | |

## 5.2.3 看门狗

嵌入式系统中的微处理器通常都配有看门狗,看门狗的作用主要是防止代码跑飞进入不正确的代码位置。如果软件没有在固定时间前访问看门狗,看门狗设备会控制微处理器复位,在 ARMulator 环境中则退回到调试器控制。peripherals.ami 文件中看门狗设备配置如下:

```
{
Default_WatchDog = WatchDog
Range:Base = 0xb0000000
KeyValue = 0x12345678
WatchPeriod = 0x80000
IRQPeriod = 3000
IntNumber = 16
StartOnReset = True
RunAfterBark = TrueWAITS = 0
}
```

Range:Base 指定看门狗寄存器在内存中的映射位置。ARMulator 中的看门狗是一个双定时器看门狗。如果 StartOnReset 是 True,则第一个定时器在复位时启动。如果 StartOnReset 是 False,则第一个定时器仅在软件向 KeyValue 寄存器写入配置的 key 值后才启动。默认配置的地址在 Range:Base(0xB0000000)。

第一个定时器在配置值 WatchPeriod 指定的周期后产生 IRQ 中断,并启动第二个定时器。在第二个定时器启动配置值 IRQPeriod 指定的周期时间之后,如果程序还没有将 key 值写入 KeyValue 寄存器,则第二个定时器超时。如果 RunAfterBark 是 True,则看门狗在第二个定时器超时时可以继续执行或调试。如果 RunAfterBark 是 False,则看门狗终止 ARMulator 并将控制转交调试器。配置的 IRQPeriod 应该适合程序对 IRQ 中断进行反应。

IntNumber 指定看门狗所挂接的中断号。WAITS 指定访问看门狗需要微处理器的等待状态数,最大为30。

## 5.2.4 调试输出口

调试输出口是一个内存映射寄存器,如果向其地址写入一个可打印字符,字符会出现在调试器的 console 窗口。这种方式特别方便调试,简便在各种设备器件未完成模拟时也可以进行输出。可以通过配置文件设置调试输出口的内存映射,peripherals.ami 配置文件中的默认配置如下:

```
{
Default_Tube = Tube
Range:Base = 0x0d800020
}
```

## 5.2.5 堆栈跟踪器

堆栈跟踪器在每条指令之后检查堆栈指针的内容(r13)。它保存一个最低值,根据此值可以知道堆栈的最大尺寸。但是在打开堆栈跟踪之后,ARMulator 运行速度慢很多。StackUse 模式连续监控堆栈指针,并在 $statistics 报告堆栈的用量。必须同时配置堆栈的位置。

在默认条件下,堆栈跟踪器是关闭的。要打开堆栈跟踪器,需要修改配置文件 default.ami:

```
{
StackUse = No_StackUse              //关闭,默认值
//StackUse = Default_StackUse       //打开
}
```

在初始化之前,堆栈指针可能包含堆栈范围之外的值,需要首先进行配置,以便堆栈跟踪器可以忽略这些预先初始化值。具体配置在文件 peripherals.ami 中:

```
{
Default_StackUse = StackUse
StackBase = 0x80000000
StackLimit = 0x70000000
}
```

StackBase 是堆栈顶地址,StackLimit 是堆栈底地址。改变这些值并不重新定位堆栈内存。要重新定位堆栈,必须重新配置调试监控模式。代码中如果是带有任务的,每个任务会有自己的堆栈,因此这种配置一次只能监控一个任务。另外不同的内核运行模式也有各自不同的堆栈。

## 5.3 编译器工作环境

要正确生成目标代码,仅仅编写出代码还不够,还需对编译和链接的许多选项进行设置。SDT V2.51 中有两个地方可以进行这种配置,一个是针对开发工具整体的全局选项配置,另一个是针对当前项目的选项配置。当两者配置选项有冲突时,以项目配置为准。全局选项配

置从菜单选择 Tools→Configure 进入,分为 C 编译器配置、汇编语言配置、链接器配置和其他工具配置。项目的选项配置从菜单选择 Project→Tool configure for "Debug" 进入。这个菜单的显示会根据选中的项目版本变化,以上是选中 Debug 版的情况,如果是 Release 或 DebugRel 版,菜单显示不同。以下内容以 Debug 版的配置为准。

## 5.3.1 汇编语言编译选项

汇编语言编译器需要配置的选项类型包括 Target(目标)、Call Standard(调用标准)、Options(选项)、Predefines(预定义)、Listing(列表)、Include Paths(包含路径)等。通常情况下,Predefines 基本上不用设置。Listing 类型选项的作用是编译输出的报告文件内容,对代码编译影响不大,可以根据读者自己要求选择。Options 选项是一些针对编译目标中调试信息的选项,对代码工作影响不大。

### 1. "目标"配置

通常字节序都是选小端,处理器根据所选为微处理器情况,可以是 ARM7 或 ARM9 等。浮点处理器选项也要根据处理器是否带有浮点协处理器情况来决定。SDT V2.51 汇编语言目标配置选项如图 5-5 所示。

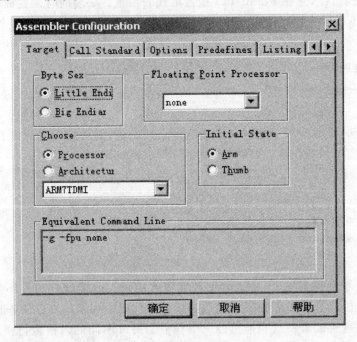

图 5-5 SDT V2.51 汇编语言"目标"配置选项

### 2. "调用标准"配置

通常选用 APCS3,这个标准的含义是规定编译器的编译方式。包括如何用 r0、r1 传递参数等,关于具体规范,读者可以参考杜春雷的《ARM 体系结构与编程》。这些规范的执行是由编译器掌管的,读者只要了解如何在这种规范下使用各种寄存器即可。对于 C 语言,情况更简单,如何使用寄存器均由编译器处理。SDT V2.51 汇编语言调用标准配置选项如图 5-6 所示。

# 第 5 章  ARM 开发环境

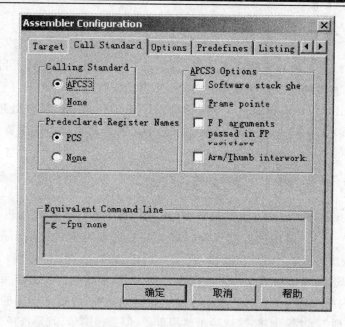

图 5-6  SDT V2.51 汇编语言"调用标准"配置选项

如果打算让自己编写的代码部分运行 ARM，另一部分运行 Thumb 代码，则需要选择 Arm/Thumb interwork 项。其他选项作用不大，基本上不用修改。

### 3. "包含路径"配置

项目编译需要的全部头文件所在目录均应该添加到此列表中。SDT V2.51 汇编语言包含路径配置选项如图 5-7 所示。

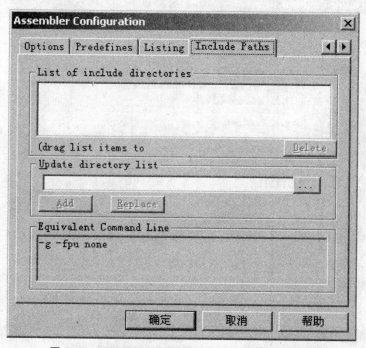

图 5-7  SDT V2.51 汇编语言"包含路径"配置选项

## 5.3.2 C语言编译选项

C语言相关的配置选项和汇编语言类似,其中调用标准选项合并到了目标选项设置窗口中。除与汇编语言类似的配置选项类型之外,另外包括了一些其他选项,例如 Warning(编译警告)、C++ Specific Warning(C++专用警告)、Error Handling(错误处理)、Language and Debug(语言和调试)、Code Generation(代码生成)等。各个选项类型的设置都比较容易,这里不再专门说明。

## 5.3.3 链接器选项

链接是编译工具的最后一步,也是最重要的一步,其中有一些参数的设置比较重要,涉及到编译结果的布局、入口、使用的标准库等问题。配置选项类型包括 General(通用)、Listing(列表)、Output(输出格式)、Entry and Base(入口)、ImageLayout(布局)和 Areas(区域)。其中"列表"和"区域"选项对链接器工作影响不大,"列表"选项是链接器的结果报告,可以用来了解模块间的应用、内存布局等。"区域"选项也是一些辅助功能,包括未使用的区域是否删除、符号链接中的辅助选项等。"输出格式"选项虽然很重要,但是很简单,就是选择ELF输出格式。

### 1. "通用"配置

通常如图 5-8 所示,可编译调试信息和搜索标准库。标准库的搜索路径在 SDT V2.51 的安装路径下的 lib 目录中。Give Information 类选项是链接结果报告选项。例如,其中的 Unused 选项在嵌入式环境中作用较大,在发现未使用的函数和模块之后,可以从项目源文件中去掉相应模块或函数,这样可以节省很多对内存空间的需求。

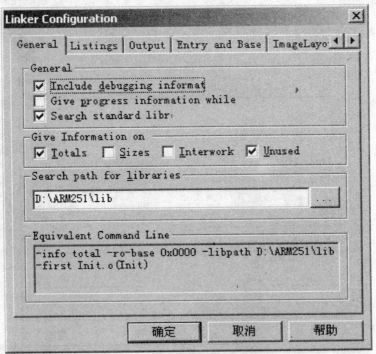

图 5-8 链接器"通用"配置选项

## 2. "入口"配置

"入口"点通常不配置,代码中汇编代码入口段位置的 ENTRY 标记与在此处配置的作用是一样的。为了避免混淆,通常保留在代码中指定。另外映像基地址参数的作用很重要。Read-Only 文本框中是只读段的起始位置,通常是代码段,也有可能包括常数全局数据段,通常设置为 0x0,读者需要根据自己产品的情况确定。Read-Write 文本框中是可读/写段的起始位置,如果该框中不输入数据,则代码可读/写段的位置紧接着只读段之后。链接器"入口"配置选项如图 5-9 所示。

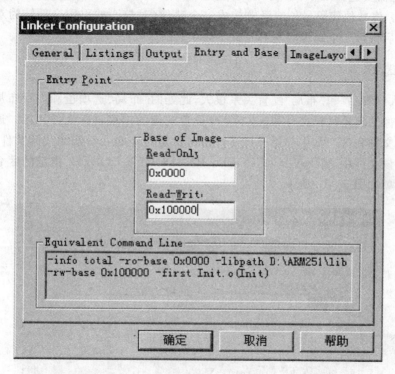

图 5-9 链接器"入口"配置选项

编写代码时可能会用到这几个值,例如将代码从 Flash 中搬到内存中时,代码中就需要知道这几个值。链接器将这几个字放在 Image$$RO$$Base、Image$$RO$$Limit、Image$$RW$$Base、Image$$RW$$Limit、Image$$ZI$$Base 和 Image$$ZI$$Limit 表示的变量中。代码在内存中布局的方案有很多种,可以全部放到 RAM 中运行,可以全部保持在 ROM 中,数据在 RAM 中。还可能代码部分在 ROM 中,部分在 RAM 中等。具体方案参考 2.1.3 小节的讨论。

如果是全部代码都放到 RAM 中运行,比较简单的方式是在图 5-9 的可读/写段中不设置参数,这样搬迁代码较为简单。

对于微处理器内部代码 Flash 的环境,要注意代码的大小。考察编译结果中报告的代码尺寸数据应该以 release 版的编译结果为准,debug 版的编译报告并非实际的代码大小。另外,最后编译结果的尺寸应该包括编译完成的代码尺寸和数据尺寸,只有在需要这两种尺寸相加后仍然小于微处理器内部 Flash 的尺寸时,编译结果才能烧写到微处理器片内 Flash 中。代码放在 ROM 中有很多好处,包括简单,低成本,运行速度高(片内 Flash 速度高),防拷贝等。

对于片外 Flash 环境,需要仔细综合考虑。片外 Flash 通常比 RAM 速度低,在追求高速的应用中可能代码初始化阶段需要一个转移搬迁到 RAM 中的过程。另外,片外 Flash 通常是 16 位的,对于 32 位的代码,一次指令访问实际上是两次物理访问完成的。这是导致片外 Flash 速度低的主要原因,如果在这种情况下希望采用代码在 Flash 中运行而不搬迁到 RAM 中,则 16 位的 Thumb 指令是一个很好的选择。

如果既要通过片内 Flash 保护自己的核心代码,又需要片外 Flash 的大容量空间以及扩展能力,就可能需要选择双 ROM 方案。将最核心的需要保护的代码编写为一个映像,烧写到片内 Flash 中。将其他代码另外编译链接成一个映像(对核心的引用全部转为对地址空间函数的调用),然后将第二个映像烧写到片外 Flash 上。

### 3. "布局"选项

前面的"入口"配置和"布局"配置关系很大,此处的"布局"选项也和内存布局有关。其中上半部设置映像的起始目标文件和区,下半部设置映像的结束目标文件和区。通常只设置映像的起始目标文件和区。其中起始目标文件名通常是对应的入口汇编代码文件的编译结果,起始区文件是该文件中 AREA Init,CODE,READONLY CODE32 指定的区名称。链接器"布局"配置选项如图 5-10 所示。

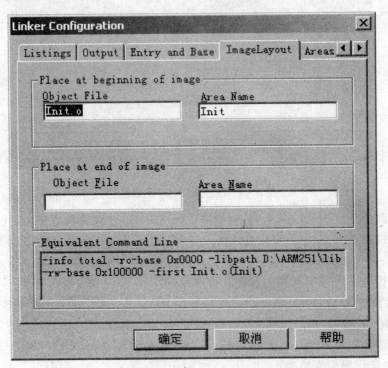

图 5-10 链接器"布局"配置选项

另外一个常用 ARM 开发工具 ADS V1.2 的具体配置细节与本小节讨论的 SDT V2.51 不同,但是基本概念是一样的。

## 5.4 代码烧写

在各种 ARM 论坛里,经常见到网友对代码烧写提出问题。网络上可以下载到的代码烧写工具很多,但是大多数都有各种问题,包括授权、Bug,对不同处理器的适应能力差,对不同的目标板适应能力差,烧写速率低等。如果微处理器配有比较完整的下载烧录工具,则一般比较容易解决这个问题。不过这种情况通常是对于带片内 Flash 的微处理器,而且这类工具通常也只烧写片内 Flash。对于片外 Flash 的烧写,有一种最简单的方式是结合 JTAG 调试工具从串口下载。其原理是:首先用 JTAG 将烧写工具下载到处理器的 RAM 中运行,然后用另外一个 PC 工具从串口将映象传递到目标板,由事先下载到 RAM 中的工具代码接收串口数据然后写到 Flash 中。这种方式看似复杂,但是实际上成功率高,速度快,而且有源代码,读者可以很容易移植和改写为针对自己产品目标板的工具。

飞利浦系列微处理器提供的代码烧写工具更为完整、稳定,烧写代码非常方便。只须连接好串口,并设置正确条线(引脚选择),即可使用其 ISP 系统进行代码编写。烧写工具 Flash Utility 由飞利浦公司提供。

如果是针对不同于 S3C44B0 的微处理器,读者需要自己做一些移植,这个移植很简单,比操作系统的移植简单很多。但是有一些基本移植工作与移植操作系统类似,读者可以参考第 2 章的内容。

这个工具代码中有 sst39vf160 和 am29lv160 两种 Flash 芯片的驱动,这是最常用于嵌入式环境的两种 Flash 芯片。如果读者使用的 Flash 芯片不同,则可以去下载对应的芯片说明资料,并根据资料对照现有的两种驱动程序,编写自己的 Flash 驱动程序。

即便同样是 S3C44B0 的微处理器,也有一些代码位置可能需要修改,例如因为使用的晶振频率不同,设置同样的波特率寄存器中应该设置的参数就会不同。对于同样的 Flash 芯片,在目标板中的内存位置不同,Flash 驱动文件中的常数定义也要修改。

工具代码默认状态是用 sst39vf160 芯片编写的,如果是 am29lv160 芯片,则需将 Diag.c 文件中的 sst 开头的 sstWrite、sstChipErase 函数换成 am 开头的 amWrite、amChipErase 即可。

# 第6章 软件工程简述

软件开发是一项理论和实践结合很紧密的工作,理论上的软件模型如何通过工程实践制作出高品质的产品,是一个值得关注的问题。近年来关于软件工程方面的讨论已经很多,本章针对嵌入式开发中密切相关的部分摘要进行讨论。本章内容中尽量避免使用复杂的软件工程术语,尝试用简单、易于理解的解释说明来阐述嵌入式环境中软件工程管理需要注意的主要事项。关于详细资料,读者可通过阅读其他专门讨论软件工程的书籍来获得。

软件工程有3个最基本的任务,即制品管理、质量保障和进度管理。制品管理是软件工程的基础,其主要工作就是版本管理,但是版本管理并不局限于代码的版本管理,还包括需求、设计资料等的版本管理。版本管理的主要目的是保证软件产品线的清晰,避免因为长时间积累导致的混乱。版本管理的软件工具有很多种,包括简单的 Visual SourceSafe、CVS 和复杂的 Rational ClearCase 等。

## 6.1 软件测试基本概念

质量保障可能是很多读者最关心的,同时也是软件工程本身关注的焦点。除了软件项目过程中的质量保障之外,软件的质量保障的重要手段之一就是测试。测试是软件质量保障的最后一道防线,是项目过程中质量保障体系最坚实的基础,也是项目过程中的质量保障体系得以建立的源头。软件的测试是有方法,并且需要工程管理实施步骤的,并不是说只要多测试就能够达到目。软件测试中基本的概念有代码覆盖、分支覆盖、边界条件、白盒测试、黑盒测试、测试驱动、测试插桩等,下面举例说明这些概念。

代码6-1 测试代码举例

```
int StrSearch(const char * pstr, const char * psub, int * pnResult)
{
    int len, i = 0, ret;
    if (! pstr || ! psub || ! pnResult)
        return COS_MEM_POINTER_NULL;
    if (COS_OK ! = (ret = StrLen(psub, &len)))
        return ret;
    while( * pstr)
    {
        if (COS_OK == MemComp((void * )pstr, (void * )psub, len, &ret))
        {
            if (ret == len)
            {
```

```
            * pnResult = i;
          }
        }
        i++;
        pstr++;
    }
    * pnResult = -1;
    return COS_OK;
}
```

这个 StrSearch 函数是 mem.c 文件中的串搜索函数。代码覆盖就是要让每一行代码在测试过程中都有运行的机会,也就是各种 if…else、switch 和 goto 代码块结构的分支都能运行到。但这样还不能达到分支覆盖的目的,特别是对于 while 和 for 代码块结构。如果满足 while 和 for 代码块结构的进入条件,就能覆盖其中的代码,但很可能还没有达到循环的结束条件就已经 break,因此未能覆盖全部分支。测试时需要能够找出各种参数组合,以便覆盖各种分支。while 和 for 代码结构通常无法覆盖全部分支,全部的分支实际上就是导致循环执行的所有值。覆盖所有循环值通常是不可能的,但应该覆盖主要类型的分支,包括进入、退出、中间类型等。

这些 if…else、switch、goto、while 和 for 涉及到的各种判断条件,就构成了参数的边界条件,边界条件是代码测试中的另外一个重要概念。以上举例函数中 pstr、psub 和 pnResult 三个参数的边界就是 0,另外还有各种类型数据的自然边界。自然边界如果能够测试,则尽量要测试,但通常无法测试到。此外还有隐含的边界条件,例如这 3 个参数数据都是用内存指针表达的,系统中的内存范围就是这几个参数的隐含边界。有条件的情况下,通常应该尽量测试各个边界条件,自然边界和隐含边界测试条件不成立时可以不测试,但函数的逻辑边界是一定要测试的。测试边界时通常需要测试边界值本身、边界+1 和边界-1 等临界情况。

单元测试通常是以函数为单位的,一个模块对应一个 C 文件,其中包含几个功能相关的函数,单元测试就是要测试该模块中的这几个函数。单元测试的模块不一定要在实际运行条件下才能测试,在独立的测试环境中也可以进行测试。这就涉及到编写测试驱动(test driver)和测试插桩(test stub)的问题。通常这种在非运行条件下的专门测试是针对每个模块,也就是每个单元测试编写一个测试驱动,并为模块中调用到的模块外的、无法在测试环境中获得的函数编写测试插桩。测试时,只须检查送入插桩函数的参数是否正确即可。插桩函数可能是不需要测试的系统 API、C 语言库函数,也可能是要在其他单元中进行测试的函数。测试驱动与插桩如图 6-1 所示。

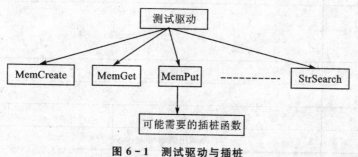

图 6-1　测试驱动与插桩

嵌入式环境下的测试比普通 PC 应用的测试要复杂一些，特别是底层移植代码、内核关键代码、设备驱动代码等部分。这些代码的测试经常很难创造出好的条件来达到覆盖要求，此时为了充分测试代码，经常会采用特殊手法，在代码运行过程当中用调试器修改特定内存或寄存器的内容，以便将代码的运行流程引向需要测试覆盖的路径。

## 6.2 软件工程模型

仅仅了解以上的测试基本概念还不能组织和管理好真正的单元测试。实际上，其他需要的设计文件包括测试方案、测试计划和测试用例等。简单地说，测试方案就是对所管辖的系统中各个模块是在运行条件下测试，还是编写测试驱动、插桩进行测试的安排，另外还可能安排一些模块作为另外一些模块的测试基础条件，还要安排模块与模块间接口的测试等。接口测试属于集成测试的范畴，不属于单元测试范畴，单元测试中有时也需要进行简单的接口测试。本章作为基本概念的介绍，不打算详细描述这方面的内容，希望通过一些基本的说明，让读者自己理解这些概念和动手的步骤。

测试计划就是在测试方案安排好之后安排测试的进度、执行测试的人员、测试需要的其他资源等。测试进度包括哪些模块先测、哪些后测、测试开始、结束时间等。例如测试方案中如果确定某一个模块是其他模块的基础，并且在其他模块的测试中要用到这些模块（这样可以减少插桩的编写），那么基础模块本身的测试就要安排在前面，同时测试驱动、测试插桩也要安排在进度里。

测试用例就是根据各个被测单元、各个被测函数的参数边界条件列出的表格式测试参数组合，以便测试尽可能覆盖到全部代码、各类分支，或者满足组织的测试要求。

运行环境中测试经常很难产生各种异常条件，并导致遗漏掉很多异常分支，因此比较严格的测试通常更倾向于用测试驱动和测试插桩的方式进行测试。主要原因是，在测试驱动和插桩中开发时，测试工程师可以自行控制（并不一定按正常逻辑）出现各种异常返回值，甚至抛出异常等。测试用例编写出来的表格文件如表 6-1 所列。

表 6-1 测试用例表格

| 测试之系统代号 | | 测试单元代号 | | |
|---|---|---|---|---|
| 测试函数原型描述 | | | | |
| 参数描述 | | | | |
| 测试环境建立步骤描述 | | | | |
| 测试用例编号 | 1 | 测试用例编写人 | | |
| 测试参数组合 | | | | |
| 测试结果检查 | | 执行人 | | 结论： |
| 测试用例编号 | 2 | 测试用例编写人 | | |

续表 6-1

| 测试参数组合 | | | | |
| --- | --- | --- | --- | --- |
| 测试结果检查 | | 执行人 | | 结论： |
| 测试用例编号 | 3 | 测试用例编写人 | | |
| 测试参数组合 | | | | |
| 测试结果检查 | | 执行人 | | 结论： |

  这种表格的格式可以根据各个公司情况进行制订，并不是一成不变的，通常是项目经理需要根据本项目或本子系统的特点，借鉴其他测试用例文件模板自行编写的。因为每个模块的情况不同，例如编写代码的语言可能不同，运行环境可能不同，测试目的可能不同等。

  编写测试用例的关键问题是根据什么设计文档进行编写。如果是根据已经编写完成的代码文件编写测试用例，实际上很难测出问题。编写好代码之后，对照代码实现逻辑编写测试用例，用例本身就是按照实现逻辑构造的，这种用例只能测试出低级错误，而实现逻辑本身是否有问题则无法测试。因此，主要的测试用例应该是在上一个层次的设计文件（例如详细设计）完成后，紧接着编写出测试用例，在编码过程中再根据具体实现补充一些测试用例，以便达到更彻底的覆盖。

  也就是说，对当前软件工程阶段的工作成果的测试用例，应该是在上一个工程阶段的实际结果完成之后，在本阶段开始设计之前，就编写完成。这个原则不仅仅适用于最后代码实现阶段的单元测试，同样适用于前期阶段设计资料的检验和检查。至于每个阶段编写测试用例的工作应该放在前一软件工程阶段的末尾完成还是本阶段的开始完成，项目经理可以根据情况灵活安排。通常，放在后一阶段的开始阶段较好，这相当于给予后一阶段的参与者一个熟悉上一阶段工作成果的机会，并在熟悉的过程中编写出本阶段的测试用例。但是从由前一阶段设计工程师规定下一阶段的验收标准角度来说，则安排在前一阶段末尾编写测试用例较好。这两种方式，前一种比较适合内部团队不同阶段工作的交接，后一种方式比较适合相对独立的团队或公司之间，或者质量要求较高的环境中不同工作阶段的交接。项目经理也可以要求两个阶段均对测试用例进行编写和补充。

  另外一个问题是具体软件工程阶段的划分。在编写代码之前安排哪些阶段呢？这也是一个项目经理必须考虑的问题。简单的项目可能只有需求分析、设计、编码这样几个阶段；复杂的或者要求比较高的项目，可能会有需求分析、概要设计、详细设计、伪逻辑实现、代码实现这样更多的阶段。项目经理划分项目阶段模型的依据实际上是考虑前后两个阶段的跨度衔接是否在本项目小组成员可掌握控制范围之内，即是否具有较好的可测试验证性。举一个比较极端的例子很容易说明这个问题。比如说，某个项目不用 C 语言编译器，从详细设计阶段直接过渡到手工汇编语言设计。如果项目较为复杂，工程师对汇编语言熟悉程度不够，这种安排测试难度就非常大。因此，软件工程阶段模式的划分需要考虑的因素应该包括项目的性质、规模、团队成员对工具语言的掌握程度等因素。很多软件工程项目经理没有掌握项目阶段模式的划分原则，通常是照搬常见项目阶段模型，只知其然不知其所以然。这种情况对于较为后期的设计阶段来说影响可能不大，因为后期的代码设计阶段通常具有比较容易识别的受客观条件限制（也就是代码设计语言的限制）的阶段特征。但是前期设计阶段，如果不明白这个"可掌控阶段跨度"原则，就非常容易进入人云亦云的状态，并导致阶段划分的不合理。

这个划分阶段跨度的原则可以表达为如下问题的判断：按照本团队的能力，下一阶段的目标是本阶段结果可以预先安排测试、验证方案的吗？如果本阶段的结果无法为下一阶段目标提供足够的验证和测试标准，那么下一个阶段的跨度就过大，如果能够很充分地验证，那么可能跨度就太小。比较好的尺度应该是团队成员能够根据本阶段结果对下一阶段主要目标进行验证和测试，部分不重要的细节测试和验证能够交给下一阶段补充。

因此，项目经理对整个团队的各方面情况，对任务项目的各方面情况综合掌握，并在项目过程中实时调整，是其最重要的任务。一旦这些阶段划分和阶段目标确定，以及各阶段调整控制的机制建立好，项目运作过程中实际上就要相对简单很多。当然，在一个比较大的有悠久历史的开发团队中，可能类似的项目处理过很多个，很多以前的安排可以照搬，项目经理只要稍微调整即可保障项目顺利运行。

项目经理一旦根据以上原则建立项目的阶段模型，每个阶段（包括前期的非代码设计阶段）实际上都可以抽象为如下的工作模式：
① 理解前一阶段设计资料，按照前一阶段设计资料编写或补充测试、验证用例；
② 制定或补充测试计划，测试方案；
③ 完整本阶段设计工作；
④ 对本阶段工作进行测试、验证；
⑤ 为下一阶段编写测试、验证用例；
⑥ 为下一阶段制定测试计划，测试方案。

一个完整的项目除了上述从上到下的实现阶段划分外，还包括从下到上的装配、验收阶段。

这样一个个小的阶段组合起来就构成了整个系统的软件工程过程。这种小阶段中的几项工作也可以分配到不同的小组完成。例如，可能项目中规划了一个专门的测试团队负责根据设计资料编写测试方案、计划和用例，甚至执行这些测试，也可能是工程师自己完成这些工作。

在这些小阶段组成的软件工程过程，可以是所谓螺旋式或其他方式，但是他们的本质是一样的。这些工作中最后落实到的最关键的两种成果就是设计资料和测试用例。代码是编码阶段的设计资料，需求分析报告同样也是一种设计资料，是需求收集阶段的设计资料。项目的核心就是围绕这两种成果展开项目并进行验证的。

项目后期的测试用例的编写会比较明确，可以明确体现为对各种参数组合、边界条件的测试、测试环境的安排，前期文字性工作的测试验证比较模糊，但是同样是可以测试验证的。

现在有一些基于 UML 的前期设计测试验证工具，极大地改善了前期文字设计工作的可测试性。这种工具的意义非常重大，但是当前还很不成熟。不过在重要的项目中，对前期设计工作的验证和验收相当重要，此时如果没有成熟的工具，通常是人工演练的方式进行验收。类似于"推演"，也类似于传统的阶段验收会议的作用。但是在现代软件工程概念中，这类活动在项目管理中的作用更为明确，同时越来越倾向于用更多工具、规则让这些过程更为客观。

如果这些前期设计测试验证工具能够比较成熟，标准化并稳定下来，那么针对前期设计也就能够编写类似于代码编写阶段的比较严谨的测试用例,并进行测试。这类工具的基本概念是可行的,通常就是通过 UML 中的用例(use case)和顶层设计功能安排模仿代码式的运行,但是要把这种前期阶段的功能说明规范化到类似函数一样的描述,还有很多工作需要做。

当前软件项目管理中,通常将软件工程的局部模型称为 W 型,或者称为双 V 型。可用图 6-2 表达其含义。

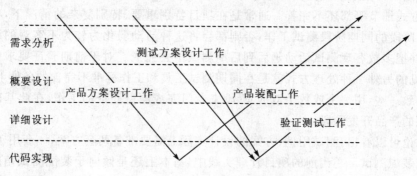

图 6-2 软件项目双 V 局部模型

需要注意的是,这是一个局部模型,而不是软件项目阶段整体模型。整体上是螺旋或者其他方式,实际上在局部都是由这种双 V 型模式组合形成的。图 6-2 仅仅是一个示意图,一个双 V 局部阶段,并不一定需要图中所标注的"需求分析"等阶段。但是结合前面内容的描述,实际上这个双 V 型局部阶段应该做一些修改,如图 6-3 所示。

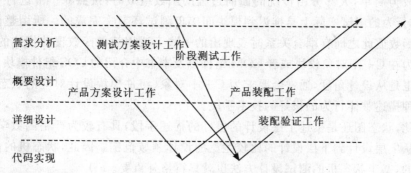

图 6-3 软件项目不对称双 V 局部模型

如图 6-3 所示,更强调伴随设计工作同步展开阶段性测试、验收。这种阶段性测试验收,在越是底层的阶段,工具化、客观化的程度越高。在代码实现阶段,就是通常的单元测试。而在需求分析阶段,可能是一种召集客户代表、结构设计工程师等各方面人员的,类似于兵棋推演的验收活动。在中间阶段,则可能是通过逐步成熟起来的基于 UML 或其他标准的形式化模拟工具的模拟运行、测试。对于简单的项目,越是上层的阶段,这种阶段测试工作活动可能越少,很可能仅仅体现为一个讨论会、一些检查、检视意见。对于重要的、复杂的产品,则可能是真正严格的同期验证、推演。

对于较为复杂的系统,通常完成一个这种不对称双 V 局部阶段之后,就实现了产品的一些关键特性。之后再进一步用其他的不对称双 V 完成后续扩充特性,多个不对称双 V 局部阶段构成一个较大的完整产品阶段。

在原有双 V 模型中，后期的验证测试工作被分配到不对称双 V 模型中同期的阶段测试工作与后期的装配测试工作中。这样，后期装配测试比原来的后期测试工作要简单一些，同期的阶段测试工作要繁重、复杂一些。

在当前的软件项目工程中，更多地是处于原有标准双 V 与不对称双 V 之间的一种过渡状态。这主要是因为同期阶段测试的理念并不普及，同期阶段测试在较为上层的阶段所需要的工具、工作方式细节等都还不完善。通常是在项目特别重要、特别复杂的情况下，项目经理才会强调个别阶段的同期阶段测试工作，否则都会将这种活动弱化为较为不客观的设计方案评审等活动，并把多数客观测试活动延后到后期测试中去完成。对于前期验证要求比较高的项目，当前常见的另外一种处理方式就是在同期测试工具和工作标准不完善的条件下，将项目阶段划分更细致一些，用一个或数个双 V 阶段来专门完成原型验证的工作，在此基础上才进入真正实质性的产品开发阶段。

以上讨论可以看出，测试用例、方案的设计实际上需要准备两套方案，一套用于同期测试，另一套用于装配测试。在当前的项目管理实践中，基本上还是倾向于装配测试角度的测试用例、方案的设计。如果最低层单元测试属于同期测试的范畴，则导致发现系统缺陷时间推后，测试成本增加。

## 6.3 状态机的测试

当模块较为简单，大部分由传统的面向过程的函数组成时，按照 6.1 节进行单元测试即可，对其整体行为的测试实际上是推迟到模块间接口测试环节去完成的。所谓整体行为就是模块中各个函数彼此之间有耦合关系时表现出的一些无法用简单函数覆盖描述的行为逻辑。这种整体行为在 C++ 对象模块或者 COM 组件以及本书中介绍的 COS 组件模块内部表现更为显著。这也是从设计角度，通常会要求为 C++ 对象、组件模块设计对应的状态图的原因。状态图是一种描述整体行为的很好的技术手段。

不仅如此，状态图还是描述上层设计的很好的描述手段，具有较为严格的数学基础，同时又能够适合从上层设计到下层设计的比较宽泛的设计领域范围。因此，状态机的使用是值得推荐和提倡的，基于状态机的测试设计方法也就显得格外重要。

注：以上描述与 3.6 节中提醒读者注意状态机的适用范围的讨论并不矛盾。提倡使用状态机是指提倡在更多的设计"点"使用状态机进行设计描述以及实际的设计实现。但是并不提倡用状态机衔接、管理整个系统，因为过分嵌套的状态机过于复杂，最终会导致整个系统的可测试性降低。

基于状态机的测试和基于过程的覆盖的逻辑本质是一样的，但是实际操作、测试用例的设计方面表现却差别很大。一个状态机的状态转换路线相当于一个需要覆盖的分支。一个分支中涉及到的参数的临界条件具有与 6.1 节描述的参数临界条件基本一致的概念。状态机实际上是一种网状结构，而面向过程的函数实际上是一种线性结构。这种情况下可能会导致状态机需要的测试用例样本数量较大，但是并不见得比线性结构的过程需要的测试用例变大很多。如果用面向过程的线性结构和面向状态机的网状结构描述同一个逻辑，他们的测试用例应该是基本相当的。如果说面向状态机的设计方式能够更方便地找出更多的测试用例，实际上说明的是状态机设计方式更便于测试,更不容易产生测试上的遗漏。毕竟,状态机设计方式涵盖了模块整体逻辑,包含了较多的耦合信息,比面向过程的函数方式要严谨很多。

正像本书在 6.1 节用简单的描述为读者介绍了测试的基本概念一样,本节也用一些简单的说明,介绍基于状态机的测试用例设计,以便读者掌握其中的本质。至于一些其他细节,因为本书方向的限制,读者可自行查找资料。作者希望通过这种对基本概念的描述帮助读者达到知其然并知其所以然的目的。

首先用一个简单的状态图为例,如图 6-4 所示。

正如前面描述的那样,对简单状态图的测试用例设计实际上就是要覆盖各种状态转换路径,包括隐含的路径。实际上,在设计时,如果不是面向测试要求,设计师通常没有仔细考虑隐含转换的含义。例如在图 6-4 中,如果在 A 状态,收到不应该收到的 e3 事件,系统会是一种什么表现?单纯从逻辑上讨论,通常可能的处理方式有多种,包括抛出异常、忽略该事件、不进行处理但保留该事件以便状态回到正确状态时处理等方法。

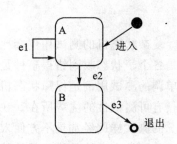

图 6-4　简单状态机的测试举例

按照通常状态机的描述术语,是按照抛弃该事件并不做处理的原则进行处理的。这就是所谓的隐含转换问题。其他还有一些隐含问题需要考虑,例如未定义的内部事件如何处理?通常也是抛弃该事件。还有一些其他的隐含条件,严格的状态机描述体系通常对多数隐含行为进行了默认规定。但是有规定和设计工程师是否理解并正确运用了这些规定还是有相当大差别的。设计中经常出现的就是这些工程师没有注意到这些隐含条件在所面对的应用中是一个需要特殊对待的情况。

特殊情况经常存在,例如在特别重要的状态中,可能就不适合这种抛弃不正确事件的通常处理方式,而是要按照抛出异常,本状态机进入异常处理的方式进行处理。只要明白这些规则,设计测试用例的工程师就能比较完整地设计出测试用例。

简单状态机的测试用例通常包括如下几个方面:

① 正确状态转换事件;
② 正确状态转换事件的各种参数临界条件;
③ 初始状态转换相关的测试用例;
④ 终止状态转换相关的测试用例;
⑤ 历史状态转换相关的测试用例(图 6-4 中没有历史状态);
⑥ 收到错误事件相关的测试用例;
⑦ 其他隐含规则相关的测试用例。

大致估算可以看出,在上面这个举例的简单状态图中,如果是面向过程的函数实现,则测试用例会少一些。而用状态机进行设计,测试用例会有增加,因此,测试也就更加充分。

如果是复杂的嵌套状态机(见图 6-5),则情况与上述内容略有不同。嵌套状态机中,状态收到未定义处理的事件,应该转交上层状态处理。但是隐含规则并非未定义事件,因此对隐含规则的处理方式与前面内容是相同的。这种上交事件的模型是嵌套状态机的特征之一,未定义、无法处理的事件实际上最后都是由顶层状态处理的。这相当于系统的一个统一的异常处理机制。但是,子状态成功上交未定义事件仍然是要测试的。

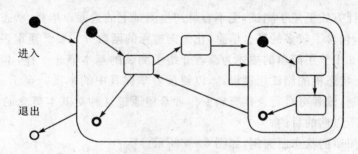

图6-5 复杂状态机的测试举例

复杂状态机的测试用例会比简单状态机的测试用例有明显的增加,其中明显增加的一部分是各个子状态收到错误事件是否上交。也许读者觉得这种测试用例枯燥、无用,而实际上这种单调的测试用例是保障状态机逻辑正常的必要检验,也是比面向过程的函数模块设计方式更具有可测试性的优势所在。在面向过程的函数模块中,想要构造出这种简单表达各种异常情况的测试样例经常是不方便入手的,导致模块的测试很容易产生遗漏。

前面的内容简单描述了软件项目中的一些关键基础知识,实际运作软件项目时还有很多具体问题需要解决。其中一个关键就是各个阶段、不同团队之间的信息交流反馈的问题。一个项目团队,即使按照前文所述方式建立起了很好的项目规划、严格的测试规范等,如果测试中发现的缺陷不能够流畅地交流、反馈,并在产品的实现中及时得到纠正并重新验证,则产品最后的品质仍然难以保障。如果说前面讨论的内容是软件工程的一些概要性方向的,那么工程的组织管理则是保障这些观念得以真正贯彻落实的最重要的实践活动。这需要综合各个方面的要求,包括需求、进度、市场、产品管理、质量管理、技术管理等。一个基本的基于网络的项目信息投递系统是必要基础设施,有关项目的各种信息通过这个系统,在各个团队、各个阶段、各个管理中心之间传递,并应该确保得到认真及时的处理。

# 附录 A  常用缩写对照表

表 A-1  缩写对照表

| 英文缩写 | 中文简称 | 英文全称 | 中文含义 |
|---|---|---|---|
| MCU | 微处理器 | Micro-Controller Unit | 微控制单元,通常指嵌入式系统中的处理单元 |
| CPU |  | Center Processe Unit | 中央处理单元,通常指 PC 机或其他大型计算设备的处理单元 |
| OS |  | Operate System | 操作系统 |
| ISR | 中断服务 | Interrupt Serivce Routine | 中断服务例程,负责处理设备中断 |
| DSR | 设备服务 | Device Service Routine | 设备服务例程,负责向设备输出数据或控制设备 |
| DRV | 驱动 | Device Driver | 设备驱动,通常包含 ISR、DSR 等部件 |
| SFR | 寄存器 | Special Function Register | 特殊功能寄存器 |
| APP | 应用 | Application |  |
| CPSR | 状态寄存器 | Current processor status register | 当前处理器状态寄存器,ARM 处理器中的一个重要寄存器 |
| SPSR |  | Store processor status register | 备份处理器状态寄存器,ARM 处理器中的一个重要寄存器 |
| DSP |  | Digital Signal Processor | 数字信号处理器 |
| MSG |  | Message transition module | 消息传递模块 |
| MMU |  | Memory Manage Unit | 内存管理单元 |
| IRQ |  |  | ARM 处理器的中断模式 |
| FIQ |  |  | ARM 处理器的快速中断模式 |
| SVC |  |  | ARM 处理器的超级模式 |
| USR |  |  | ARM 处理器的用户模式 |
| ABT |  |  | ARM 处理器的异常模式 |
| UND |  |  | ARM 处理器的未定义代码模式 |
| SYS |  |  | ARM 处理器的系统模式 |
| API |  | Application Programming Interface | 应用编程接口 |
| DP | 设备保护 | Device Protection | 用于在设备驱动中代替硬保护,避免不必要的硬保护影响系统中断响应能力 |
| HP | 硬保护 | Hard Protection | 通常是屏蔽系统中断,保护关键数据。适用于中断关键位置使用,其他位置代码要避免使用 |

续表 A-1

| 英文缩写 | 中文简称 | 英文全称 | 中文含义 |
|---|---|---|---|
| SP | 软保护 | Soft Protection | 任务间共享的保护机制,用于避免在任务中使用硬保护 |
| ITC | 任务间通信 | Inter-Task Communication | 用于任务间传递数据、消息、控制同步的机制 |
| IPC | 进程间通信 | Inter-Process Communication | 通常 Windows、Unix 编程环境下,ITC 的对应物 |
| ns | 纳秒 | nano-second | 1/1 000 000 000 s,对应 1 GHz 频率 |
| us | 微秒 | micro-second | 1/1 000 000 s,对应 1 MHz 频率 |
| ms | 毫秒 | mini-second | 1/1 000 s,对应 1 kHz 频率 |
| DEVA | | DEVice Abstraction | 设备抽象中介部件 |
| SISR | 软中断服务 | Soft Interrupt Service Routine | 软中断服务例程,相对于 ISR,是设备中断服务中,在任务环境中需要完成的逻辑处理例程 |
| ISISR | 软中断接口 | Interface for Soft Interrup Service Routine | SISR 的接口,用于把 SISR 注册到 DEVA 的函数指针接口,便于分割 DEVA 和 SISR 之间的联系 |
| DTC | | Device-Inter-Task Communication | 设备、任务间通信机制,用于帮助 DEVA 隔离设备与任务,同时完成数据传递功能 |
| BSP | 板级支持包 | Board Support Package | 嵌入式系统中用于完成设备基本初始化和基本功能运作的软件模块 |
| UART | 串口 | | 通用异步通信收发端口 |
| Ether | 以太 | | 网络通信端口或媒介 |
| PPP | 点对点 | | 点对点的通信协议,通常用于串口通信,也可以用于以太网通信 |
| COS | 源码组件 | Component Of Source Code | 源代码级组件开发技术规范 |
| COM | | Componet Of Module | 微软公司的模块组件开发技术规范 |
| FIFO | | First In First Out | 先入先出缓冲队列,通常用于各种数据缓冲 |
| LIFO | | Last In First Out | 后入先出缓冲队列,通常用于堆栈 |
| RAM | | Random Access Memory | 随机访问内存,通常特指 DRAM。有很多种 RAM 内存,包括 EDO、DDR 等规范 |
| ROM | | Read Only Memory | 只读内存,也有很多种规范 |
| Flash | | | 一种可编程控制擦写、可长时间保存信息的 RAM 芯片,通常视其为 ROM,因为改写 Flash 内容的过程较为复杂。Flash 是当前最常用于嵌入式开发的 ROM,用于保存、运行代码 |

续表 A-1

| 英文缩写 | 中文简称 | 英文全称 | 中文含义 |
| --- | --- | --- | --- |
| SRAM | | Static RAM | 静态随机访问内存，通常是微处理芯片内自带的 RAM 内存形式。访问速度高，也可以在微处理器外扩充配置 SRAM。 |
| GPIO | | General Programmable I/O interface | 通用可编程 I/O 接口 |
| LWIP | | Light Weight Internet Protocol | 轻量级互联网协议 |
| BSD | | Berkeley System Distribut | 伯克利系统发布，一种著名的开源 Unix 操作系统 |

# 附录 B 代码/伪代码目录

| 代码 1-1 | 任务切换的环境恢复版本 1 | 13 |
| 代码 1-2 | 任务切换的环境恢复版本 2 | 14 |
| 代码 1-3 | 完整任务切换代码 | 14 |
| 代码 1-4 | 三星 S3C44B0、飞利浦 LPC 系列 ARM 处理器引导过程伪代码 | 30 |
| 代码 1-5 | C 语言代码入口伪代码 | 31 |
| 代码 1-6 | 中断入口逻辑伪代码 | 34 |
| 代码 1-7 | 轮询机制示例 | 37 |
| 代码 1-8 | 自保护 FIFO 举例 simpfifo.c | 43 |
| 代码 1-9 | 自保护 FIFO 举例 simpfifo.s | 44 |
| 代码 1-10 | 使用硬保护的方法 | 50 |
| 代码 1-11 | 硬保护的实现 | 51 |
| 代码 1-12 | 调度器函数 OSSched 伪代码 | 53 |
| 代码 1-13 | 中断退出伪代码 | 55 |
| 代码 1-14 | ITC 信号等待示例伪代码 | 55 |
| 代码 1-15 | ITC 信号发送示例伪代码 | 56 |
| 代码 1-16 | 任务就绪算法 | 58 |
| 代码 1-17 | 任务脱离就绪算法 | 58 |
| 代码 1-18 | 查询就绪算法帮助表 | 59 |
| 代码 1-19 | 查询就绪算法 | 60 |
| 代码 1-20 | 任务调度器 OSSched 函数 | 60 |
| 代码 1-21 | 软保护进入 | 61 |
| 代码 1-22 | 软保护退出 | 61 |
| 代码 1-23 | OS_TCB 结构定义 | 64 |
| 代码 1-24 | OS_EVENT 结构定义 | 65 |
| 代码 1-25 | 信号灯等待 | 66 |
| 代码 1-26 | 信号灯发送 | 67 |
| 代码 2-1 | ARM 微处理器的汇编语言定义 os_cpu.s | 73 |
| 代码 2-2 | ARM 微处理器的 C 语言定义 os_cpu.h | 73 |
| 代码 2-3 | S3C44B0 微处理器的汇编语言定义 os_cpu_44B0.s | 74 |
| 代码 2-4 | S3C44B0 微处理器的 C 语言定义 os_cpu_44B0.h | 75 |

## 附录 B 代码/伪代码目录

| | | |
|---|---|---|
| 代码 2-5 | LPC2214 微处理器的汇编语言定义 os_cpu_2214.s | 78 |
| 代码 2-6 | LPC2214 微处理器的 C 语言定义 os_cpu_2214.h | 79 |
| 代码 2-7 | 产品板的汇编语言定义 os_board.s | 83 |
| 代码 2-8 | 产品板的 C 语言定义 os_board.h | 83 |
| 代码 2-9 | 2214 复位及中断入口代码 init.s | 85 |
| 代码 2-10 | 44B0 复位及中断入口代码 init.s | 92 |
| 代码 2-11 | C 运行环境代码 os_cpu_c.c | 100 |
| 代码 2-12 | 环境切换代码 | 102 |
| 代码 3-1 | COS 接口 IFoo.H | 108 |
| 代码 3-2 | 修订后 COS 接口 IFoo.H | 110 |
| 代码 3-3 | COS API 头文件 COS.H | 113 |
| 代码 3-4 | 抽象 COS 接口实例 IFoo.H | 115 |
| 代码 3-5 | IGet 通用模板函数 | 117 |
| 代码 3-6 | 设备驱动 COS 接口定义 | 122 |
| 代码 3-7 | 串口驱动头文件 uart.h | 123 |
| 代码 3-8 | 串口驱动实现文件 uart.c | 126 |
| 代码 3-9 | 使用 uart 驱动编写应用的代码举例 | 138 |
| 代码 3-10 | 解决优先级反转的调度算法伪代码 | 142 |
| 代码 3-11 | 临界区实现头文件 Critical.h | 151 |
| 代码 3-12 | 临界区实现代码文件 Critical.c | 151 |
| 代码 3-13 | 任务管理模块定义 Task.h | 154 |
| 代码 3-14 | Semaphore 管理模块定义 Sem.h | 157 |
| 代码 3-15 | ITC 与任务关系定义 TaskITC.h | 158 |
| 代码 3-16 | 任务及 ITC 等内部实现的接口定义 InterTaskSem.h | 160 |
| 代码 3-17 | 信号灯实现代码 Semaphore.c | 162 |
| 代码 3-18 | 事件接口定义 Event.h | 165 |
| 代码 3-19 | FIFO 接口定义——IFifo.h | 166 |
| 代码 3-20 | FIFO 组件实现 1,ififo_long_hyp.h | 168 |
| 代码 3-21 | FIFO 组件实现 1,fifo_long_hyp.c | 168 |
| 代码 3-22 | 队列 Queue 接口定义 IQueue.h | 177 |
| 代码 3-23 | 队列 Queue 实现 Queue.c | 178 |
| 代码 3-24 | ISocket 接口 V1.00 定义 | 187 |
| 代码 3-25 | 管线接口 IPipe 接口定义 | 190 |
| 代码 3-26 | QHsm 实现代码实例 | 196 |
| 代码 3-27 | 状态逻辑伪代码 | 197 |
| 代码 3-28 | μHsm 组件接口定义 IUhsm.h | 202 |
| 代码 3-29 | TLS 任务局部存储接口定义 Tls.h | 204 |

| 代码 3-30 | 使用 TLS 示例代码 example.c | 205 |
| 代码 3-31 | 循环依赖检测工具头文件 LoopTest.h | 207 |
| 代码 3-32 | 内存管理代码头文件 mem.h | 210 |
| 代码 3-33 | 内存管理实现文件(部分)mem.c | 211 |
| 代码 3-34 | 安全内存操作函数 mem.c(部分) | 216 |
| 代码 4-1 | 网络协议缓冲管理 hbuf.h | 228 |
| 代码 5-1 | 微处理器初始化文件 mcu.ini | 238 |
| 代码 6-1 | 测试代码举例 | 250 |

# 后 记

由于时间、篇幅所限,本书作者以及作者的同事们在产品设计开发中的经验未能按预期完全在本书中表达,另外作者在编写本书过程中难免有众多疏漏,在此向各位读者致歉。

欢迎读者到本书的网站(www.uRtos.net)上阅读、下载相关的资料,并进入论坛讨论相关的各种问题。该网站的技术论坛中设有微处理器、内核、COS 组件规范、功能模块、软件测试、软件工程管理等主题。本书作者会定期在该网站与各位网友进行各方面技术的交流,并对书中错、失的内容进行更正。欢迎读者到网站登记注册。

## 参考文献

1  JEAN J. LABROSSE. 嵌入式实时操作系统 uC/OS-II 第 2 版. 邵贝贝译. 北京:北京航空航天大学出版社,2003
2  杜春雷. ARM 体系结构与编程. 北京:清华大学出版社,2003
3  JEAN J. LABROSSE. 嵌入式系统构件. 袁勤勇,等译. 北京:机械工业出版社,2002
4  Alessandro Rubini. Linux 设备驱动程序. Lisoleg 译. 北京:中国电力出版社,2000
5  Lakes John. 大规模 C++程序设计. 李师贤,等译. 北京:中国电力出版社,2003
6  Samek Miro. Practical Statecharts in C/C++——Quantem Programming for Embedded Systems. USA: CMP Books(CMP Media LLC),2002
7  Samek Miro. 嵌入式系统的微模块化程序设计. 敬万钧,等译. 北京:北京航空航天大学出版社,2004
8  Douglass Bruce Powel. Doing Hard Time. USA:Addison Wesley Professional,1999
9  Nobel James. Small Memory Software:Patterms for System with Limited Memory. USA:Pearson Education Company,2001
10  Nobel James. 内存受限系统之软件开发. 候捷译. 武汉:华中科技大学出版社,2003
11  Stevens Richard. TCP/IP Illustrated. USA:Pearson Education Company,1995
12  Stevens Richard. TCP/IP 详解. 范建华,等译. 北京:机械工业出版社,2000